普通高等教育"十二五"规划教材

动物解剖与组织学实验教程

（动物科学、动物医学、动物药学和食品科学与工程专业用）

李敬双　于　洋　主编

中国农业大学出版社
·北京·

图书在版编目(CIP)数据

动物解剖与组织学实验教程/李敬双,于洋主编.—北京:中国农业大学出版社,2010.6
ISBN 978-7-5655-0099-2

Ⅰ.①动… Ⅱ.①李…②于… Ⅲ.①动物解剖学-教材 ②动物组织学-教材 Ⅳ.①Q954.5 ②R329

中国版本图书馆 CIP 数据核字(2010)第 176207 号

书　　名　动物解剖与组织学实验教程
作　　者　李敬双　于　洋　主编

策划编辑　陈　阳　伍　斌
封面设计　郑　川
出版发行　中国农业大学出版社
社　　址　北京市海淀区圆明园西路 2 号
电　　话　发行部 010-62731190,2620
　　　　　　编辑部 010-62732617,2618
网　　址　http://www.cau.edu.cn/caup
经　　销　新华书店
印　　刷　涿州市星河印刷有限公司
版　　次　2010 年 6 月第 1 版　2011 年 11 月第 2 次印刷
规　　格　787×1 092　16 开本　15.75 印张　450 千字
印　　数　3 051～7 050
定　　价　45.00 元

责任编辑　蒋维娜　伍　斌
责任校对　陈　莹　王晓凤

邮政编码　100193
读者服务部 010-62732336
出　版　部 010-62733440
E-mail cbsszs@cau.edu.cn

编写人员

主　编　李敬双　于　洋

副主编　张玉科　李　明　田莉莉

编　者　（按姓氏笔画排序）
于　洋　王立成　田莉莉　刘永华　孙　莉　李　明　李敬双　杨　松　张玉科

主　审　董　军

前　言

动物解剖学与动物组织胚胎学是动物科学、动物医学、动物药学和食品科学与工程等相关专业的重要专业基础课程，学习和掌握本课程的理论知识和实践技能，将为后期专业基础课和专业课的学习打下坚实的基础，为生产服务。

随着我国改革开放的不断深入和建设社会主义小康社会伟大事业的顺利进行，生产出丰富的高质量的畜禽产品，满足人们日益增长的生活水平和出口贸易的需要，畜牧兽医工作者显得越来越重要；随着我国加入世界贸易组织，为防止外来疫病的传入，保证国家安全、动物性食品安全和人民健康，我国建立官方兽医制和实行兽医执业资格认证，加之近年一些人畜共患病的肆虐，兽医工作者保证人民健康的地位日益突出。这些均使畜牧兽医事业迎来新的机遇和挑战。社会需要基础知识雄厚、动手能力强、富有创新精神的畜牧兽医工作者。但是由于近年招生规模的扩大，教育资源的紧缺，以及部分院校轻视实践教学环节，一些学生的动手能力差，不能满足社会需要，提高学生的实践能力势在必行。动物解剖学与动物组织胚胎学是一门实践性很强的形态学课程，在学习的过程中，必须接触大量的标本、模型和挂图，才能熟练掌握各器官的位置、形态和结构。为了增强教学内容的直观性，解决学习过程中缺乏感性认识的难题，提高教学水平和学习效果，特编绘此教材，供动物科学、动物医学、动物药学和食品科学与工程等本科专业使用。本教材从内容形式和知识阐述等方面都力求体现实践性的特色，使学生充分掌握本课程的基本知识、基本理论和基本技能。

全书共分 30 个实验，内容包括绪论、运动系统、消化系统、呼吸系统、泌尿系统、生殖系统、心血管系统、淋巴系统、神经系统、内分泌系统、感觉器官、被皮系统、鸡的解剖、细胞、基础组织和器官组织。同时编入图 336 幅，内容比较系统、全面和详细。以牛为主体，将猪、鸡和马进行对比。

本教材由辽宁医学院长期从事动物解剖学与动物组织胚胎学教学工作，具有丰富教学实践经验的 9 位教师参与编写，李敬双（实验二、实验十六、实验二十一）、于洋（实验三、实验四、实验七）、张玉科（实验十四、实验十五、实验二十二、实验二十四）、李明（实验五、实验六、实验八）、田莉莉（实验十八、实验二十五、实验三十）、杨松（实验一、实验九、实验十）、刘永华（实验十七、实验十九、实验二十）、孙莉（实验十一、实验十二）和王立成（实验十二、实验十三）。

本书由中国农业大学董军老师主审，在审定过程中提出了很宝贵的意见，在此表示诚挚的谢意！

由于编者水平有限，书中难免有不足之处，敬请读者批评指正。

编　者

2010 年 4 月

目　　录

插图目录

运动系统・骨

运动系统·骨连结

运动系统·肌肉

消化系统

呼吸系统

泌尿系统

生殖系统·公畜生殖系统各器官

生殖系统·母畜生殖系统各器官

心血管系统·心

心血管系统·血管

淋巴系统

神经系统·中枢神经

神经系统·周围神经

内分泌系统

感觉器官

被皮系统

鸡的解剖·运动系统

鸡的解剖·内脏器官

细胞

基础组织·上皮组织

基础组织·结缔组织

基础组织·肌组织

基础组织·神经组织

器官组织·消化器官组织结构

器官组织·呼吸器官组织结构

器官组织·泌尿器官组织结构

器官组织·生殖器官组织结构

器官组织·淋巴器官组织结构

器官组织·内分泌器官组织结构

实验一 畜体的各部位名称及解剖学常用的方位术语

【实验目的和要求】

掌握畜体的各部位名称，掌握什么是矢状面、横断面和额面。熟悉用于躯干和四肢上的方位术语。

【实验仪器和材料】

牛、猪和马体表模型和标本。

【实验内容和方法】

一、畜体的各部位名称

（一）头部

1. 颅部 分为枕部、顶部、额部、颞部、耳廓部和眼部。

2. 面部 分为眶下部、鼻部、咬肌部、颊部、唇部、颏部和下颌间隙部。

（二）躯干部

1. 颈部 分为颈背侧部、颈侧部和颈腹侧部。

2. 胸背部 分为背部和胸部。背部分为鬐甲部和背部；胸部分为胸侧部（或肋部）、胸前部和胸腹侧部（或胸骨部）。

3. 腰腹部 分为腰部和腹部。腹部分为腹侧部和腹底部。

4. 荐臀部 分为荐部和臀部。

5. 尾部 分为尾根、尾体和尾尖。

（三）四肢部

1. 前肢部 分为肩部、臂部、前臂部和前脚部。前脚部分为腕部、掌部和指部。指部分为系部、冠部和蹄部。

2. 后肢部 分为大腿部（或股部）、小腿部和后脚部。后脚部分为跗部、跖部和趾部。趾部分为系部、冠部和蹄部。

牛、猪、马体表各部位名称见图 1-1、图 1-2 和图 1-3。

二、解剖学常用的方位术语

（一）三个面

1. 矢状面 又叫纵切面，是指将畜体分为左、右两部分，与畜体长轴平行，与地面垂直的切面。

2. 横断面 是指将畜体分为前、后两部分，与畜体长轴垂直，与地面垂直的切面。

3. 额面 又叫水平面，是指将畜体分为背、腹两部分，与畜体长轴平行，与地面平行的切面。

（二）用于躯干的术语

1. 内侧和外侧 将畜体切一侧矢状面，侧矢状面的两侧。内侧是靠近正中矢状面的一侧；外侧是远离正中矢状面的一侧。

2. 背侧和腹侧 将畜体切一额面，额面上、下部分。背侧是额面上方的部分；腹侧是额面下方的部分。

3. 头侧和尾侧 将畜体切一横断面，横断面的前、后部分。头侧是横断面的前方，即朝向头部的一侧；尾侧是横断面的后方，即朝向尾部的一侧。

(三)用于四肢的术语

1. **近端和远端** 近端又叫上端，离躯干近的一端；远端又叫下端，离躯干远的一端。

2. **背侧** 四肢的前面。

3. **掌侧和跖侧** 掌侧是前肢的后面；跖侧是后肢的后面。

4. **桡侧和尺侧** 桡侧是前肢的内侧；尺侧是前肢的外侧。

5. **胫侧和腓侧** 胫侧是后肢的内侧；腓侧是后肢的外侧。

牛解剖学常用的方位术语见图1-4。

【思考题】

1. 猪和牛肌肉注射和静脉注射的部位如何？
2. 矢状面、横断面和额面之间关系如何？

【绘图】

1. 牛体各部位名称。
2. 矢状面、横断面和额面。

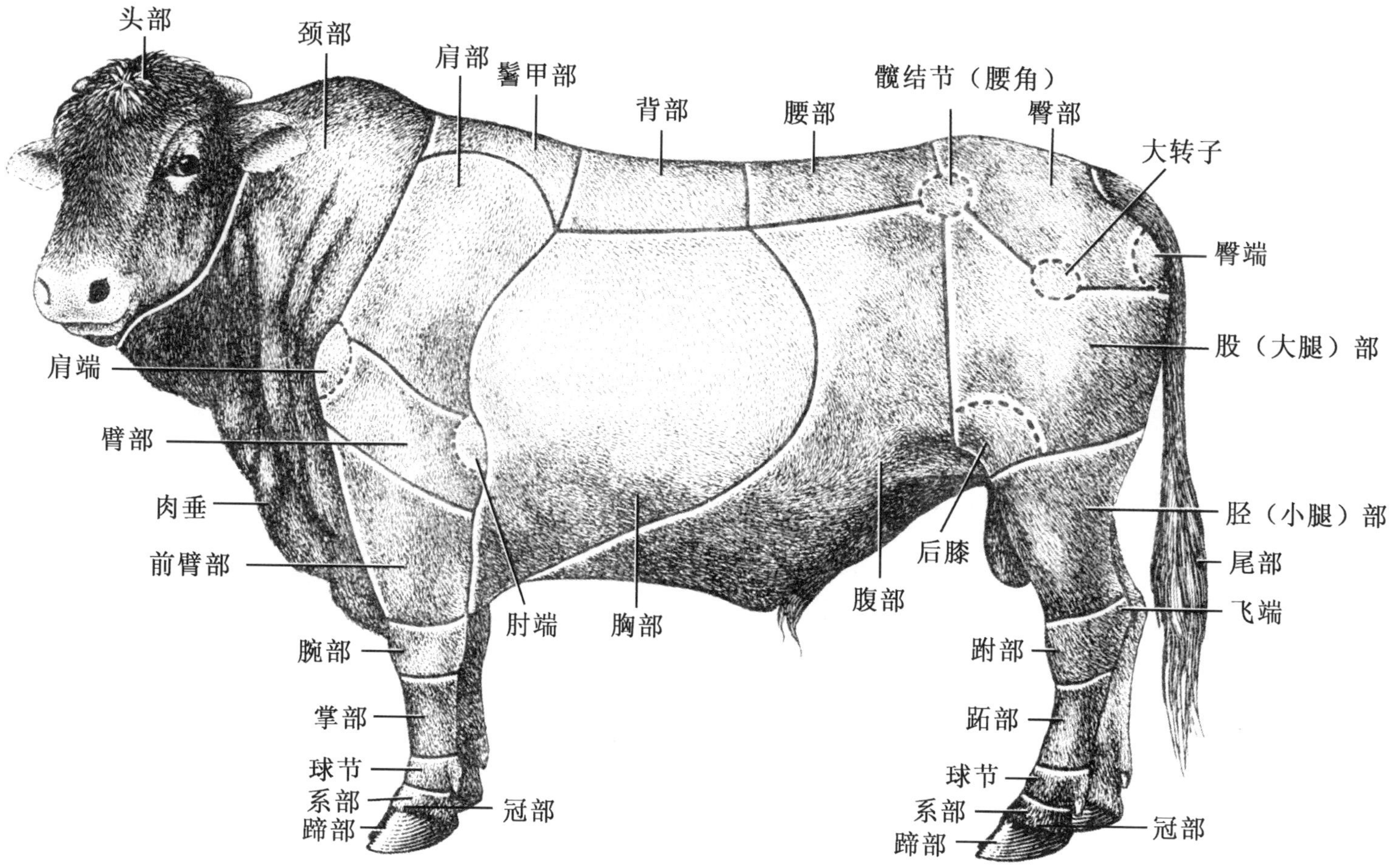

图 1-1 牛体表各部位名称

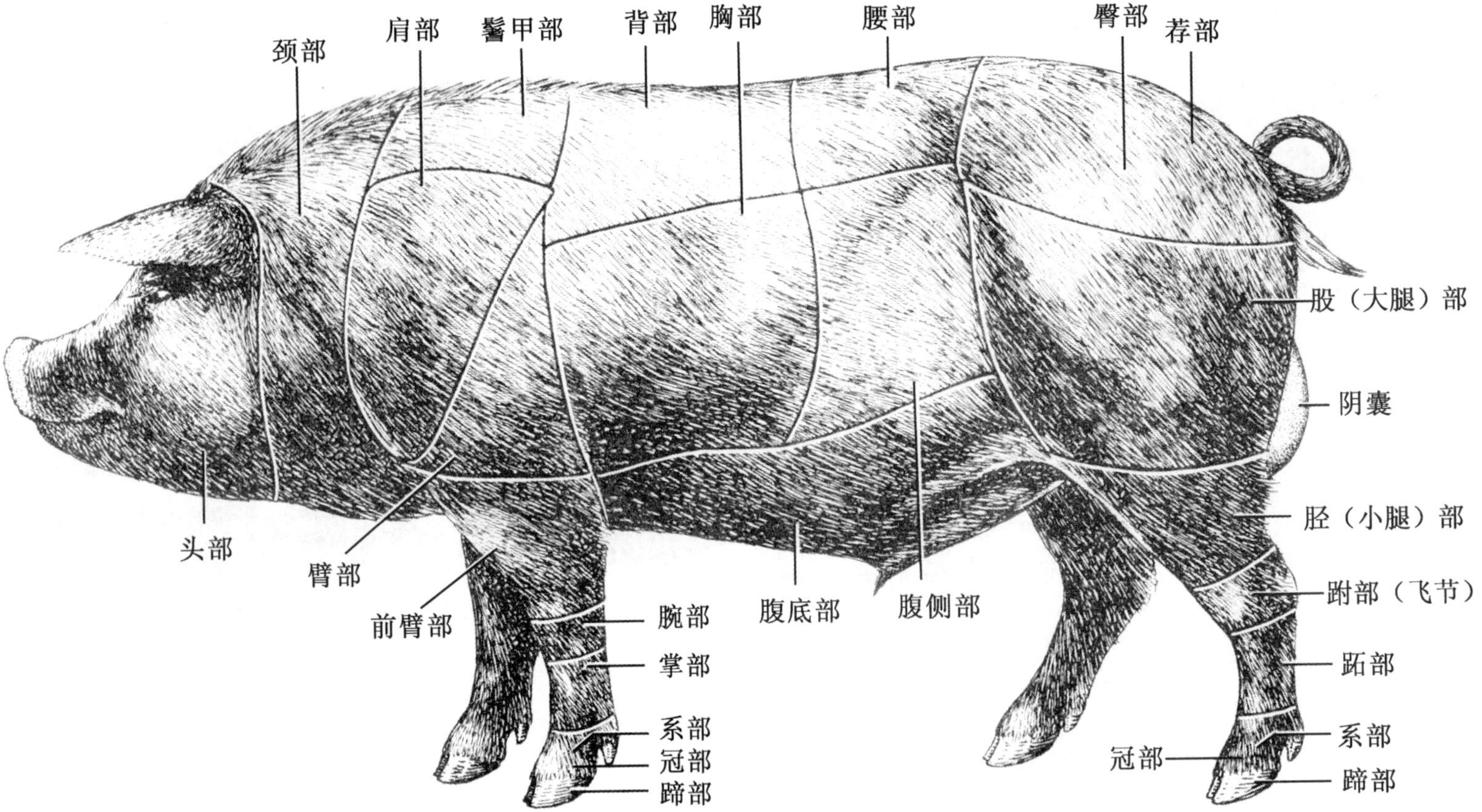

图 1-2 猪体表各部位名称

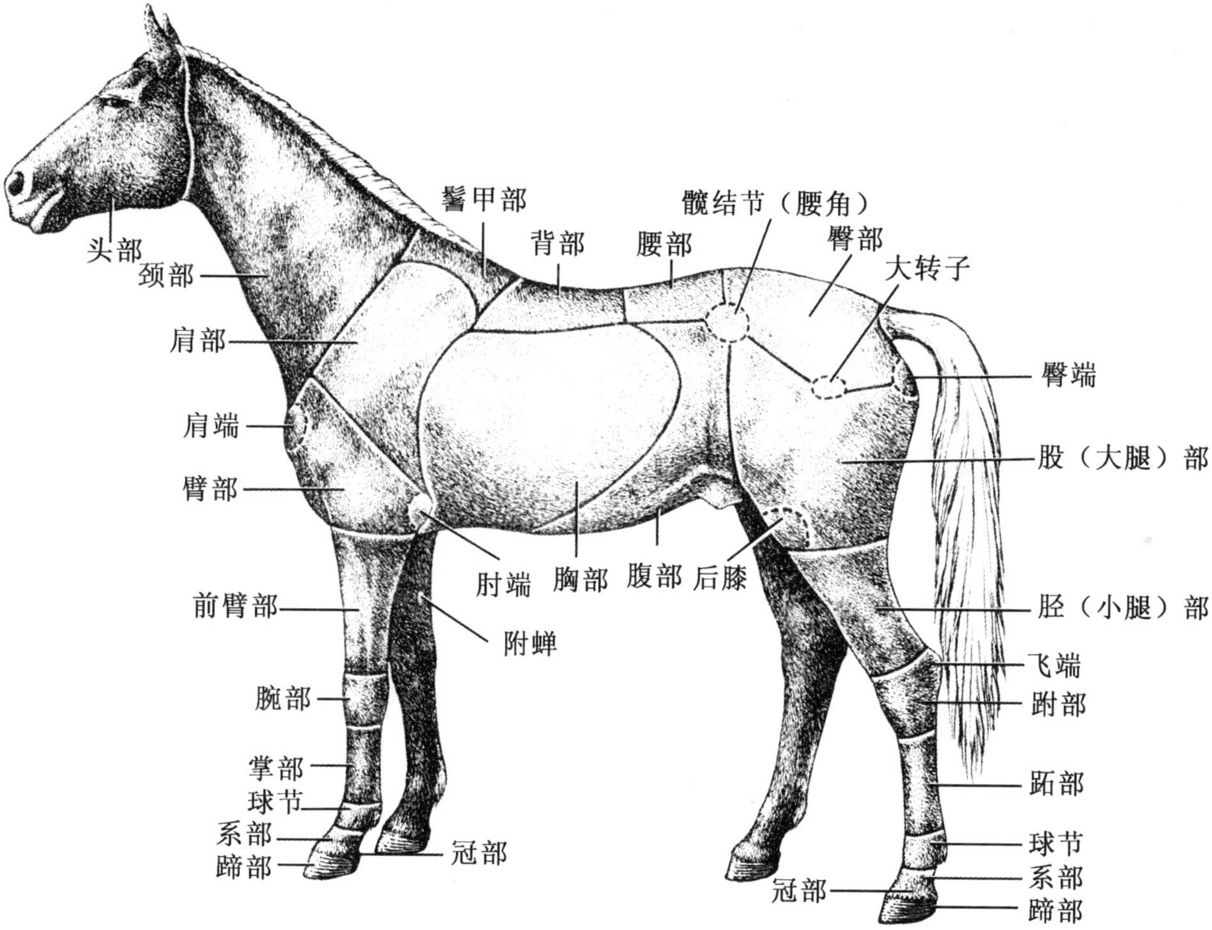

图 1-3　马体表各部位名称

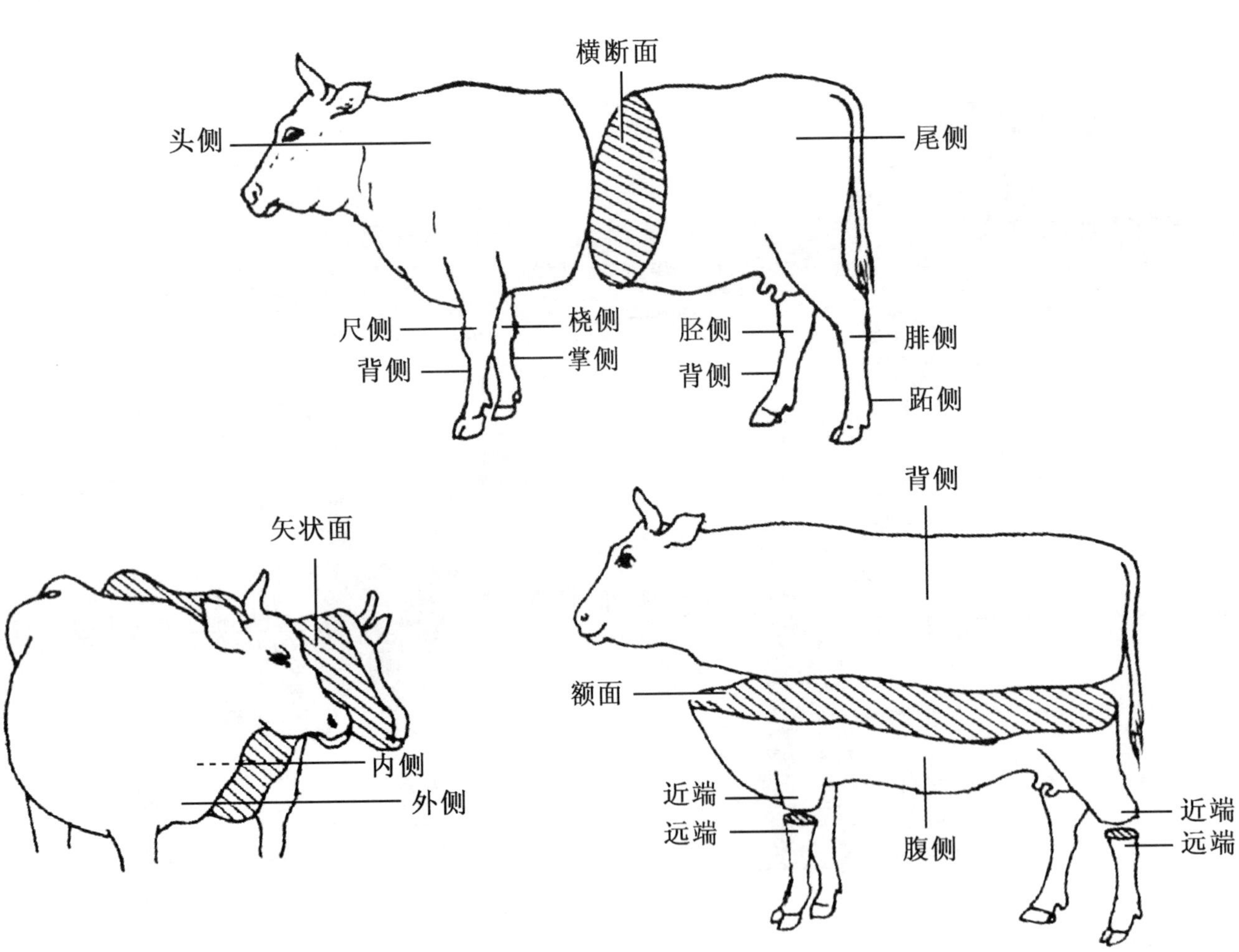

图 1-4 牛解剖学常用方位术语

实验二　全　身　骨

【实验目的和要求】

掌握家畜全身骨的组成，了解每块骨的形态和结构，比较牛、猪和马全身骨的形态和结构特点。

【实验仪器和材料】

牛、猪和马分离的骨标本，牛、猪和马全身骨骼标本。

【实验内容和方法】

全身骨分为头骨、躯干骨和四肢骨。头骨包括颅骨和面骨；躯干骨包括椎骨(包括颈椎、胸椎、腰椎、荐椎和尾椎)、肋和胸骨；四肢骨包括前肢骨(包括肩胛骨、臂骨、前臂骨、腕骨、掌骨、指骨和籽骨)和后肢骨(包括髋骨、股骨、膝盖骨、小腿骨、跗骨、跖骨、趾骨和籽骨)。

(一)头骨

1.颅骨　由7种10块构成，单骨有：顶间骨、蝶骨、筛骨和枕骨；双骨有：额骨、顶骨和颞骨。

2.面骨　牛面骨由11种22块构成。单骨有：犁骨和舌骨。双骨有：鼻骨、上颌骨、泪骨、颧骨、颌前骨、下颌骨、腭骨、翼骨和鼻甲骨。猪还多1块吻骨，猪和马下颌骨是单骨。

3.牛头骨的突出特点　额骨上形成角突，颌前骨上无上切齿。

牛、猪、马的全身骨骼见图2-1、图2-2和图2-3；牛的头骨见图2-4至图2-6；猪的头骨见图2-7；马的头骨见图2-8至图2-12。

(二)躯干骨

1.椎骨

(1)典型椎骨的构造。由椎体、椎弓和突起组成。

椎体：呈短圆柱形，有椎头和椎窝。

椎弓：是椎体背侧的拱形骨板。椎弓与椎体之间形成椎孔，所有的椎孔依次相连，形成椎管。有前切迹和后切迹，相邻椎弓的前切迹与后切迹合成椎间孔。

突起：分为棘突、横突和关节突。关节突分为前关节突和后关节突。

(2)各部椎骨的特点。

颈椎的特点：

①第1颈椎：又称寰椎，由背侧弓和腹侧弓构成。有前关节凹、鞍状关节面、背结节、腹结节和寰椎翼。寰椎翼上有横突孔、椎间孔和翼孔，牛、猪无横突孔(图2-13)。

②第2颈椎：又称枢椎，有齿状突和鞍状关节面，无前关节突(图2-14)。

③第3～6颈椎：椎体发达，椎头和椎窝均很明显；关节突很发达；横突分前后两支(图2-15)。

④第7颈椎：与第3～6颈椎相似，横突1支，椎窝两侧有1对肋凹。

胸椎的特点：棘突发达(图2-16)。

腰椎的特点：横突发达(图2-17和图2-18)。

荐椎的特点：成年时荐椎愈合在一起，称荐骨。有荐骨翼，荐骨翼上有耳状关节面和卵圆关节面(图2-19)。

尾椎的特点：前几个尾椎有椎骨的构造，后几个尾椎呈棒状。

2.肋　由肋骨和肋软骨构成(图2-20)。

3. **胸骨** 由若干块骨片和软骨构成。分为胸骨柄、胸骨体和剑状软骨。牛、猪和犬的胸骨上下扁平,无胸骨嵴。马的胸骨呈舟状,有发达的胸骨嵴(图 2-21)。

(三)前肢骨

1. 肩胛骨

近端:有肩胛软骨。

骨体:外侧面有肩胛冈,牛肩胛冈下端有肩峰,有冈上窝和冈下窝;内侧面有锯肌面和肩胛下窝。

远端:有肩臼(或肩关节窝)和肩胛结节。

2. 臂骨

近端:前方有臂二头肌沟,后方为臂骨头,外侧有大结节,内侧有小结节。

骨体:有臂肌沟,外侧有三角肌结节,内侧有圆肌结节。

远端:前方有内髁、外髁,内髁、外髁上有髁状关节面,后方有肘窝(鹰嘴窝)。

3. **前臂骨** 由桡骨和尺骨组成。桡骨位于前内侧,尺骨位于后外侧。

近端:有对臂关节面,前方内侧有桡骨结节。尺骨的近端为鹰嘴、肘突和半月状关节面。

骨体:有前臂骨间隙。

远端:有对腕关节面。

牛的前臂骨,在远端桡骨和尺骨等长。马的前臂骨,桡骨发达,尺骨仅达到桡骨中部,远端退化消失。猪的前臂骨,尺骨发达,比桡骨长。

4. **腕骨** 由数块短骨组成,排成上、下两列。近列腕骨有 4 块,由内向外依次为:桡腕骨、中间腕骨、尺腕骨和副腕骨。牛的远列腕骨有 2 块,马的远列腕骨有 3 块,猪的远列腕骨有 4 块。

5. 掌骨

近端:为对腕关节面,背内侧有掌骨结节。

骨体:背侧光滑,掌侧粗糙。

远端:有 1 个滑车关节面。

牛的掌骨:有 3 块,分别为第 3、第 4、第 5 掌骨。马的掌骨:有 3 块,分别为第 2、第 3、第 4 掌骨。猪的掌骨:有 4 块,分别为第 2、第 3、第 4、第 5 掌骨。

6. **指骨和籽骨** 每一指都分为系骨、冠骨和蹄骨;每一指还有 2 块近侧籽骨和 1 块远侧籽骨。牛有 4 个指,即第 2、第 3、第 4、第 5 指。马有 1 个指,只有第 3 指。猪有 4 指,即第 2、第 3、第 4、第 5 指。

图 2-22 为牛前肢骨骼结构,图 2-23 为马左前肢骨骼结构,图 2-24 为肩胛骨结构,图 2-25 为臂骨结构,图 2-26 为前臂骨结构,图 2-27 为腕骨结构,图 2-28 为牛、猪、马左侧腕骨、掌骨和指骨(背侧)结构。

(四)后肢骨

1. **髋骨** 由髂骨、坐骨和耻骨构成。有髋臼、闭孔和骨盆联合。

髂骨:分髂骨体和髂骨翼。髂骨翼上有髋结节和荐结节,有臀肌面和髂骨耳状面。

坐骨:有坐骨结节和坐骨弓。

2. 股骨

近端:有股骨头,牛和猪有大转子。马有大转子和中转子。

骨体:有小转子,马还有第 3 转子。

远端:有滑车关节面,内髁、外髁。

3. **膝盖骨** 又称髌骨,是一大籽骨。

4. **小腿骨** 包括胫骨和腓骨。

近端：有内髁、外髁和髁间隆起。

骨体：有腘肌线、胫骨嵴和小腿骨间隙。

远端：有滑车关节面。

牛的腓骨近端与胫骨愈合为一向下的小突起，骨体消失。

猪的腓骨较发达，与胫骨等长。

马的腓骨达到胫骨中、下交界处消失。

5.跗骨 由数块短骨构成，一般分为3列。

近列：有2块，内侧的为胫跗骨，又称距骨；外侧的为腓跗骨，又称跟骨。距骨有滑车状关节面。跟骨有跟结节。

中列：只有1块中央跗骨。

远列：由内侧向外侧为第1、第2、第3、第4跗骨。

牛的第1跗骨很小，位于后内侧，第2与第3跗骨愈合。

马的第1和第2跗骨愈合成的不规则小骨。

猪有第1、第2、第3、第4跗骨。

6.跖骨、趾骨和籽骨 分别与前肢相应的掌骨、指骨和籽骨相似。

图2-29为牛后肢骨骼结构，图2-30为马后肢骨骼结构，图2-31为髋骨结构，图2-32为股骨结构，图2-33为小腿骨结构，图2-34为跗骨结构。

【思考题】

1.头骨、躯干骨和四肢骨分别有哪些骨组成，牛、猪和马各骨有哪些主要特点？

2.如何识别四肢各骨（包括前面、后面、内侧面和外侧面的主要特征）？

【绘图】

1.牛头骨的背侧面。

2.典型椎骨的构造。

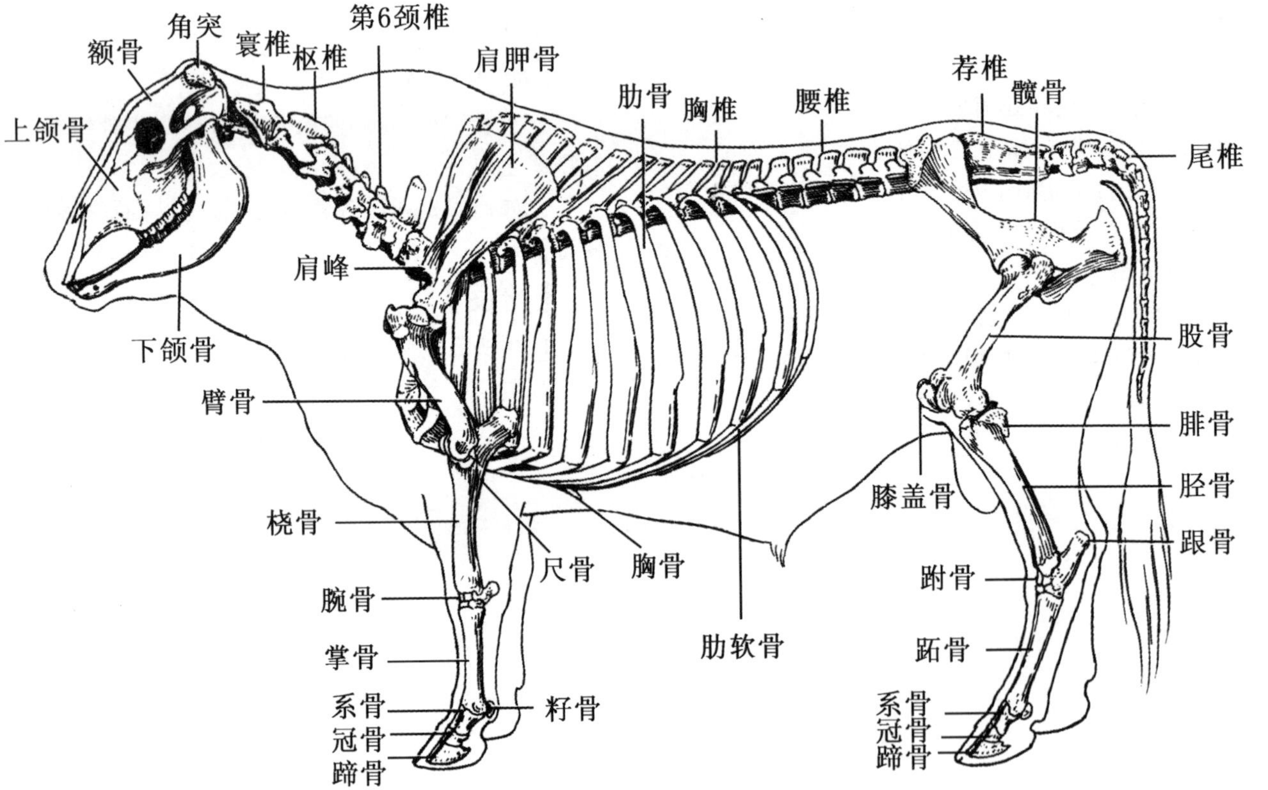
角突
额骨
寰椎
枢椎
第6颈椎
肩胛骨
上颌骨
肋骨
胸椎
腰椎
荐椎
髋骨
尾椎
肩峰
下颌骨
股骨
臂骨
腓骨
胫骨
膝盖骨
桡骨
跟骨
尺骨
胸骨
跗骨
腕骨
跖骨
掌骨
肋软骨
系骨
籽骨
冠骨
蹄骨
系骨
冠骨
蹄骨

图 2-1　牛的全身骨骼

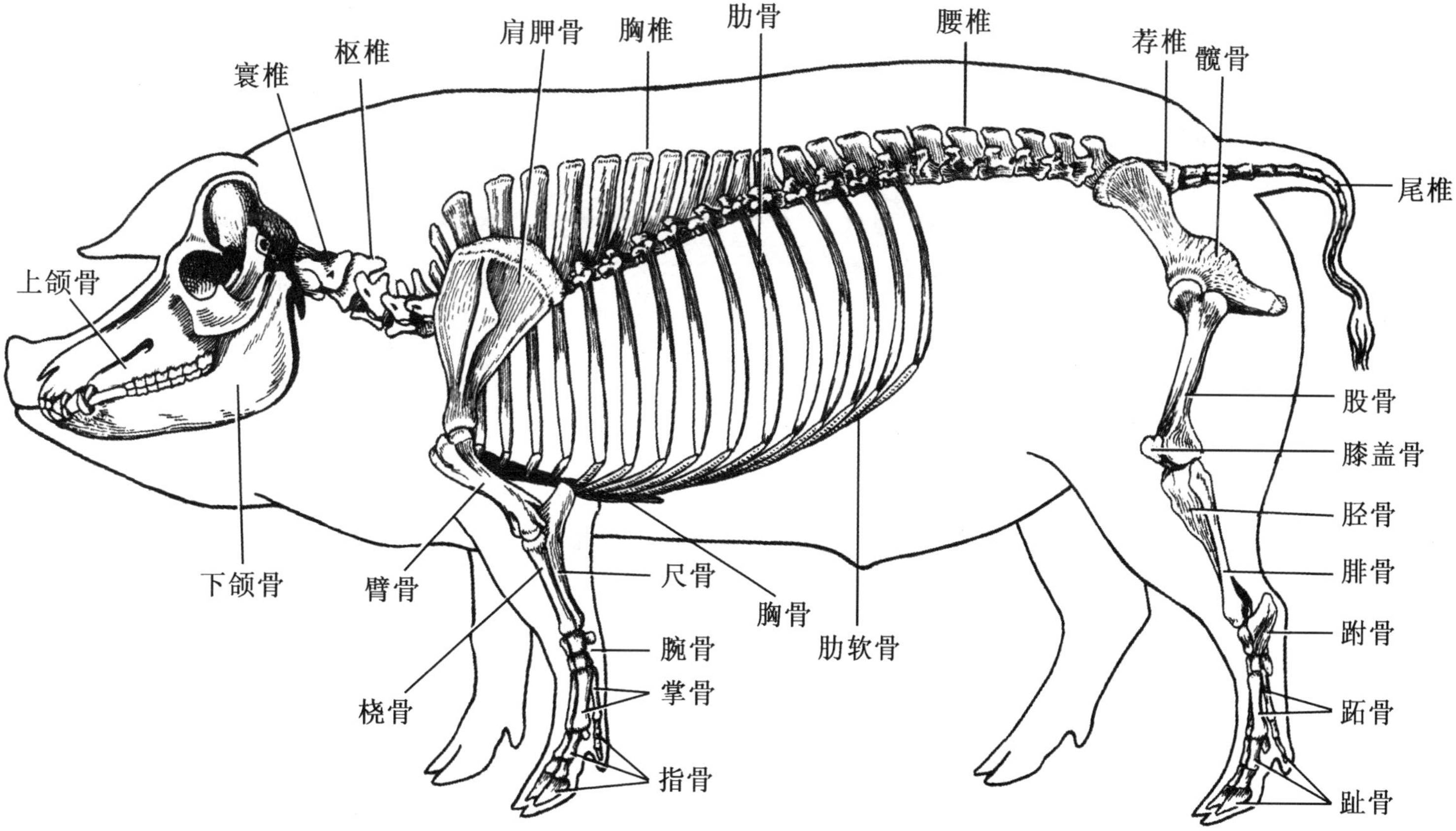
肩胛骨
胸椎
肋骨
腰椎
荐椎
髋骨
枢椎
寰椎
尾椎
上颌骨
股骨
膝盖骨
胫骨
下颌骨
臂骨
尺骨
腓骨
胸骨
跗骨
腕骨
肋软骨
掌骨
跖骨
桡骨
指骨
趾骨

图 2-2　猪的全身骨骼

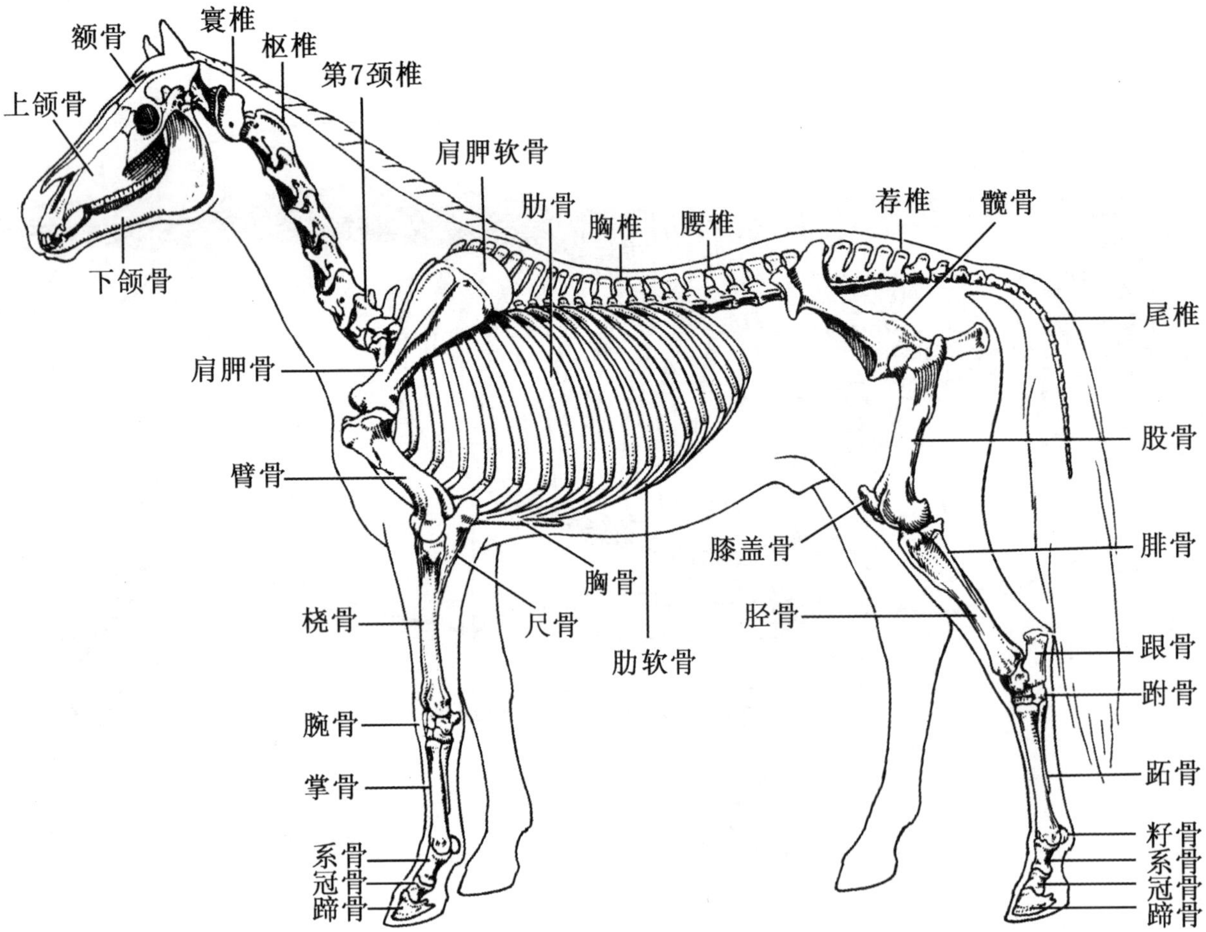
寰椎
额骨
枢椎
第7颈椎
上颌骨
肩胛软骨
肋骨
胸椎
腰椎
荐椎
髋骨
下颌骨
尾椎
肩胛骨
股骨
臂骨
膝盖骨
髌骨
胸骨
桡骨
尺骨
胫骨
肋软骨
跟骨
腕骨
跗骨
掌骨
跖骨
系骨
冠骨
蹄骨
籽骨
系骨
冠骨
蹄骨

图 2-3　马的全身骨骼

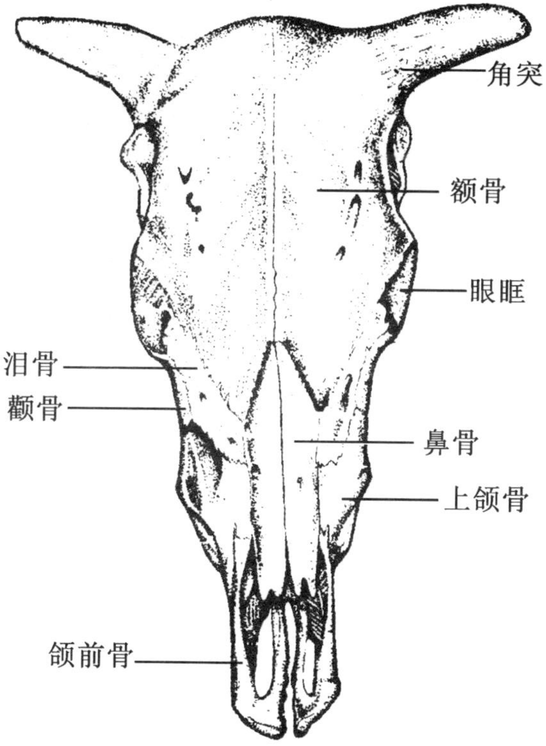

背侧

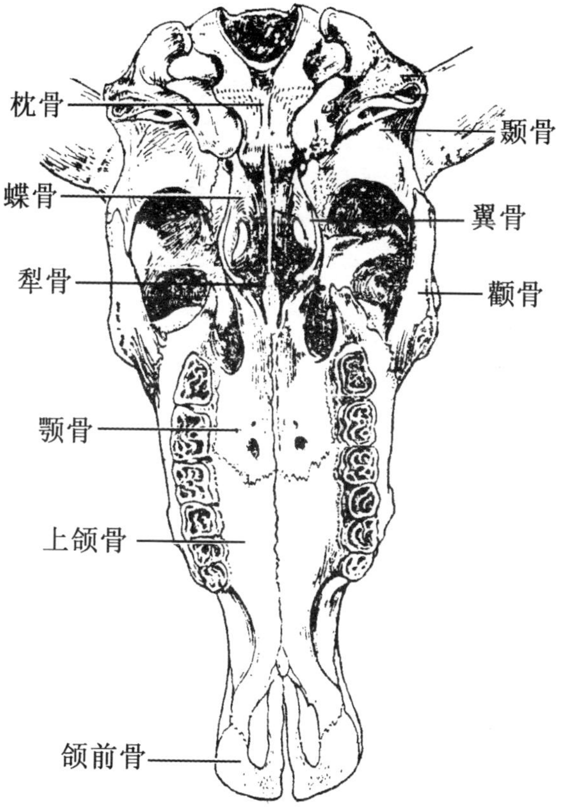

腹侧

图 2-4　牛的头骨

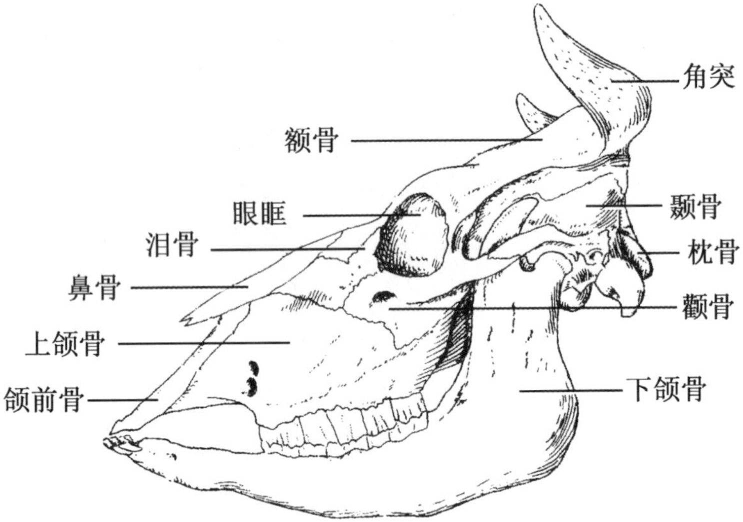

图 2-5 牛的头骨(左侧)

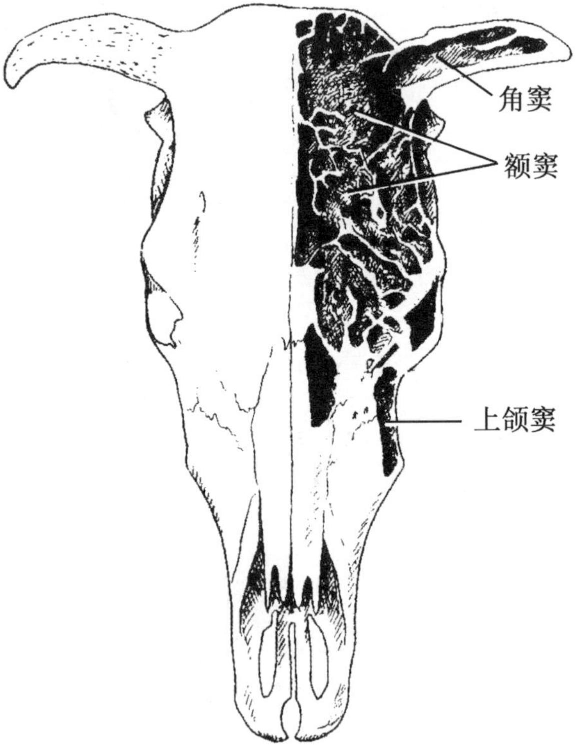

图 2-6 牛的头骨示窦(背侧)

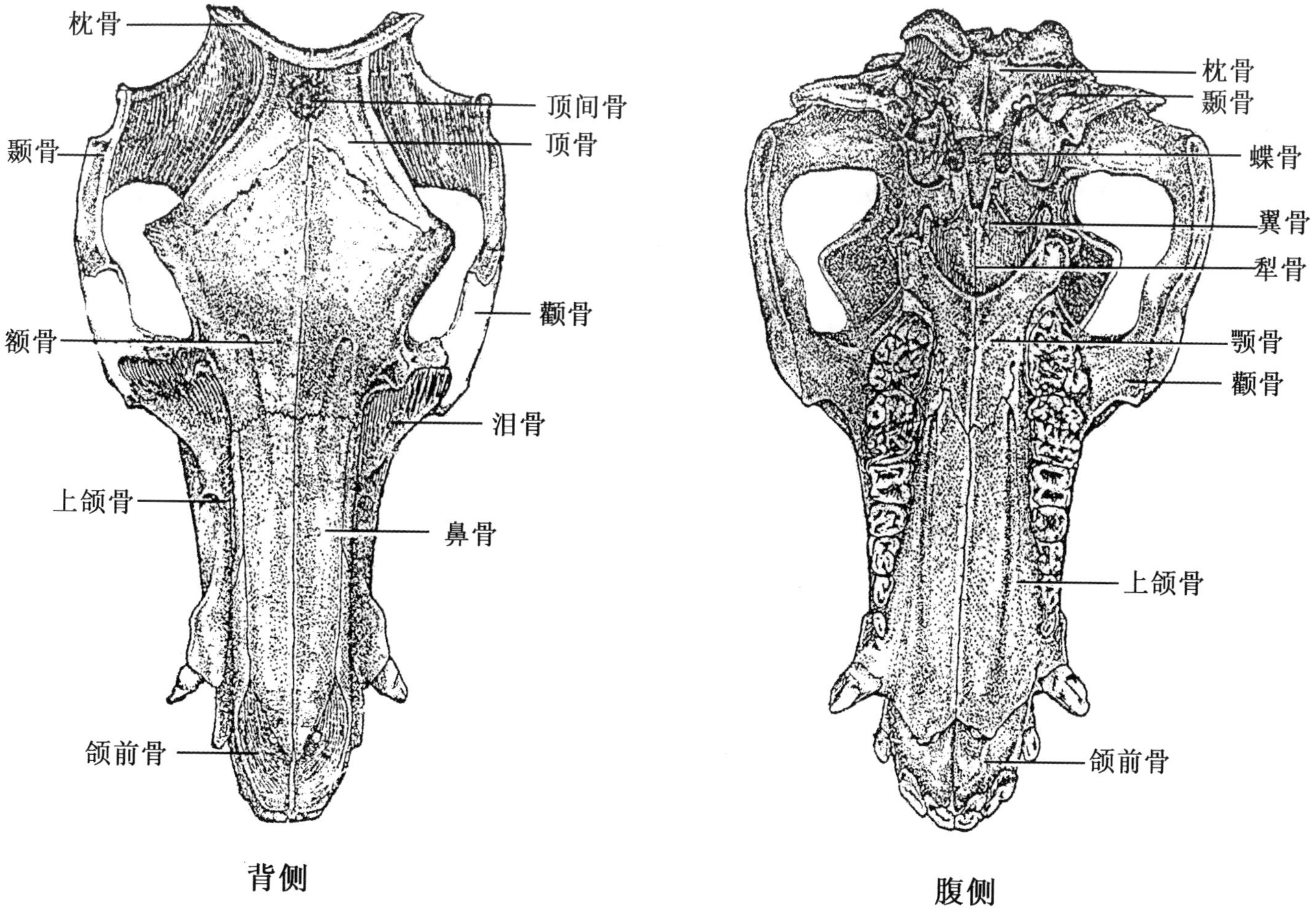

图 2-7　猪的头骨

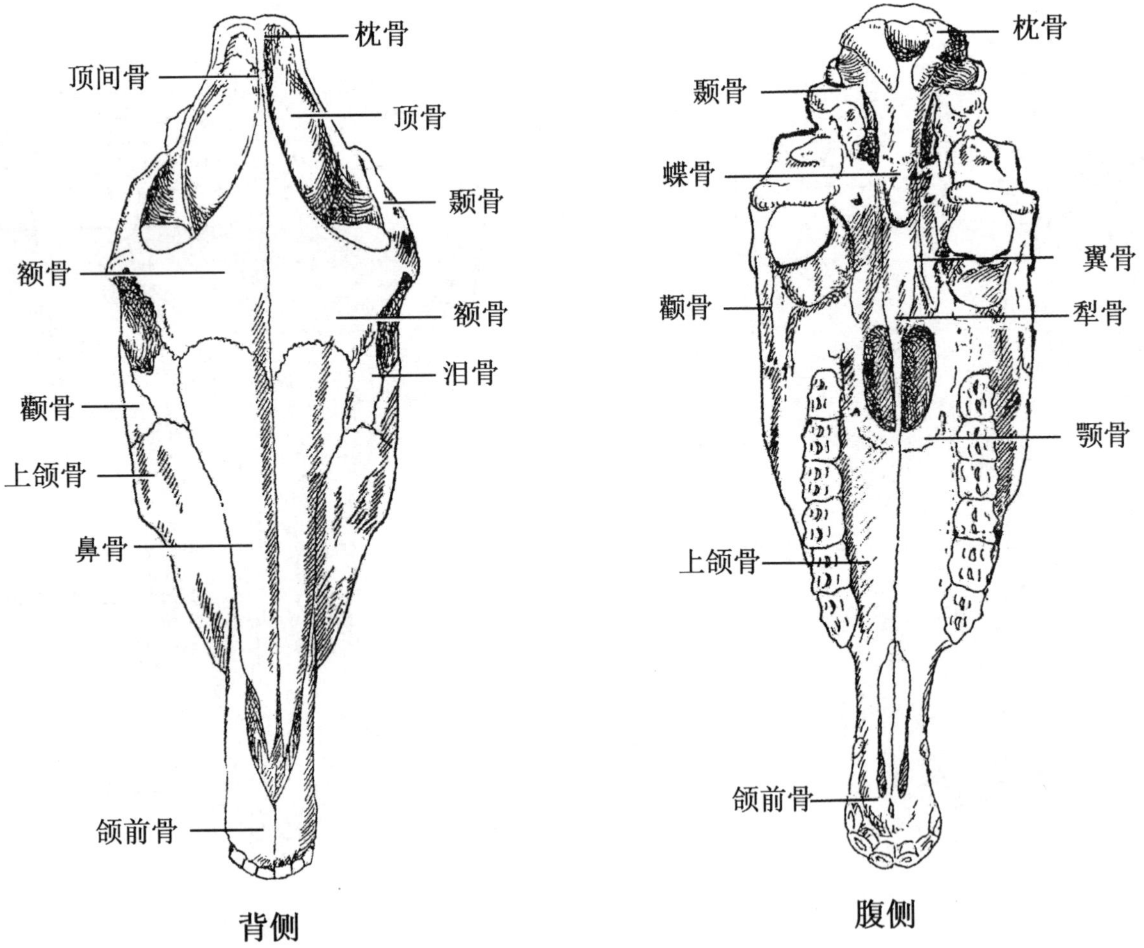

图 2-8 马的头骨

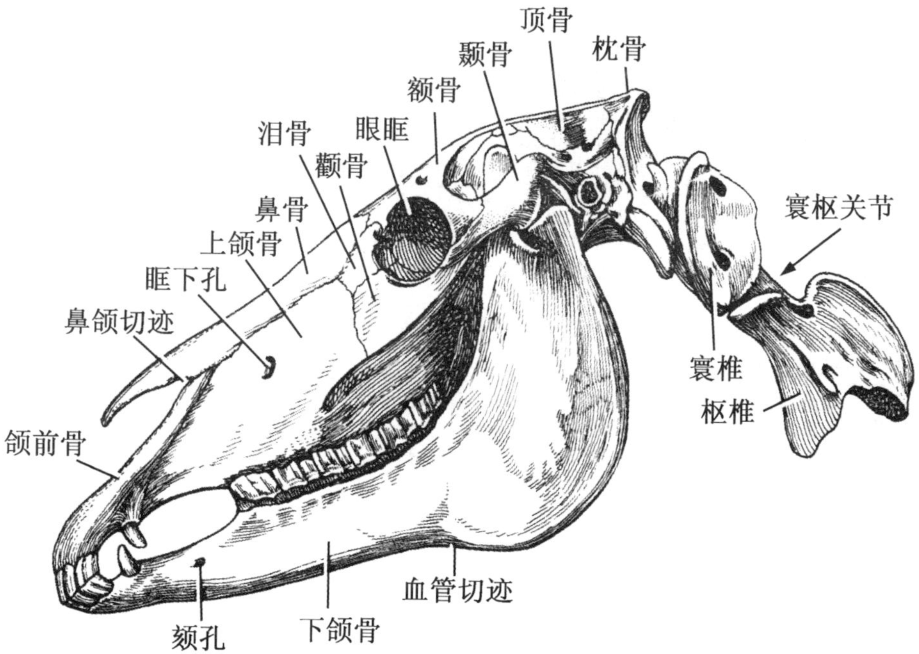

图 2-9　马的头骨(左侧)

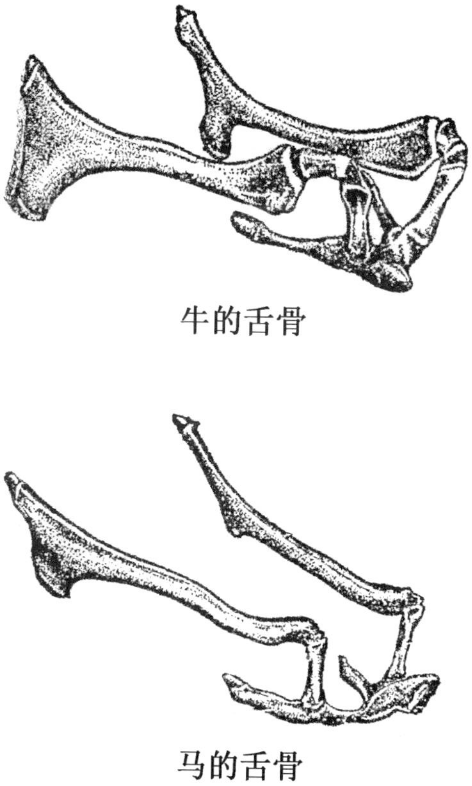

图 2-10　舌骨

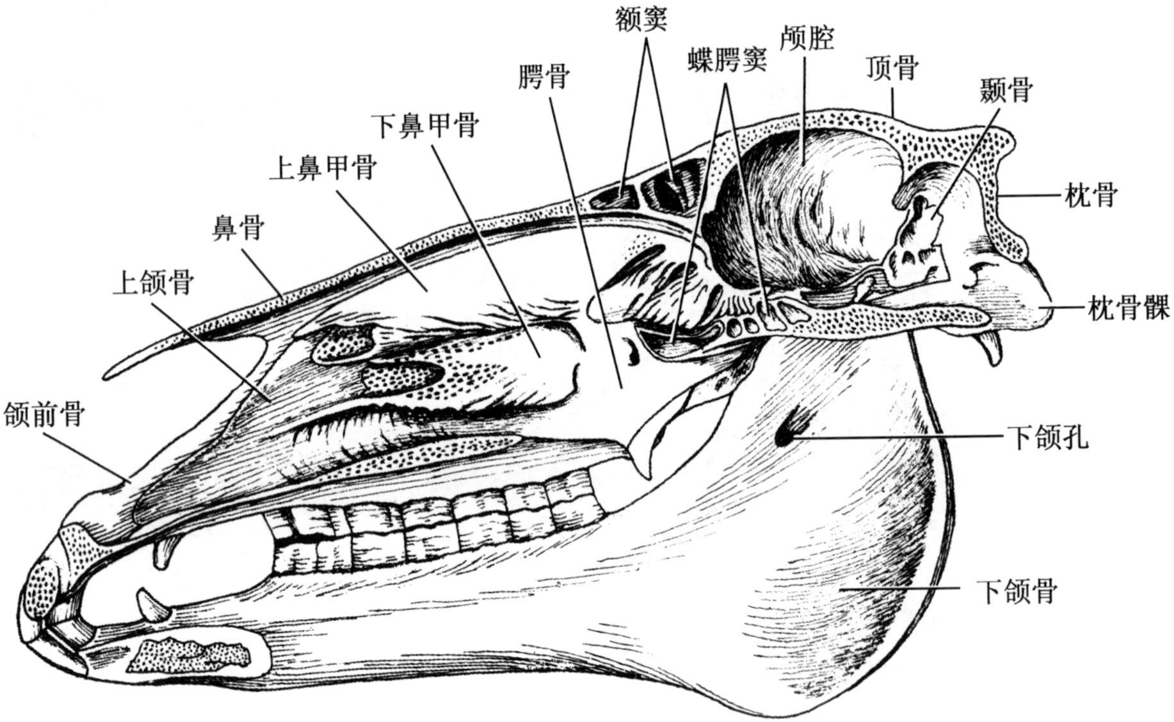

图 2-11 马的头骨(矢状面)

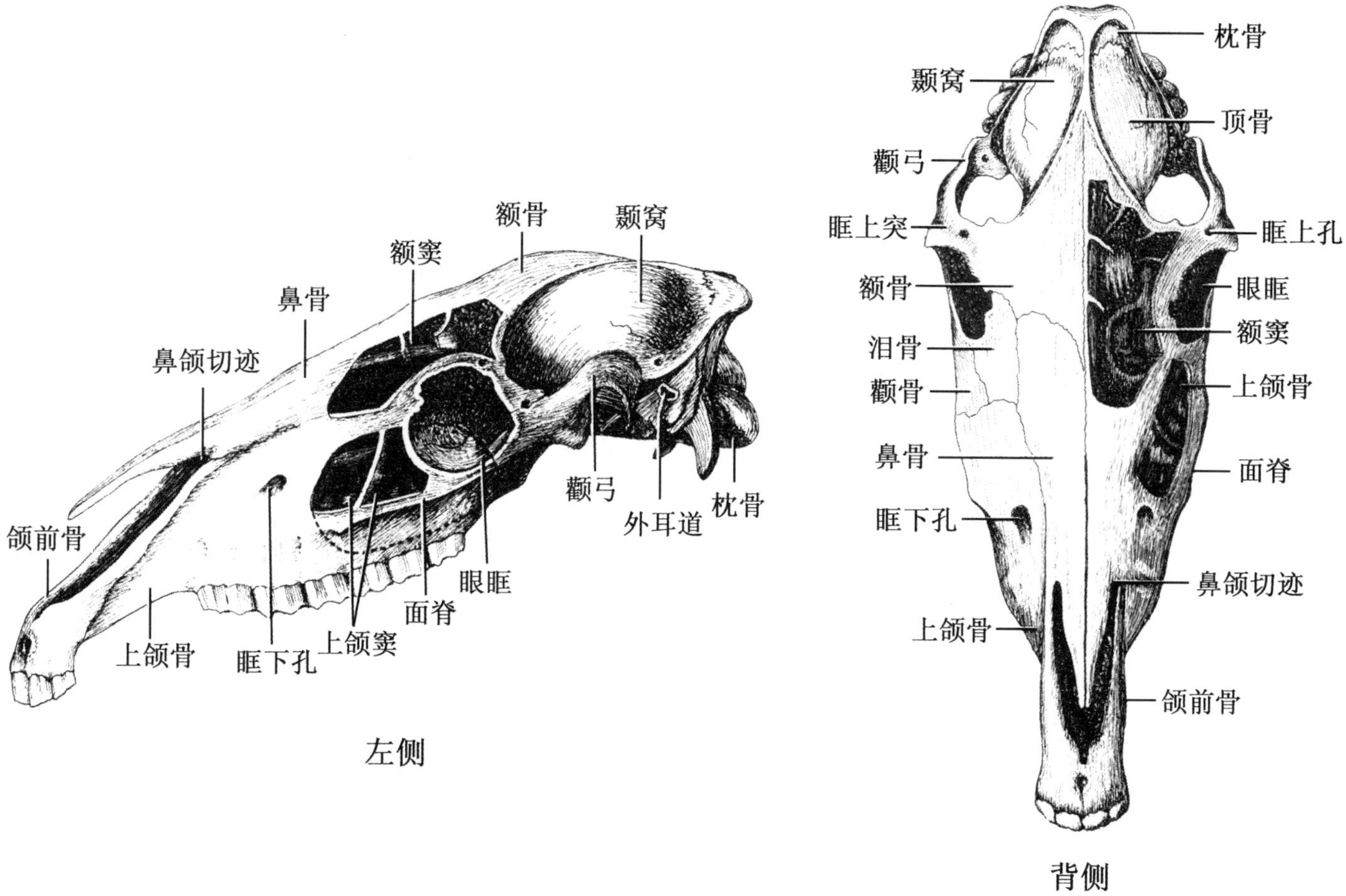
额骨
颞窝
额窦
鼻骨
鼻颌切迹
颌前骨
上颌骨
眶下孔
上颌窦
面脊
眼眶
颧弓
外耳道
枕骨
左侧
枕骨
颞窝
顶骨
颧弓
眶上突
眶上孔
额骨
眼眶
额窦
泪骨
上颌骨
颧骨
鼻骨
面脊
眶下孔
鼻颌切迹
上颌骨
颌前骨
背侧

图 2-12 马的头骨(示窦)

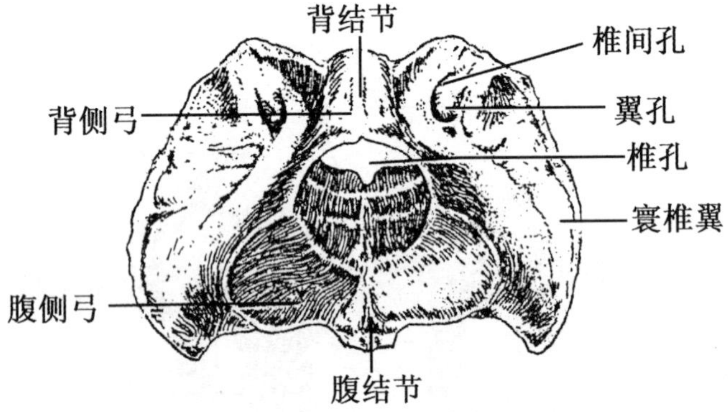

牛寰椎（背侧）

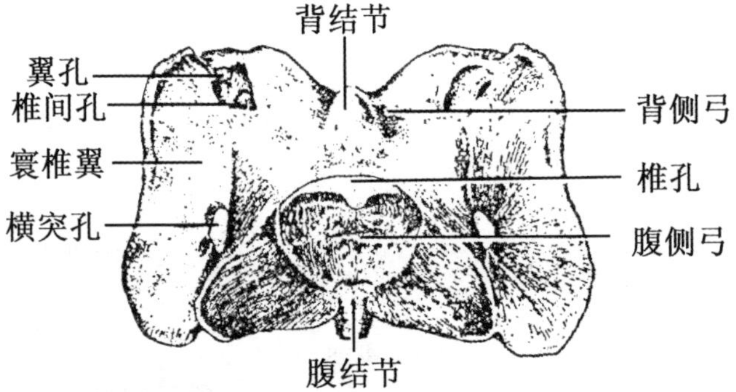

马寰椎（背侧）

图 2-13　寰椎

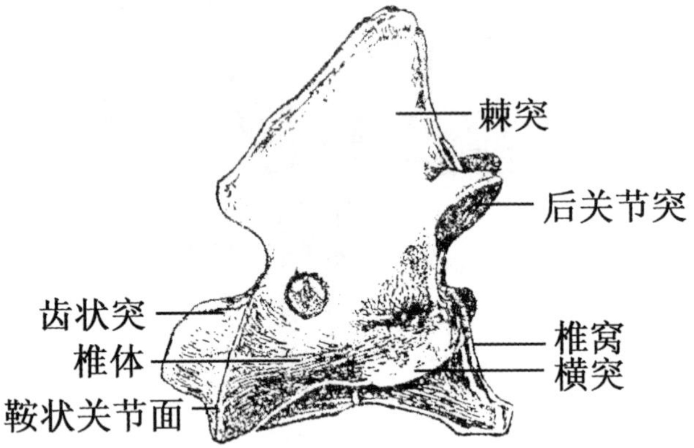

牛枢椎（左侧）

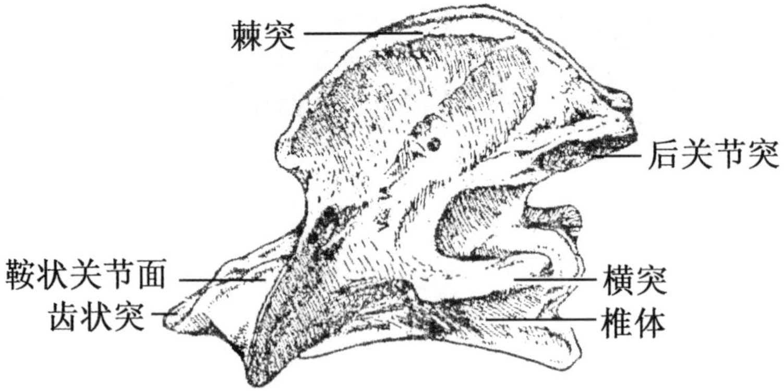

马枢椎（左侧）

图 2-14　枢椎

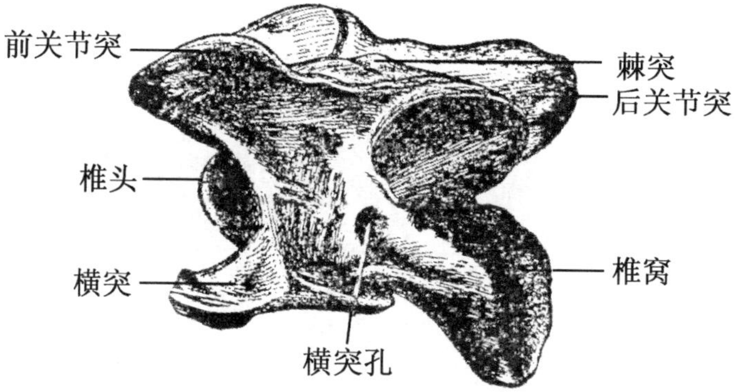

图 2-15　马的第 4 颈椎(左侧)

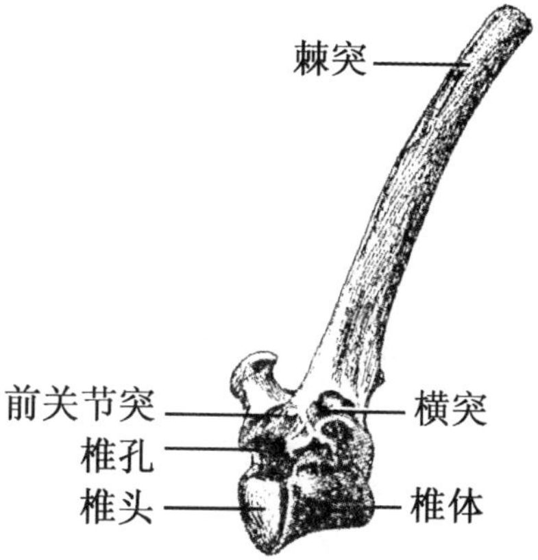

图 2-16　马的胸椎(左侧)

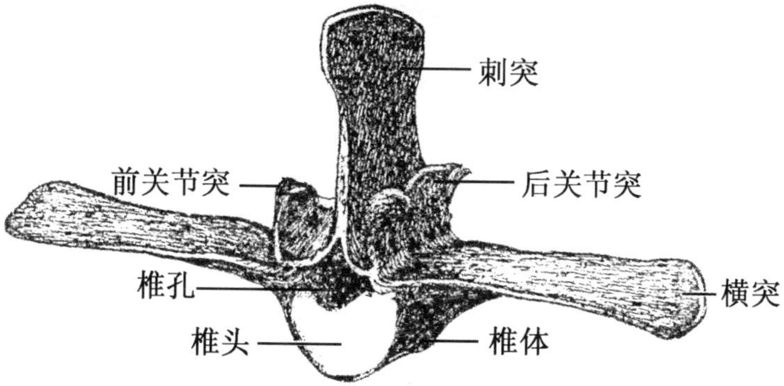

图 2-17　马的腰椎(头侧)

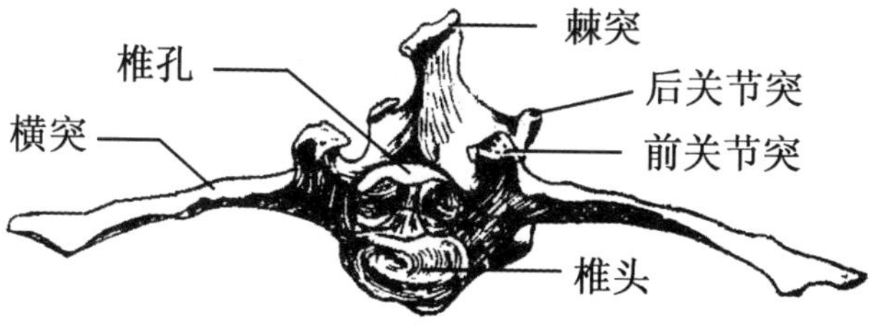

图 2-18　牛的腰椎(头侧)

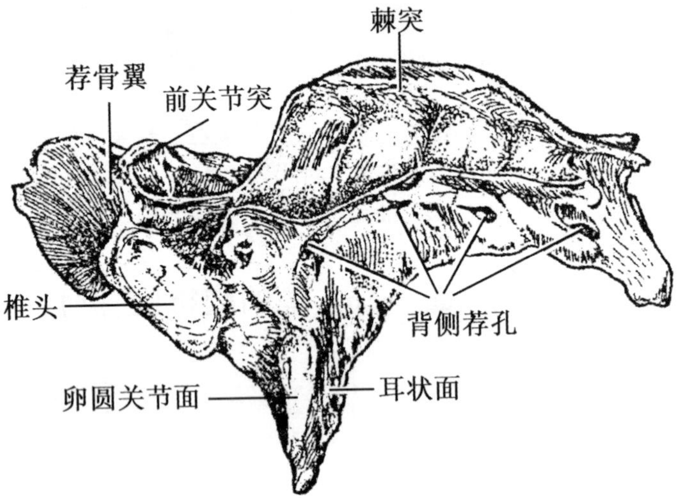

牛的荐骨（背侧）

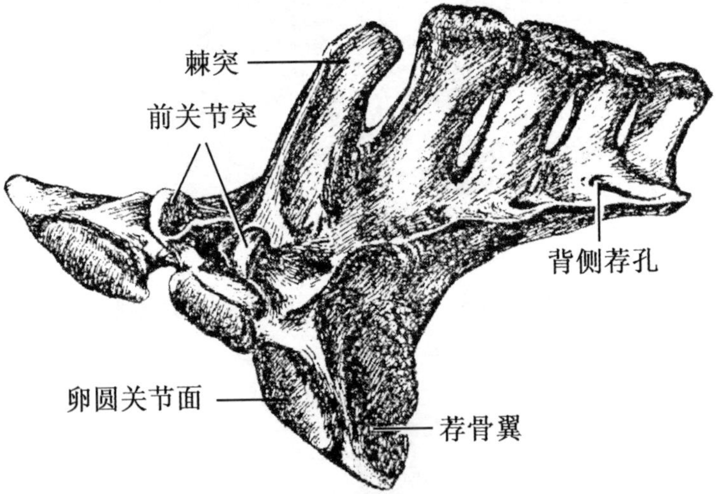

马的荐骨（背侧）

图 2-19 荐骨(左侧)

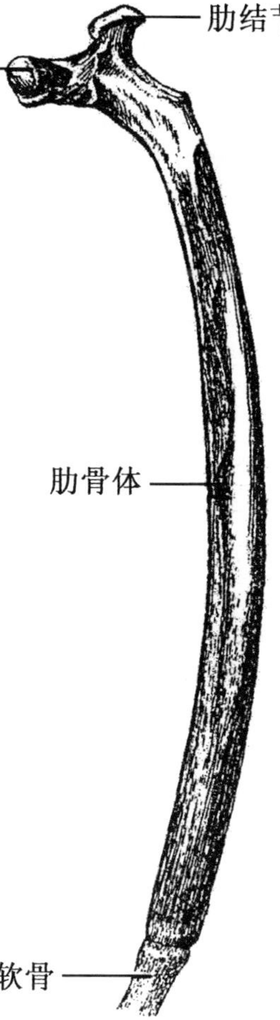

图 2-20　马的肋

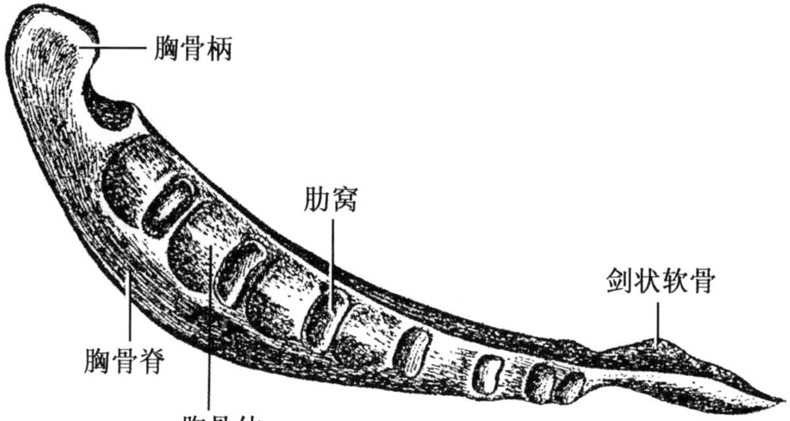

图 2-21　马的胸骨(左侧)

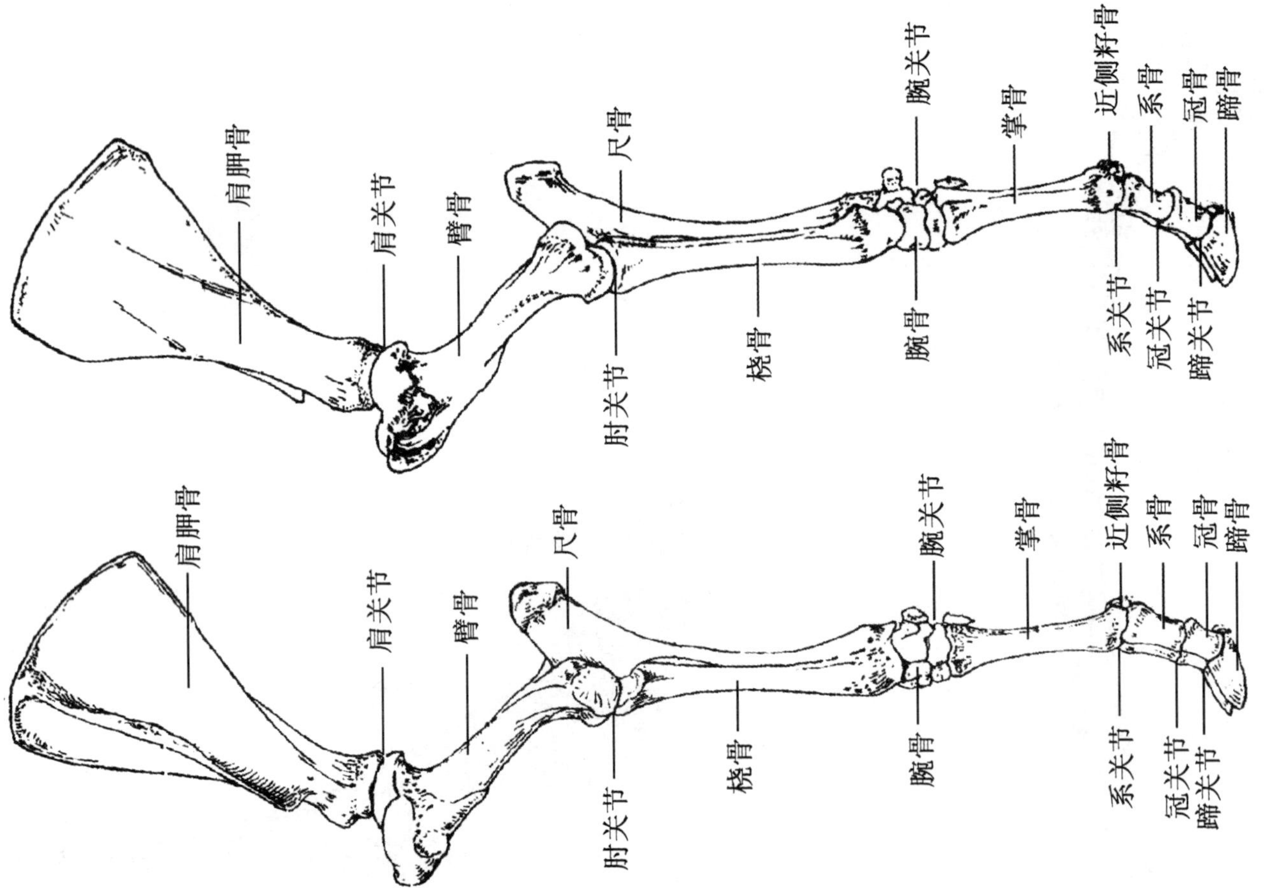

牛右前肢骨骼（内侧）

牛左前肢骨骼（外侧）

图 2-22 牛前肢骨骼

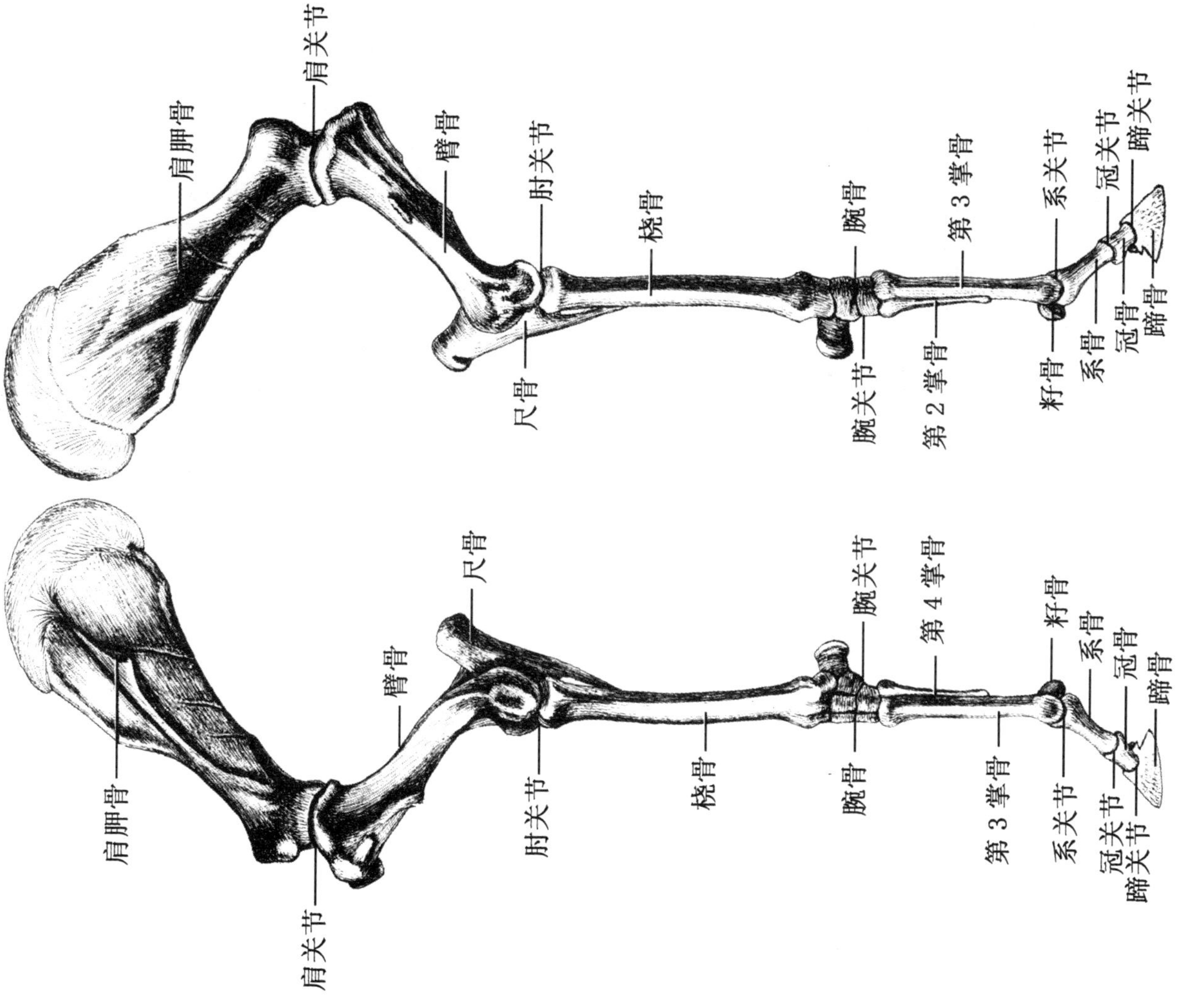

马的左前肢骨骼（外侧）　　马的左前肢骨骼（内侧）

图 2-23　马左前肢骨骼

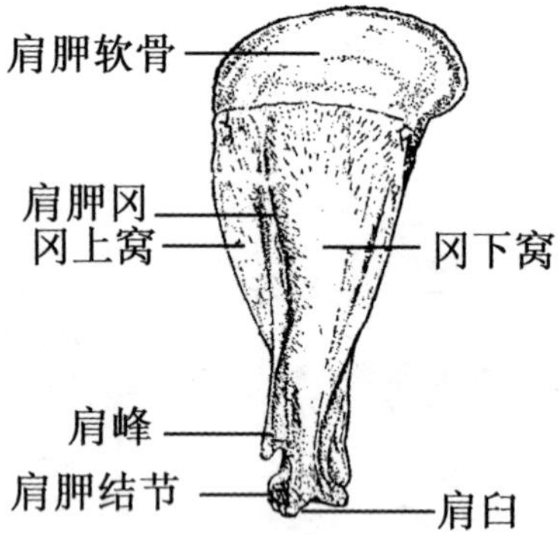

牛左侧肩胛骨（外侧）

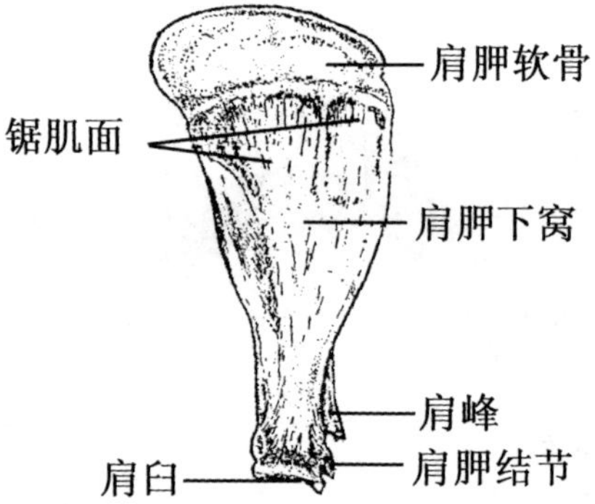

牛左侧肩胛骨（内侧）

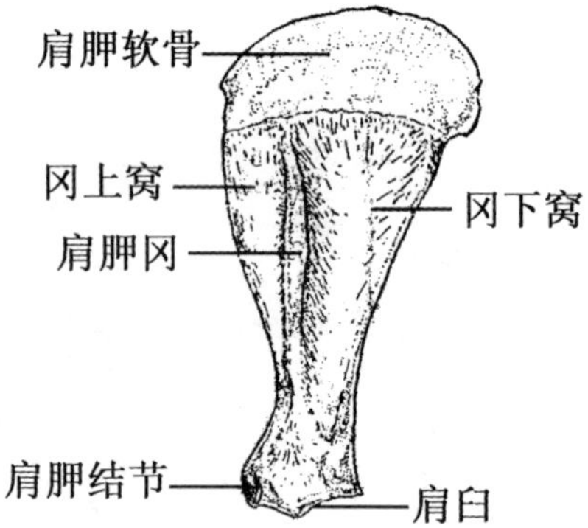

马左侧肩胛骨（外侧）

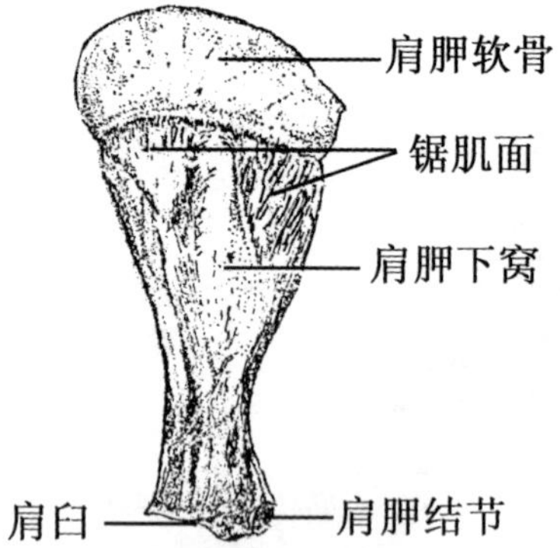

马左侧肩胛骨（内侧）

图 2-24　肩胛骨

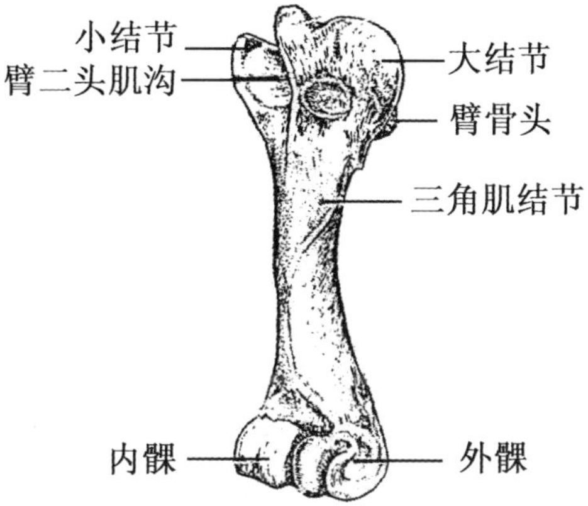

牛左侧臂骨（外侧）

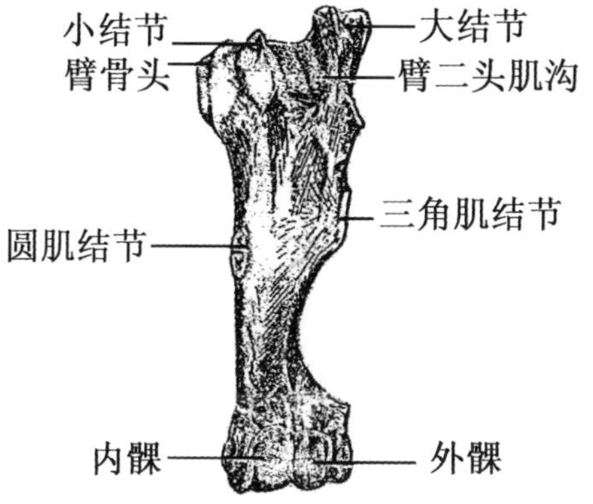

牛左侧臂骨（内侧）

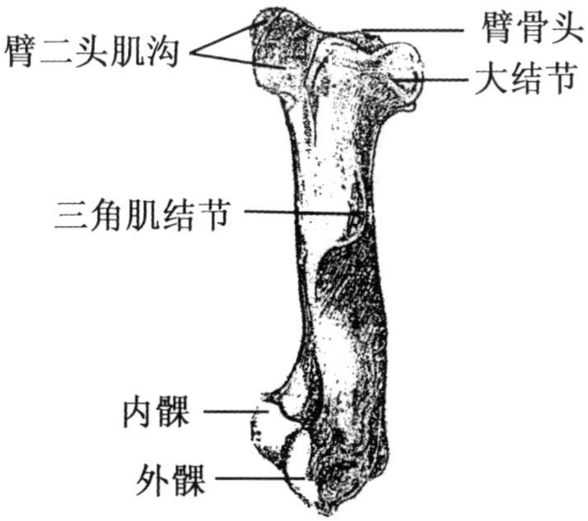

马左侧臂骨（外侧）

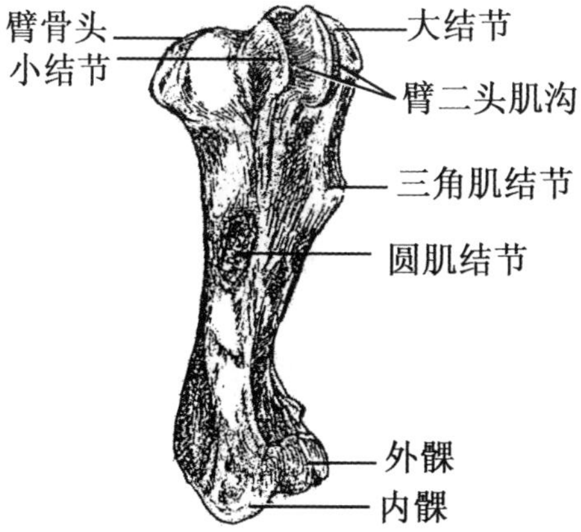

马左侧臂骨（内侧）

图 2-25　臂骨

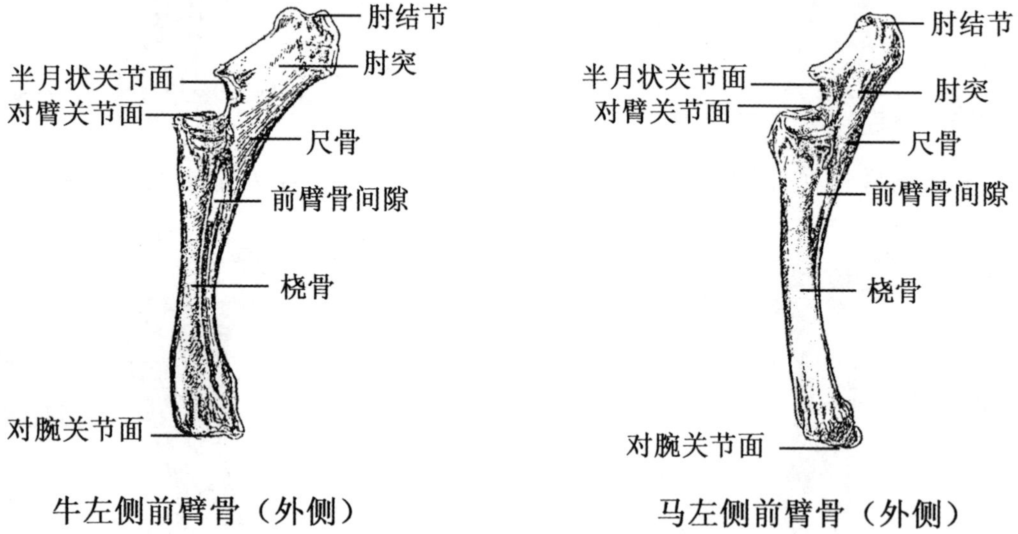
肘结节
肘突
半月状关节面
对臂关节面
尺骨
前臂骨间隙
桡骨
对腕关节面
牛左侧前臂骨（外侧）
肘结节
半月状关节面
肘突
对臂关节面
尺骨
前臂骨间隙
桡骨
对腕关节面
马左侧前臂骨（外侧）

图 2-26　前臂骨

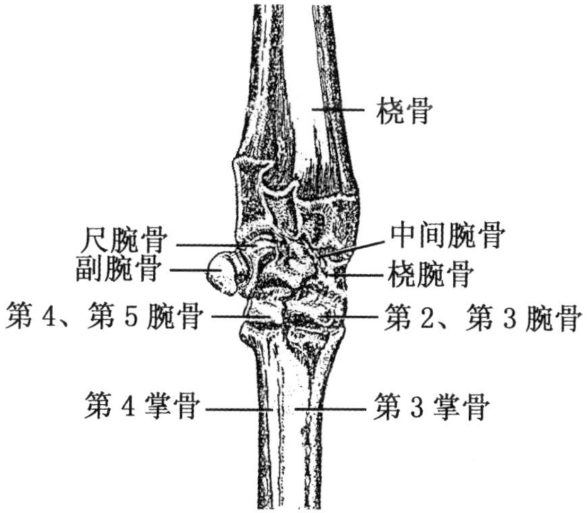

牛左侧腕骨（掌侧）

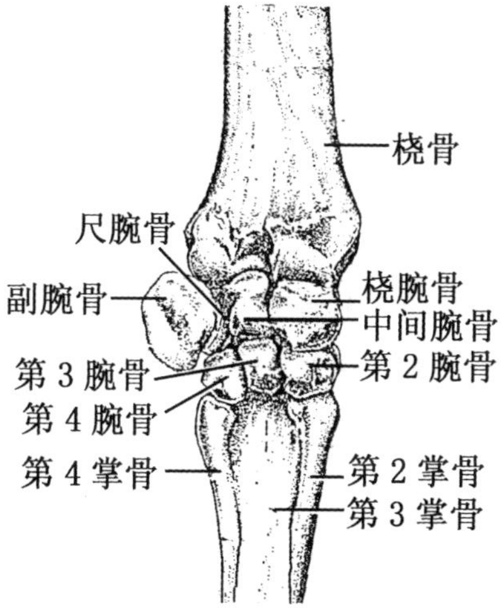

马左侧腕骨（掌侧）

图 2-27 腕骨

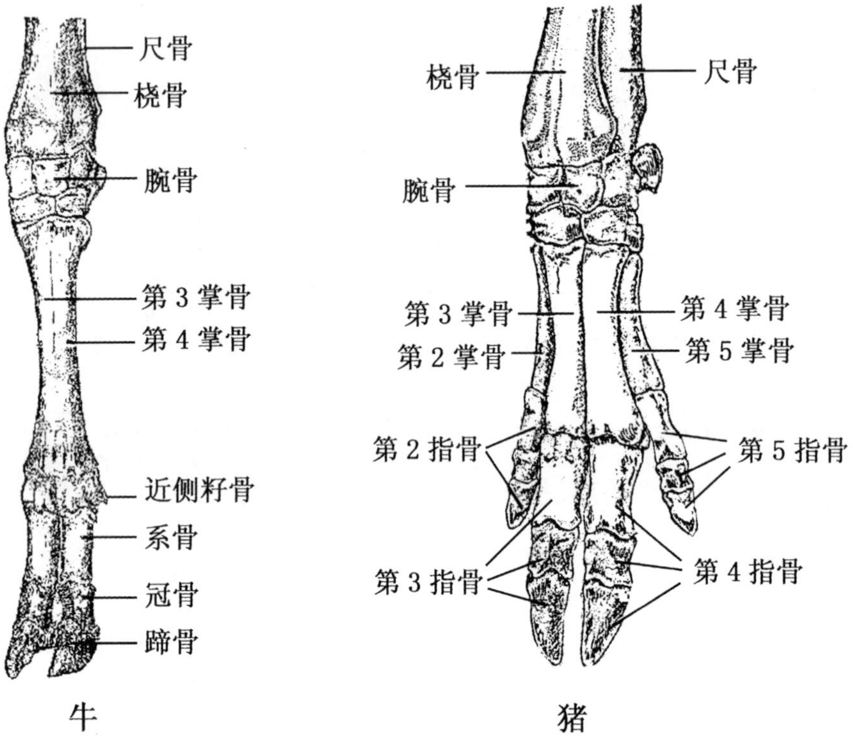

图 2-28　左侧腕骨、掌骨和指骨(背侧)

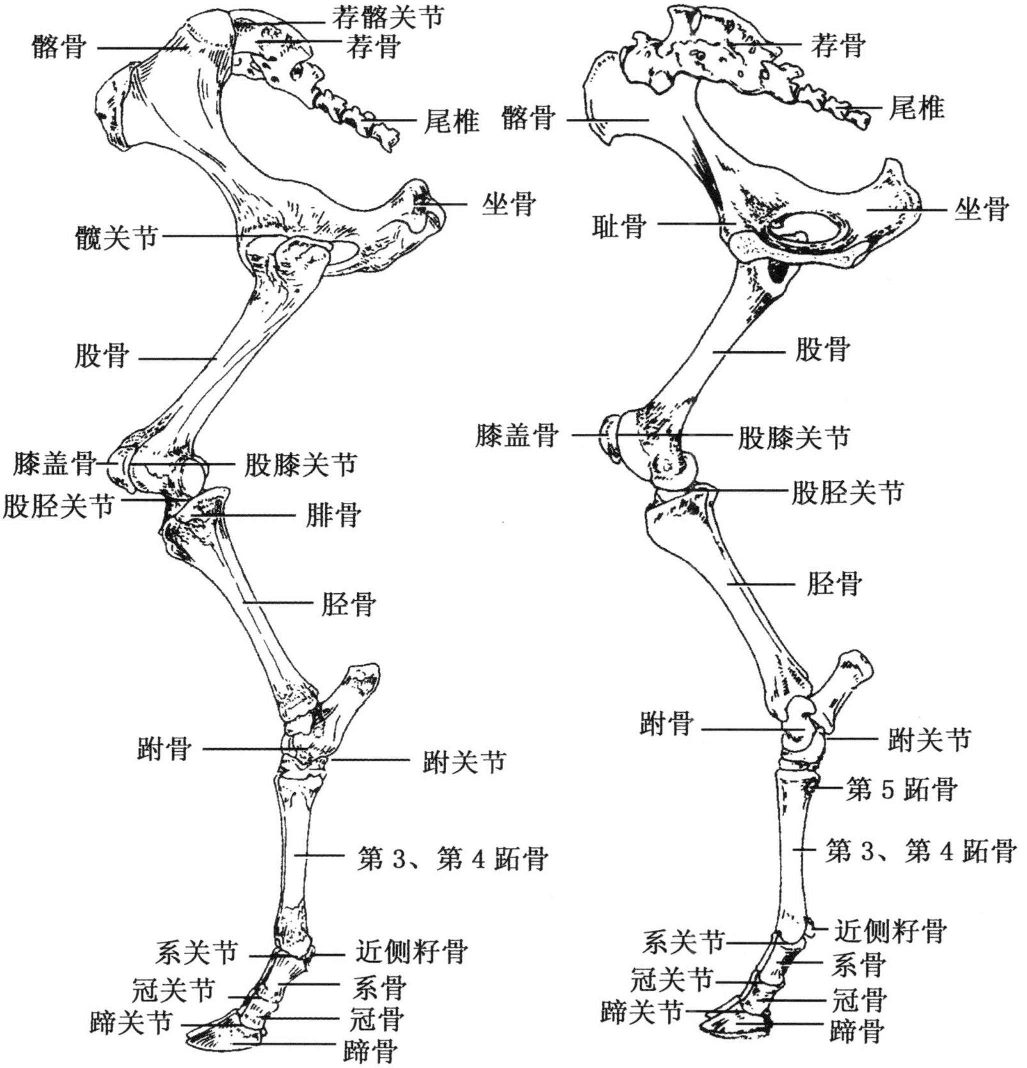

牛左后肢骨骼（外侧）　　牛右后肢骨骼（内侧）

图 2-29　牛后肢骨骼

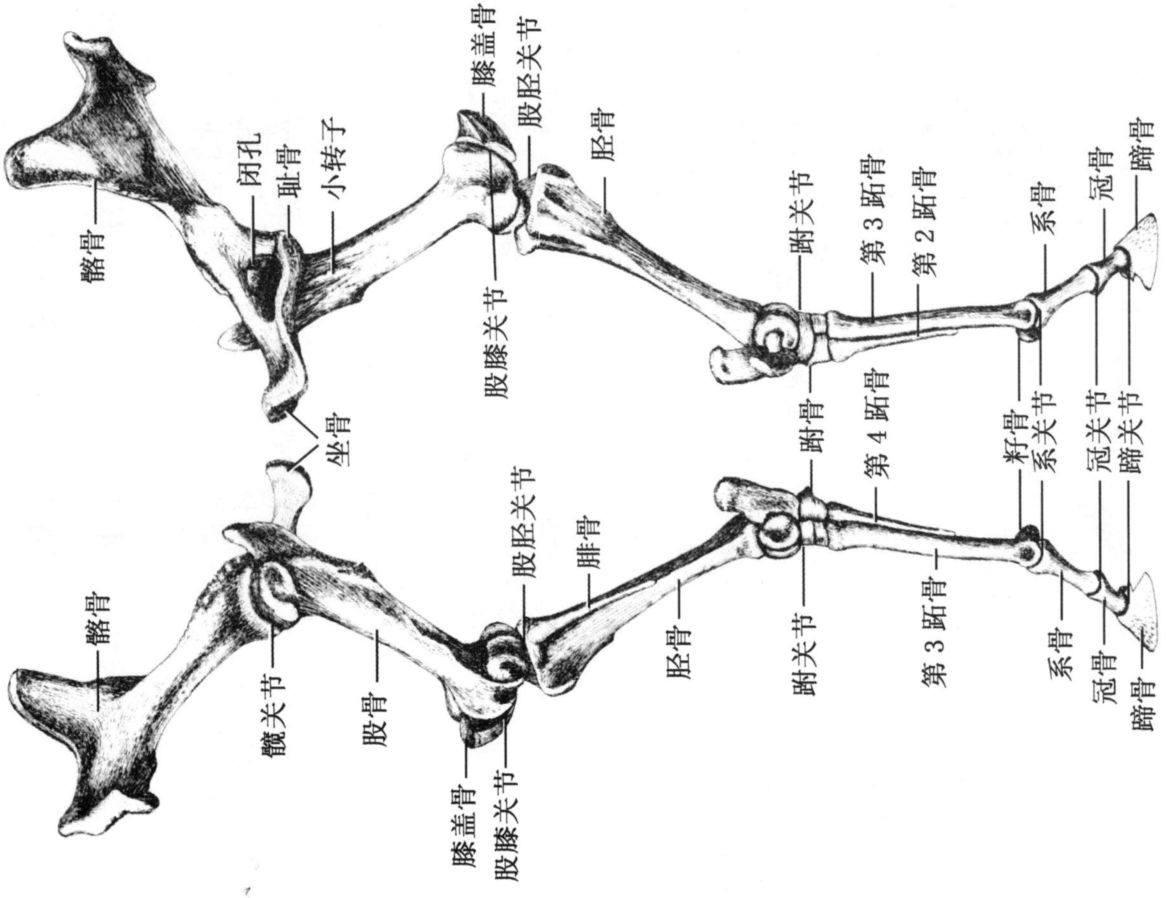

马左后肢骨骼（外侧）　　马左后肢骨骼（内侧）

图 2-30　马后肢骨骼

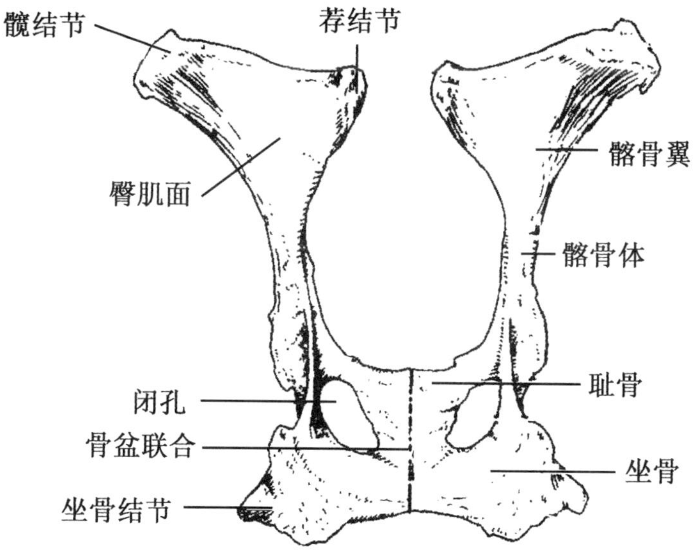

牛的髋骨（背侧）

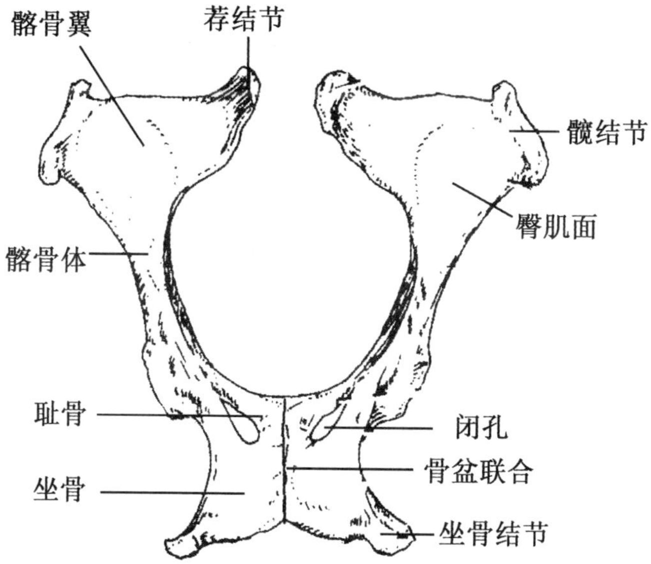

马的髋骨（背侧）

图 2-31 髋骨

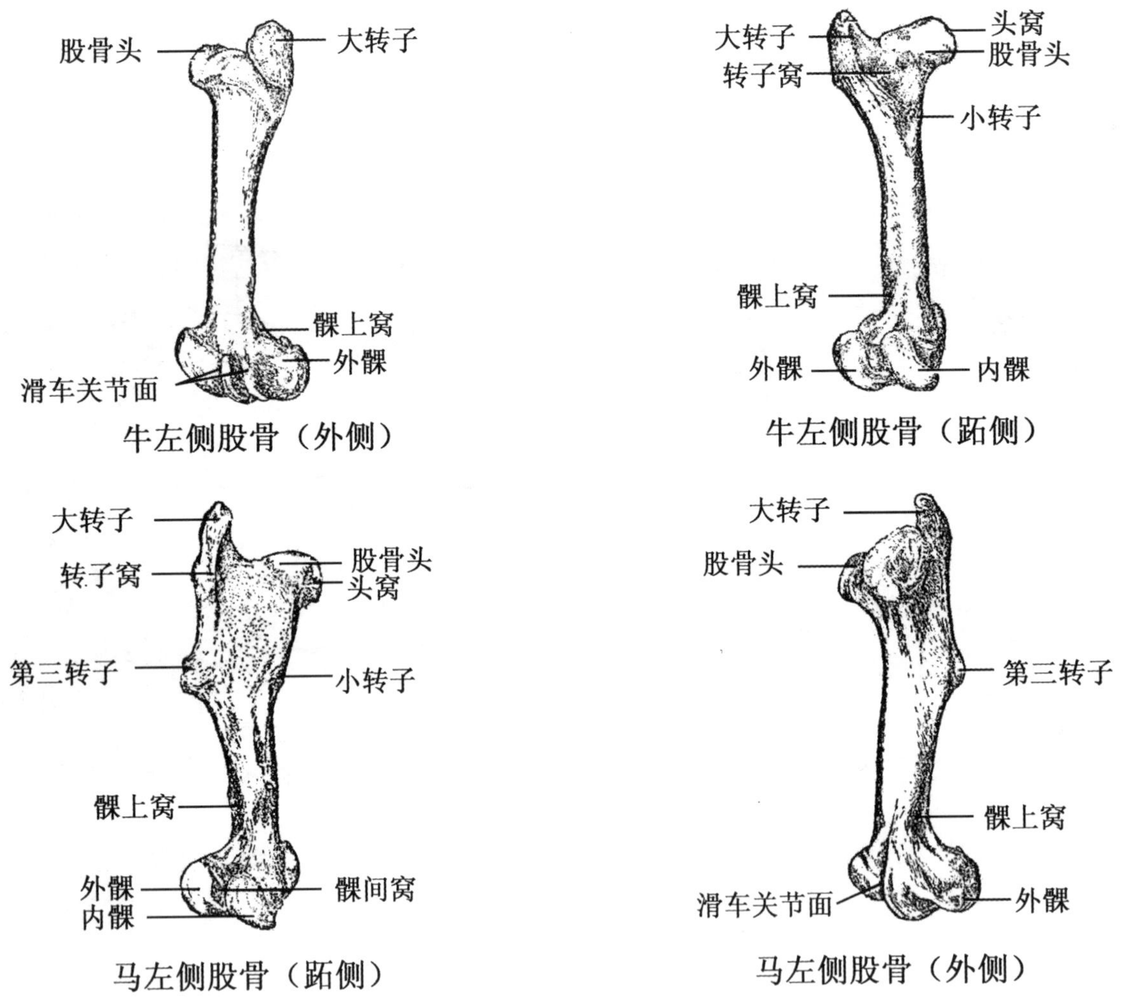
股骨头
大转子
滑车关节面
髁上窝
外髁
牛左侧股骨（外侧）
大转子
转子窝
头窝
股骨头
小转子
髁上窝
外髁
内髁
牛左侧股骨（跖侧）
大转子
转子窝
股骨头
头窝
第三转子
小转子
髁上窝
外髁
内髁
髁间窝
马左侧股骨（跖侧）
大转子
股骨头
第三转子
髁上窝
滑车关节面
外髁
马左侧股骨（外侧）

图 2-32　股骨

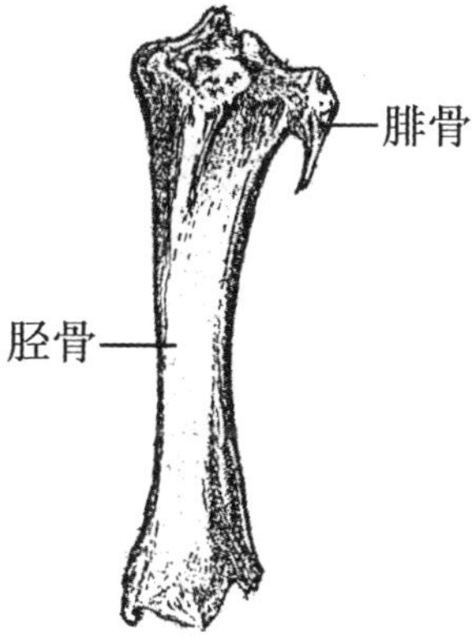

牛左侧小腿骨（背侧）

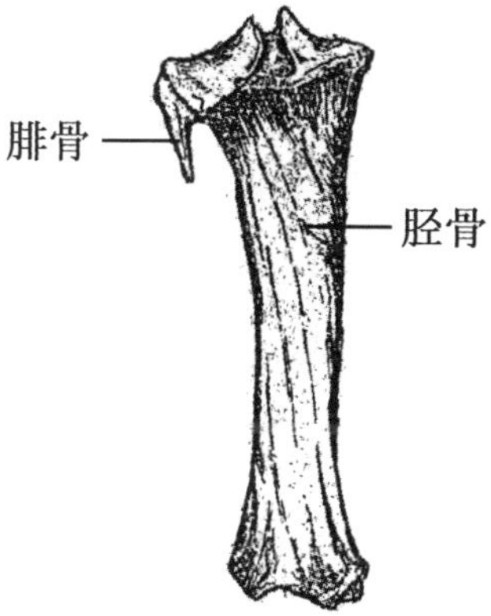

牛左侧小腿骨（跖侧）

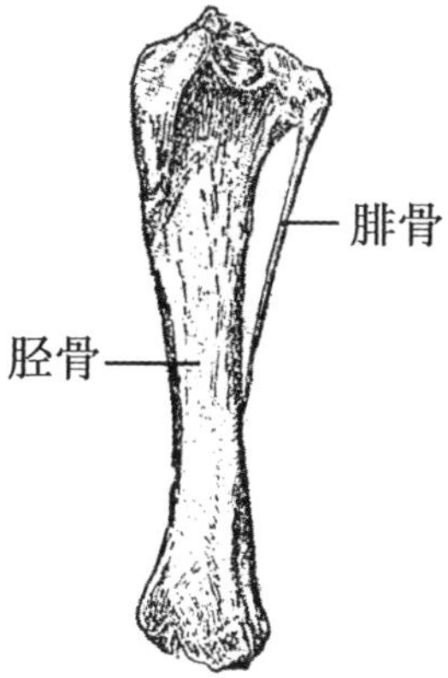

马左侧小腿骨（外侧）

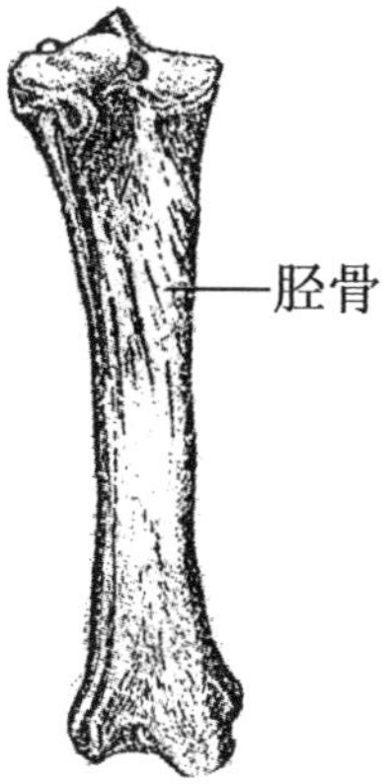

马左侧小腿骨（跖侧）

图 2-33 小腿骨

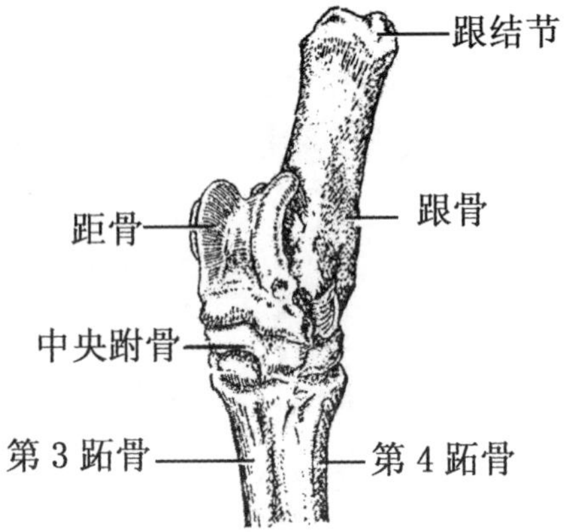

牛左侧跗骨（外侧）

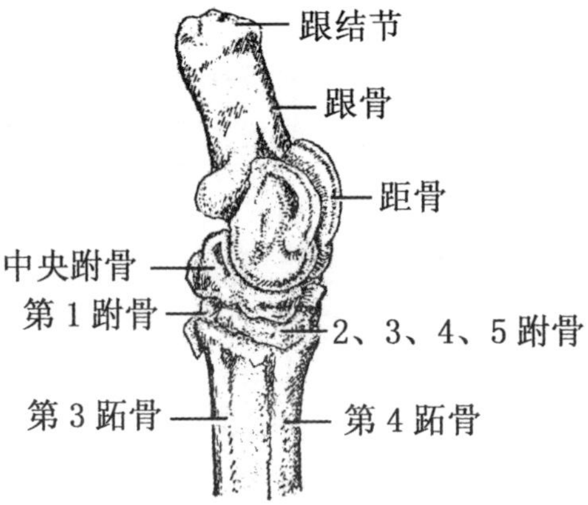

牛左侧跗骨（内侧）

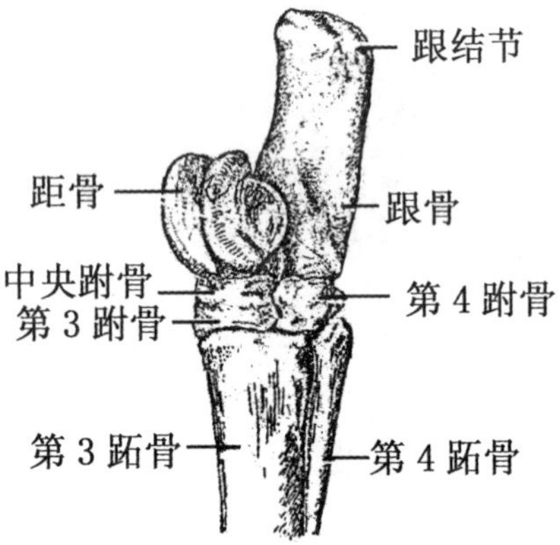

马左侧跗骨（外侧）

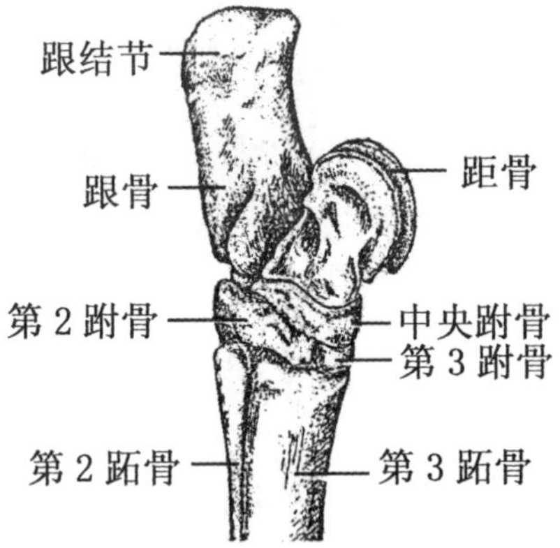

马左侧跗骨（内侧）

图 2-34　跗骨

实验三　骨　连　结

【实验目的和要求】

掌握关节的基本结构和辅助结构，了解头骨和躯干骨的连结，掌握四肢骨的连结。

【实验仪器和材料】

牛、猪和马分离的骨标本，牛、猪和马全身骨骼标本，关节标本和模型。

【实验内容和方法】

骨连结分为头骨的连结、躯干骨的连结和四肢骨的连结。头骨大部分为直接连结，只有一个关节（颞下颌关节）；躯干骨的连结包括椎骨的连结（包括寰枕关节和寰枢关节、椎体间连结、椎弓间连结和脊柱总韧带）、肋与椎骨连结（叫肋椎关节）和肋与胸骨连结（叫肋胸关节）；四肢骨连结形成活动的关节，前肢关节包括肩关节、肘关节、腕关节和指关节（分为系关节、冠关节和蹄关节），后肢关节包括荐髂关节、髋关节、膝关节（包括股膝关节和股胫关节）、跗关节和趾关节（包括系关节、冠关节和蹄关节）。

（一）关节的构造

1. 关节面　是骨与骨相接触的光滑面。

2. 关节软骨　是覆盖在关节面表面一层透明软骨。

3. 关节囊　是包在关节周围的结缔组织囊。囊壁分为纤维层和滑膜层。

4. 关节腔　为关节囊和关节软骨共同围成的密闭腔隙，内有少量滑液。

5. 关节的辅助结构　有韧带、关节盘和关节唇。

6. 关节的血管和神经　关节的血管在关节周围形成血管网，再分支到骨骺和关节囊。神经分布于关节囊和韧带。

图 3-1 为关节的构造。

（二）全身关节的组成

1. 头部关节　即颞下颌关节，由颞骨的颞髁、关节盘和下颌骨的髁状突构成。

2. 躯干部关节

(1)寰枕关节。由寰椎与枕骨构成。

(2)寰枢关节。由寰椎与枢椎构成。

(3)椎体间连结。是相邻两椎骨的椎头与椎窝，借纤维软骨构成的椎间盘相连结。

(4)椎弓间连结。是相邻椎骨的前关节突和后关节突构成。

3. 前肢关节　肩关节由肩胛骨的肩臼和臂骨头构成；肘关节由臂骨的远端和前臂骨近端构成；腕关节由前臂骨的远端、腕骨和掌骨近端构成；系关节又称球节，由掌骨远端、系骨近端和近侧籽骨构成；冠关节由系骨的远端和冠骨近端组成；蹄关节由冠骨的远端、蹄骨的近端和远侧籽骨构成。

4. 后肢关节　荐髂关节由荐骨翼的耳状关节面与髂骨的耳状关节面构成；髋关节由髋臼和股骨头构成；膝关节包括股胫关节和股膝关节，股胫关节由股骨远端的髁状关节面、胫骨近端和两个半月板构成，股膝关节由股骨远端滑车关节面和膝盖骨构成；跗关节又称飞节由小腿骨远端、跗骨和跖骨近端构成；趾关节其构造与前肢指关节相同。

图 3-2 为牛的项韧带结构，图 3-3 为马的腕关节结构，图 3-4 为马的跗关节结构，图 3-5 为马的跗关节示韧带结构，图 3-6 为马右侧指关节韧带（掌侧）结构，图 3-7 为马骨盆韧带（左侧）结构。

【思考题】

1. 前、后肢有哪些关节，每个关节的组成、类型、关节角朝的方向如何？

2. 脊柱、胸廓和骨盆如何构成的，牛为什么易发生难产？

【绘图】

1. 前肢骨骼。

2. 后肢骨骼。

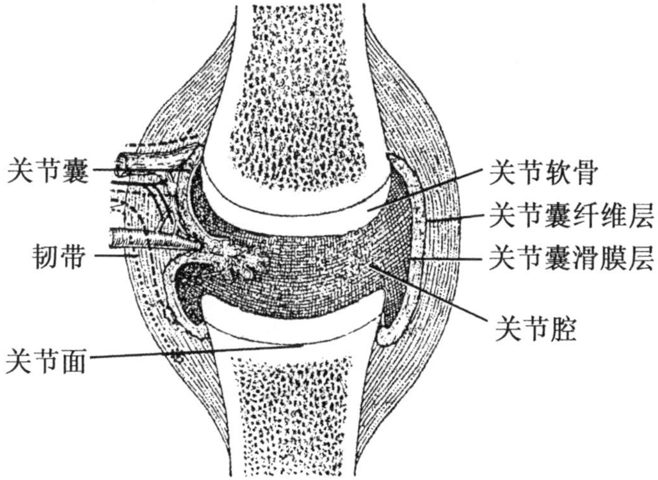

图 3-1 关节的构造

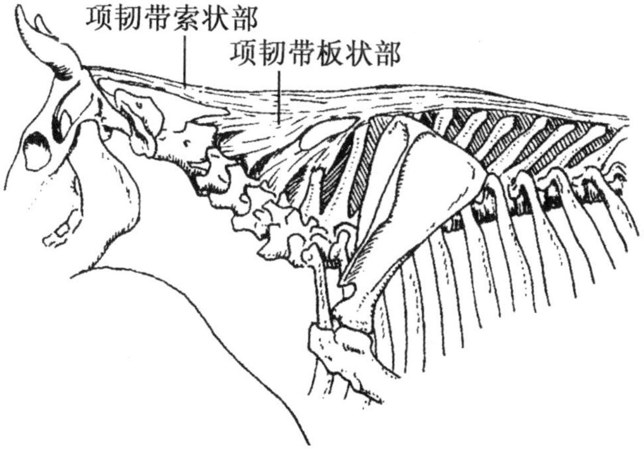

图 3-2 牛的项韧带

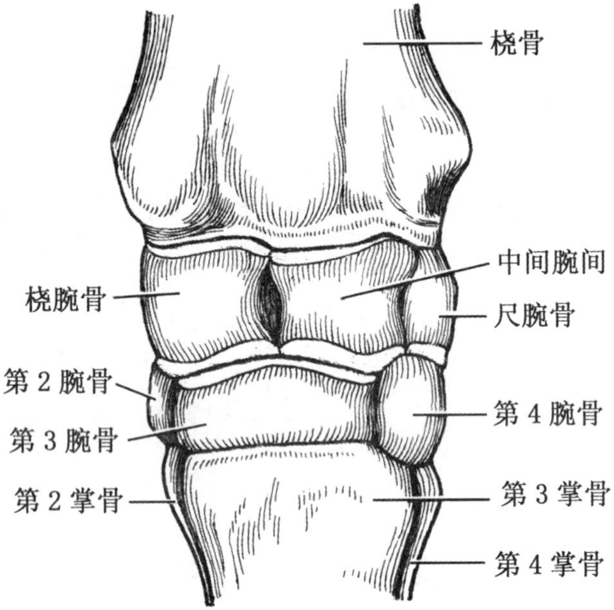

马左侧腕关节（背侧）

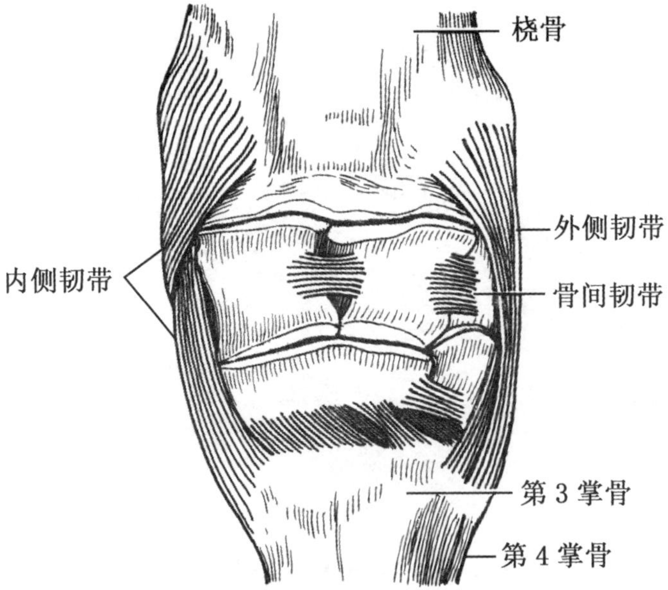

马左侧腕关节示韧带（背侧）

图 3-3　马的腕关节

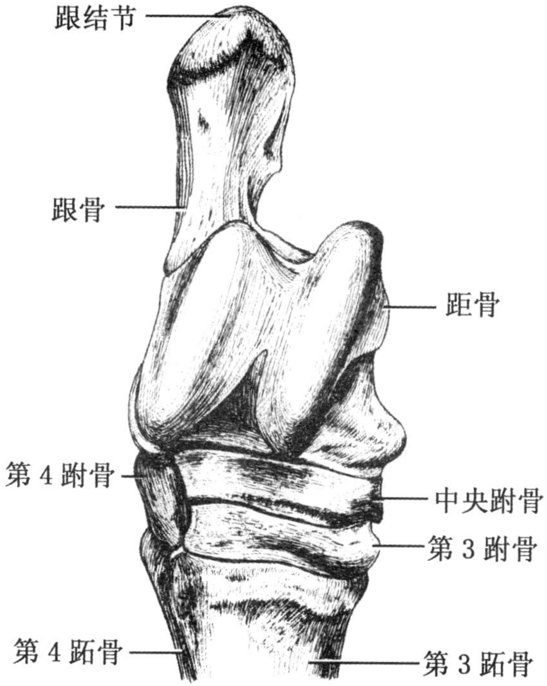

马右侧跗关节（背侧）

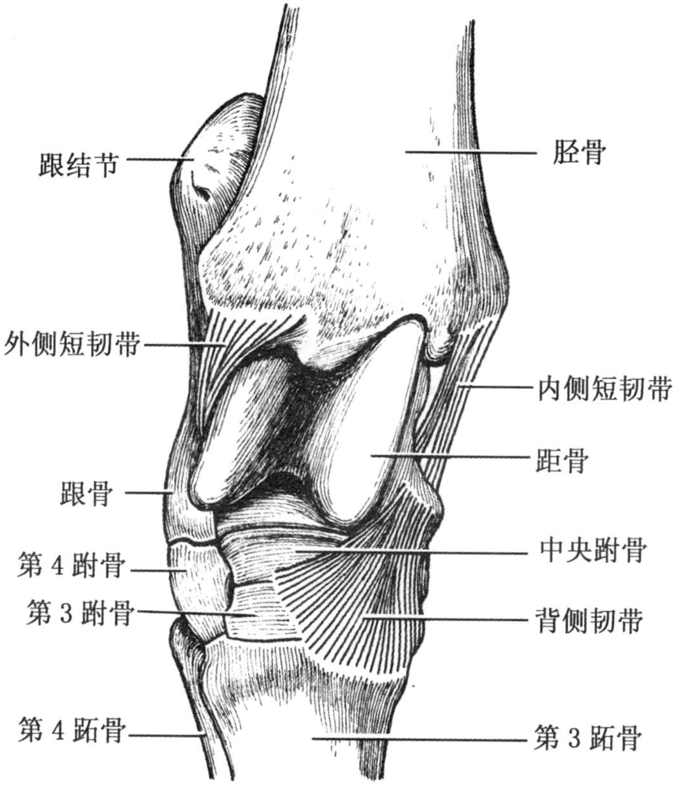

马右侧跗关节示韧带（背侧）

图 3-4　马的跗关节

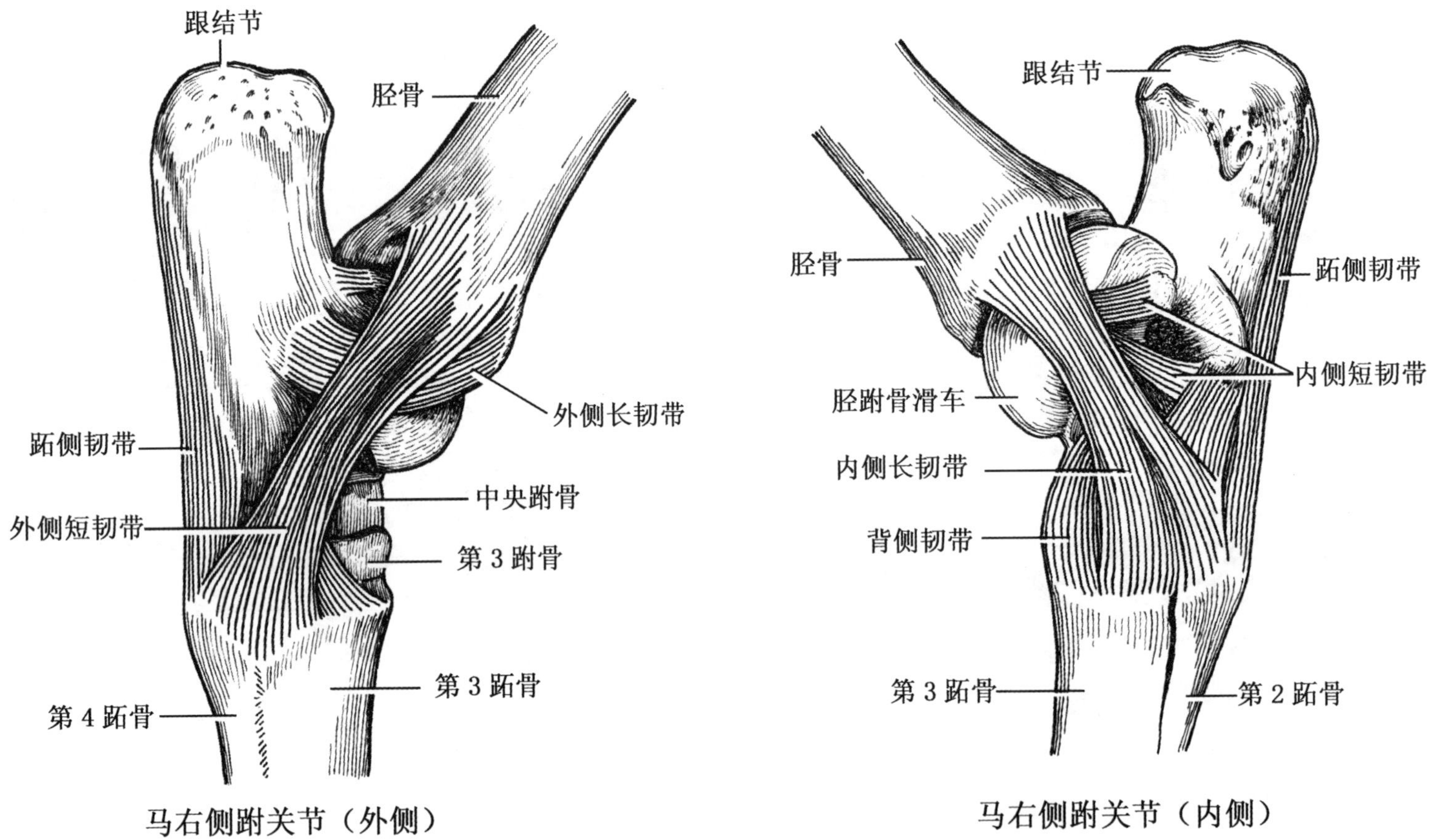

图 3-5　马的跗关节示韧带

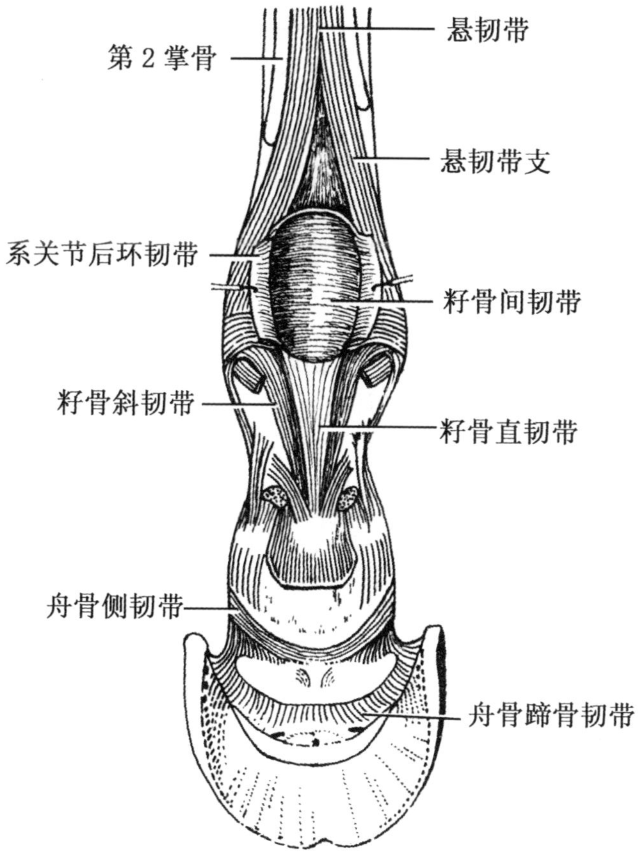

图 3-6　马右侧指关节韧带(掌侧)

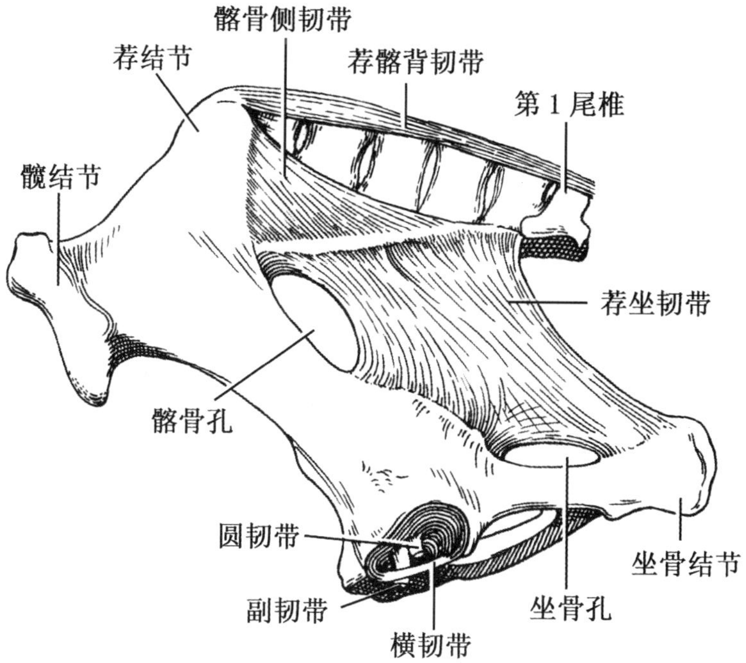

图 3-7　马骨盆韧带(左侧)

实验四　全身肌肉

【实验目的和要求】

掌握家畜全身主要肌肉的分布，了解每块肌肉的位置、形态和作用。

【实验仪器和材料】

牛、猪和马四肢肌肉标本，胸壁肌肉标本，牛、猪和马全身肌肉标本。

【实验内容和方法】

(一)头部主要肌肉

1. **面肌**　有鼻唇提肌、鼻外侧开肌、上唇提肌、下唇降肌、口轮匝肌和颊肌。

2. **咀嚼肌**　闭口肌有咬肌、翼肌和颞肌；开口肌有枕下颌肌和二腹肌。

(二)躯干的主要肌肉

1. **脊柱肌**　脊柱背侧肌有背腰最长肌、髂肋肌和夹肌。脊柱腹侧肌有颈长肌和腰小肌。

2. **颈腹侧肌**　有胸头肌、胸骨甲状舌骨肌和肩胛舌骨肌。

3. **胸壁肌**　有肋间外肌、肋间内肌和膈肌。

4. **腹壁肌**　有腹外斜肌、腹内斜肌、腹直肌和腹横肌。

(三)前肢肌肉

1. **肩带肌**　有斜方肌、菱形肌、背阔肌、臂头肌、胸肌和腹侧锯肌，牛还有肩胛横突肌。

2. **肩部肌**　有冈上肌、冈下肌、三角肌、肩胛下肌和大圆肌。

3. **臂部肌**　有臂三头肌、前臂筋膜张肌、臂二头肌和臂肌。

4. **前臂及前脚部肌**　有腕桡侧伸肌、腕桡侧屈肌、腕尺侧伸肌(或腕外侧屈肌)、腕尺侧屈肌、腕斜伸肌、指内侧伸肌(或第3指固有伸肌)、指总伸肌、指外侧伸肌(或有第4指固有伸肌)、指浅屈肌和指深屈肌。

(四)后肢肌肉

1. **臀部肌**　有臀肌和髂腰肌，臀肌包括臀浅肌、臀中肌和臀深肌。髂腰肌包括腰大肌和髂肌。

2. **股部肌**　有阔筋膜张肌、股四头肌、臀股二头肌、半腱肌、半膜肌、股薄肌和内收肌。

3. **小腿及后脚部肌**　有第三腓骨肌、趾内侧伸肌(或第3趾固有伸肌)、趾长伸肌、趾外侧伸肌(或第4趾固有伸肌)、腓骨长肌、胫骨前肌、腓肠肌、比目鱼肌、趾浅屈肌、趾深屈肌和腘肌。

图4-1为牛的全身肌肉结构，图4-2为猪的全身肌肉结构，图4-3为马的全身肌肉结构，图4-4为颈腹侧肌结构，图4-5为牛左前肢肌肉(外侧)结构，图4-6为牛左前肢肌肉(内侧)结构，图4-7为马左前肢肌肉(外侧)结构，图4-8为马左前肢肌肉(内侧)结构，图4-9为牛左后肢肌肉(外侧)结构，图4-10为牛左后肢肌肉(内侧)结构，图4-11为马左后肢肌肉(外侧)结构，图4-12为马左后肢肌肉(内侧)结构。

【思考题】

1. 牛腹侧壁手术时，应切开的腹壁肌肉有哪些，肌纤维方向？
2. 颈静脉沟有哪两块肌肉构成？
3. 猪屠宰后检疫，检查囊虫的肌肉有哪些？位置如何？

【绘图】

1. 前肢肩部和臂部外侧肌肉。
2. 后肢臀部和大腿部外侧肌肉。

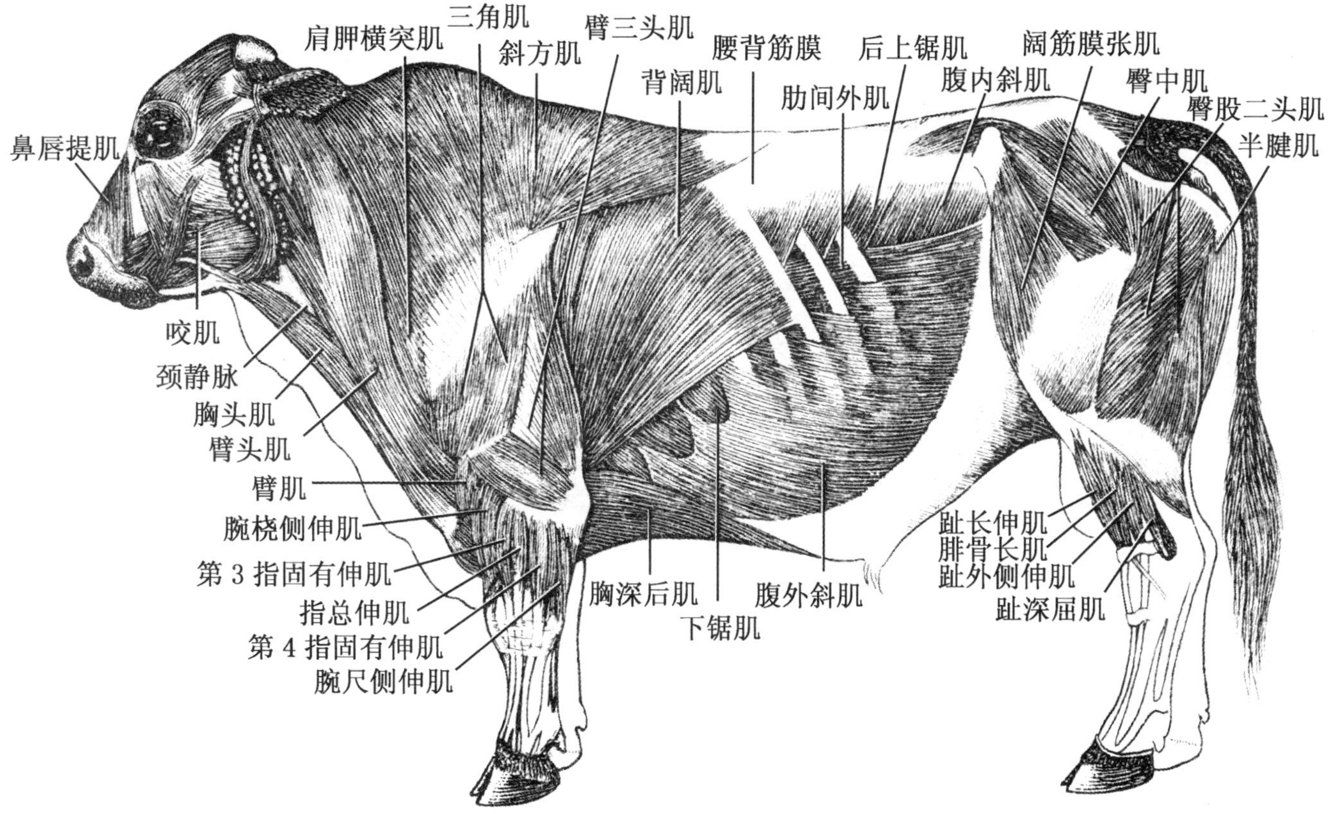

鼻唇提肌
肩胛横突肌
三角肌
斜方肌
臂三头肌
背阔肌
腰背筋膜
肋间外肌
后上锯肌
腹内斜肌
阔筋膜张肌
臀中肌
臀股二头肌
半腱肌
咬肌
颈静脉
胸头肌
臂头肌
臂肌
腕桡侧伸肌
第 3 指固有伸肌
指总伸肌
第 4 指固有伸肌
腕尺侧伸肌
胸深后肌
下锯肌
腹外斜肌
趾长伸肌
腓骨长肌
趾外侧伸肌
趾深屈肌

图 4-1　牛的全身肌肉

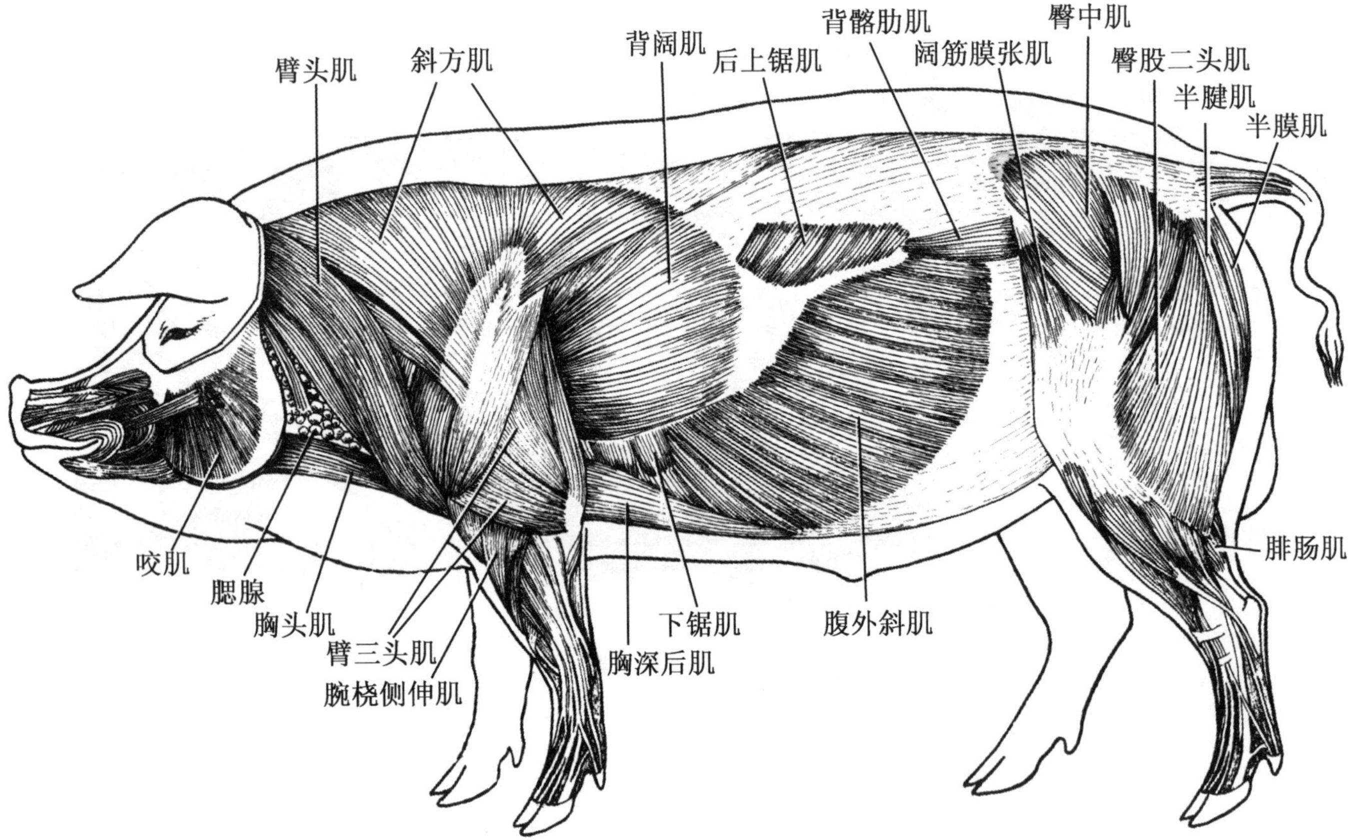
臂头肌
斜方肌
背阔肌
后上锯肌
背髂肋肌
阔筋膜张肌
臀中肌
臀股二头肌
半腱肌
半膜肌
腓肠肌
咬肌
腮腺
胸头肌
臂三头肌
腕桡侧伸肌
胸深后肌
下锯肌
腹外斜肌

图 4-2　猪的全身肌肉

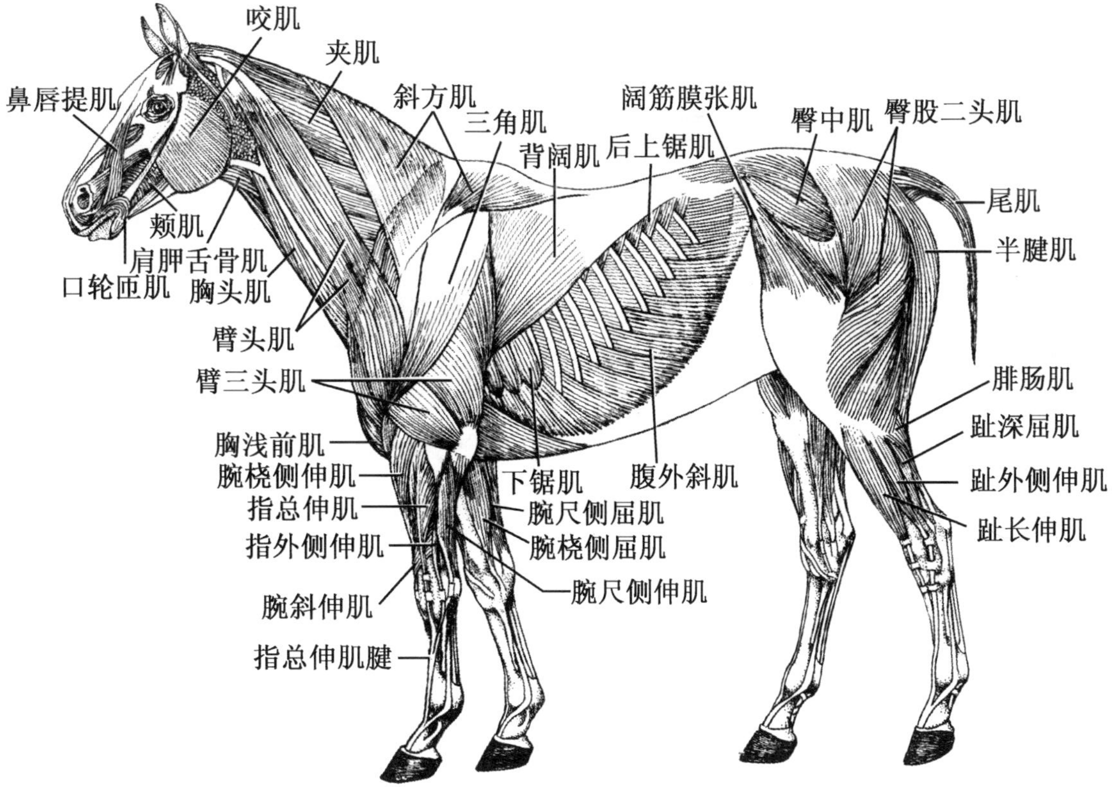
咬肌
夹肌
斜方肌
三角肌
阔筋膜张肌
臀中肌
臀股二头肌
鼻唇提肌
背阔肌
后上锯肌
尾肌
颊肌
肩胛舌骨肌
半腱肌
口轮匝肌
胸头肌
臂头肌
臂三头肌
腓肠肌
趾深屈肌
胸浅前肌
腕桡侧伸肌
下锯肌
腹外斜肌
趾外侧伸肌
指总伸肌
腕尺侧屈肌
趾长伸肌
指外侧伸肌
腕桡侧屈肌
腕尺侧伸肌
腕斜伸肌
指总伸肌腱

图 4-3　马的全身肌肉

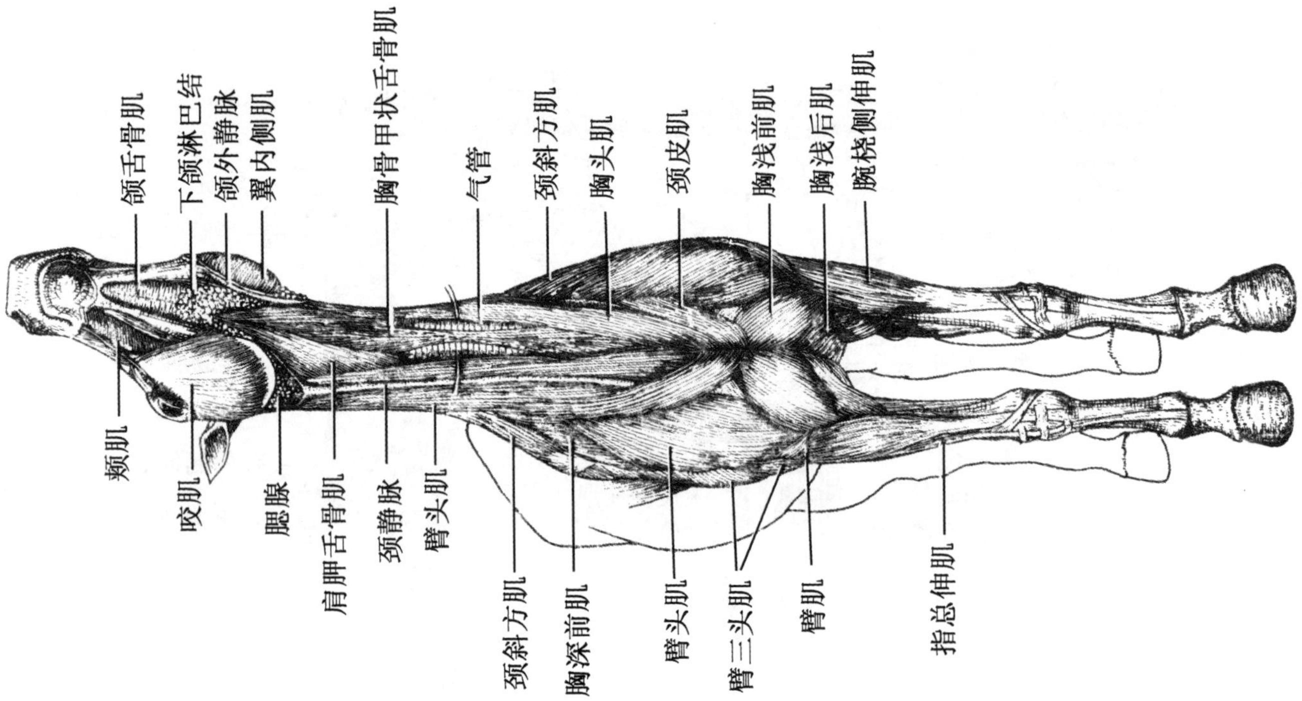
颌舌骨肌
下颌淋巴结
颌外静脉
翼内侧肌
胸骨甲状舌骨肌
气管
颈斜方肌
胸头肌
颈皮肌
胸浅前肌
胸浅后肌
腕桡侧伸肌
颊肌
咬肌
腮腺
肩胛舌骨肌
颈静脉
臂头肌
颈斜方肌
胸深前肌
臂头肌
臂三头肌
臂肌
指总伸肌

图 4-4 颈腹侧肌

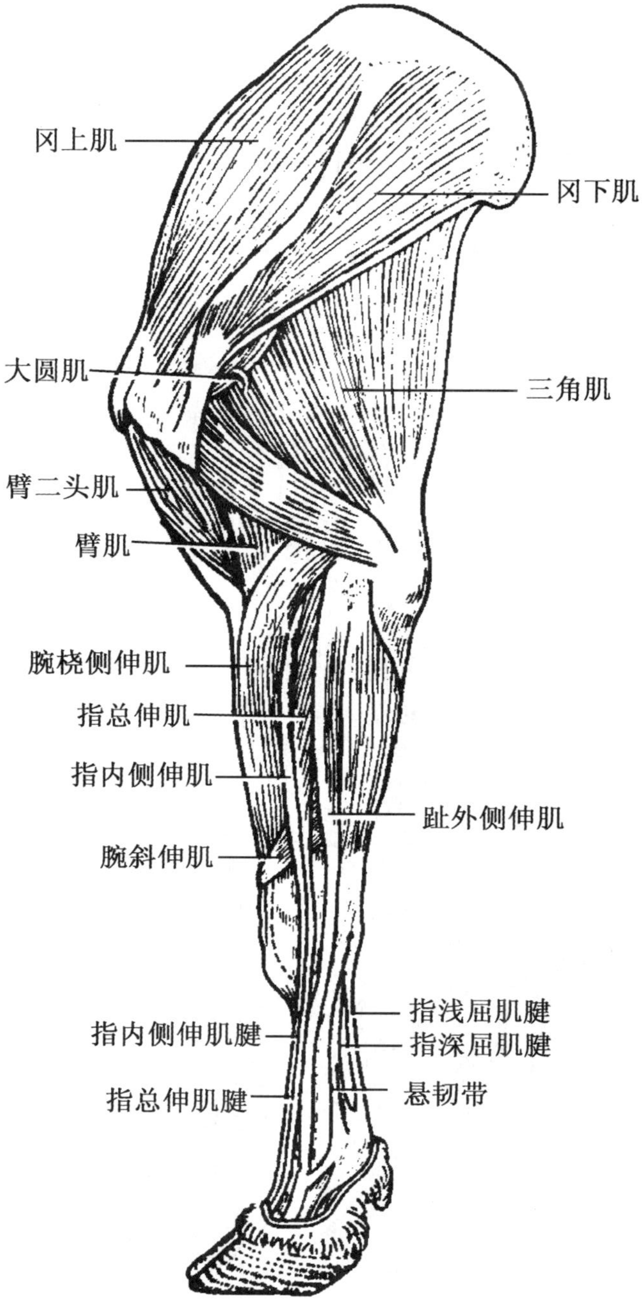

图 4-5 牛左前肢肌肉(外侧)

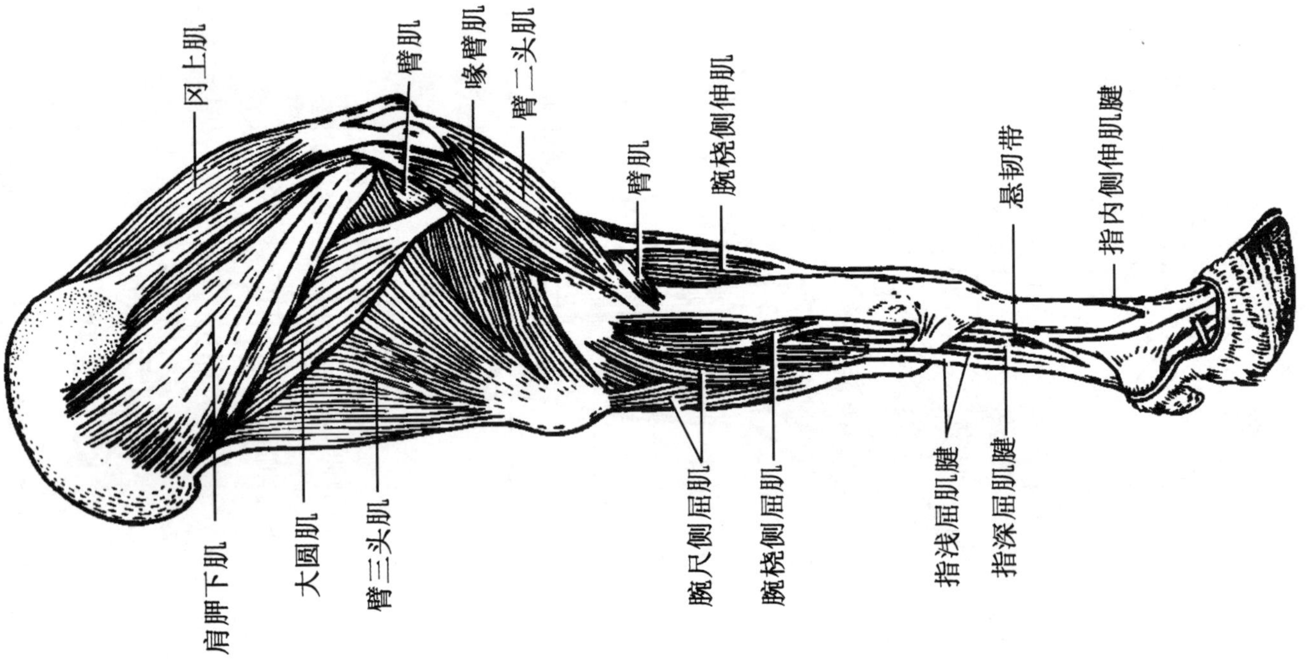

图 4-6 牛左前肢肌肉（内侧）

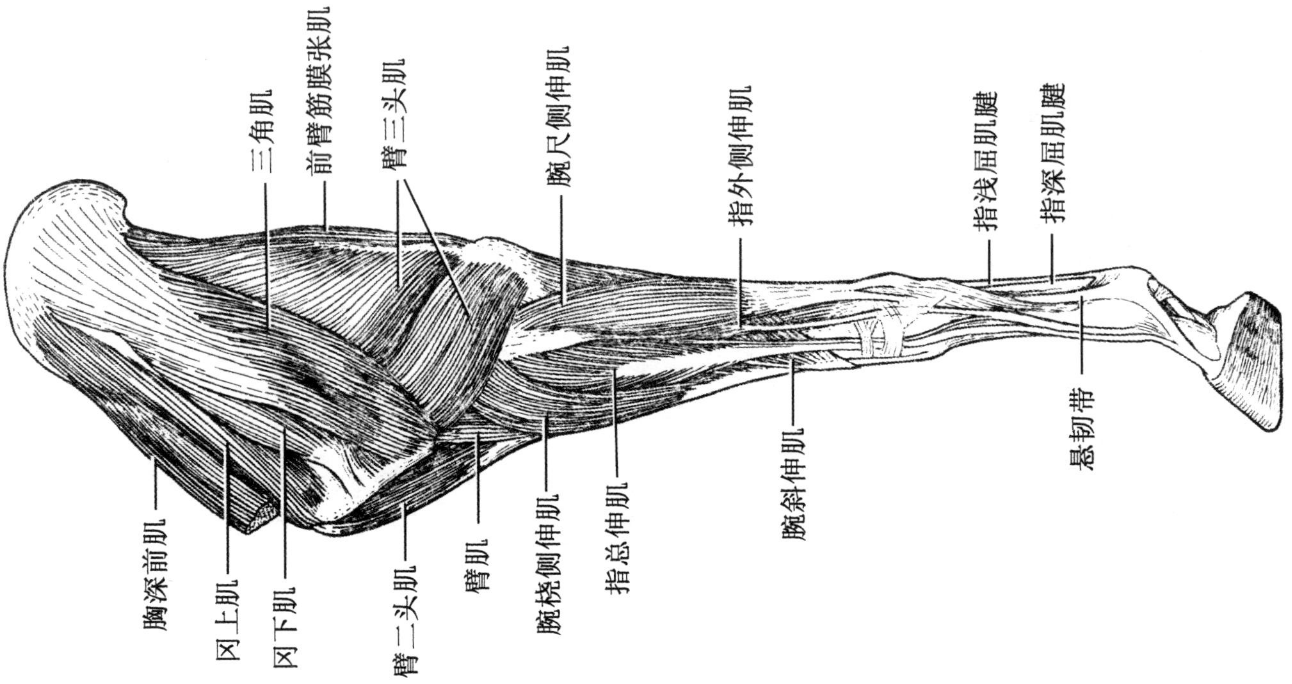

图 4-7　马左前肢肌肉（外侧）

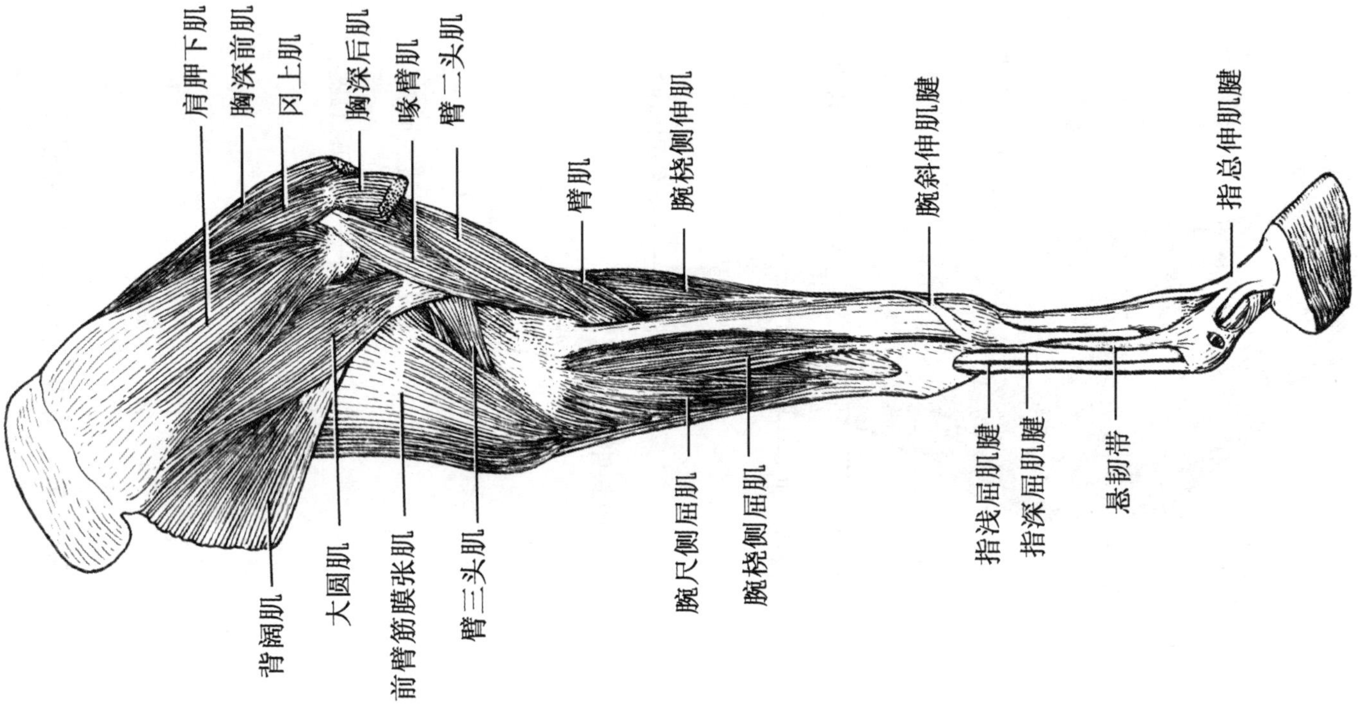

图 4-8 马左前肢肌肉(内侧)

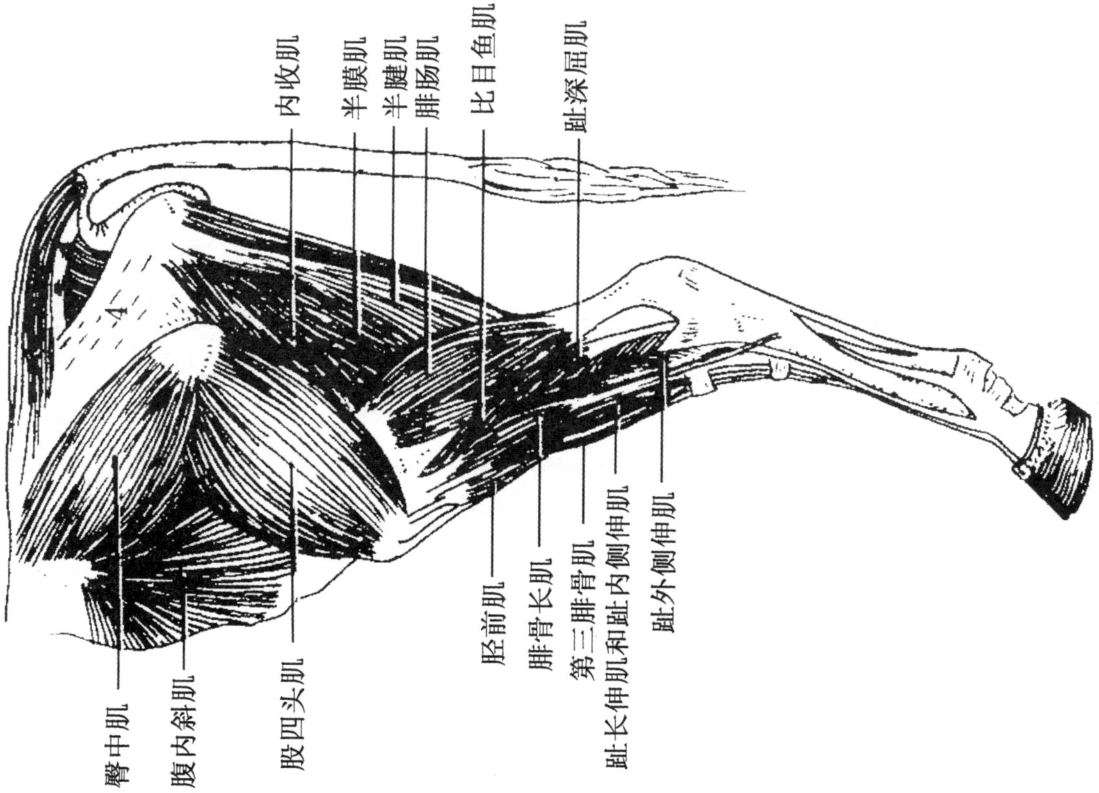

图 4-9 牛左后肢肌肉(外侧)

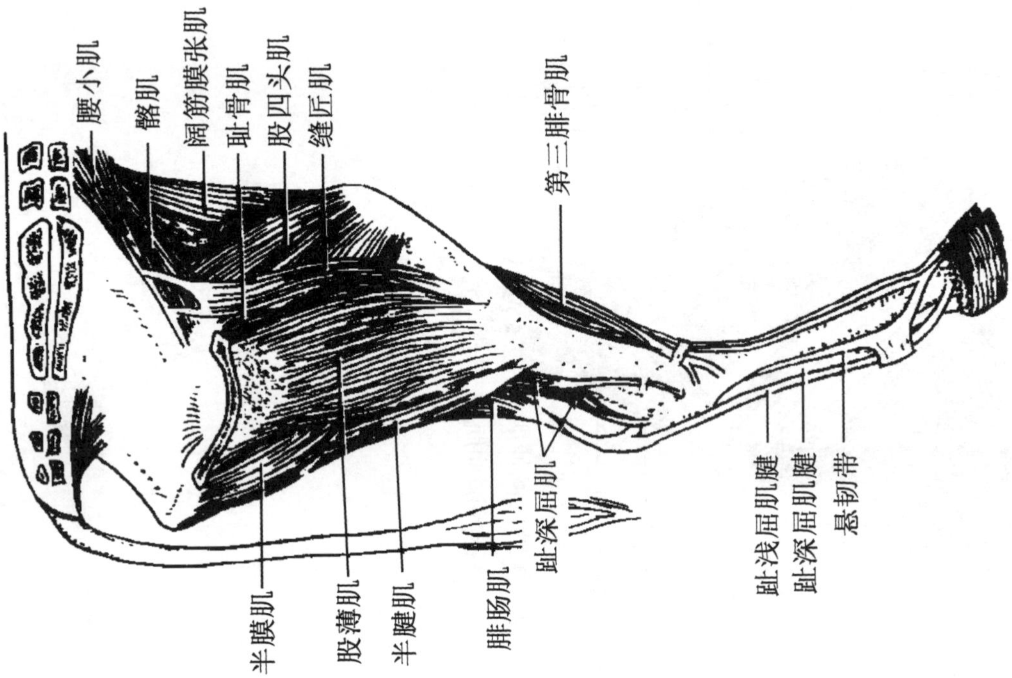

图 4-10 牛左后肢肌肉(内侧)

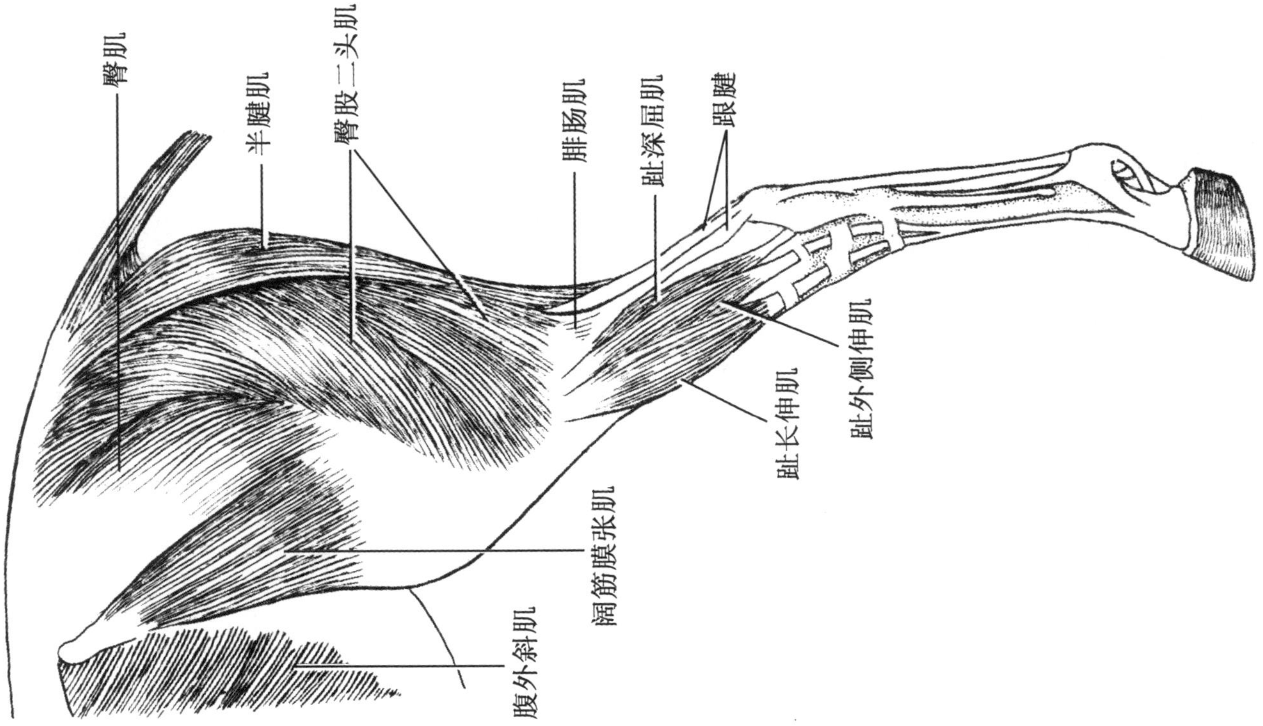

图 4-11　马左后肢肌肉（外侧）

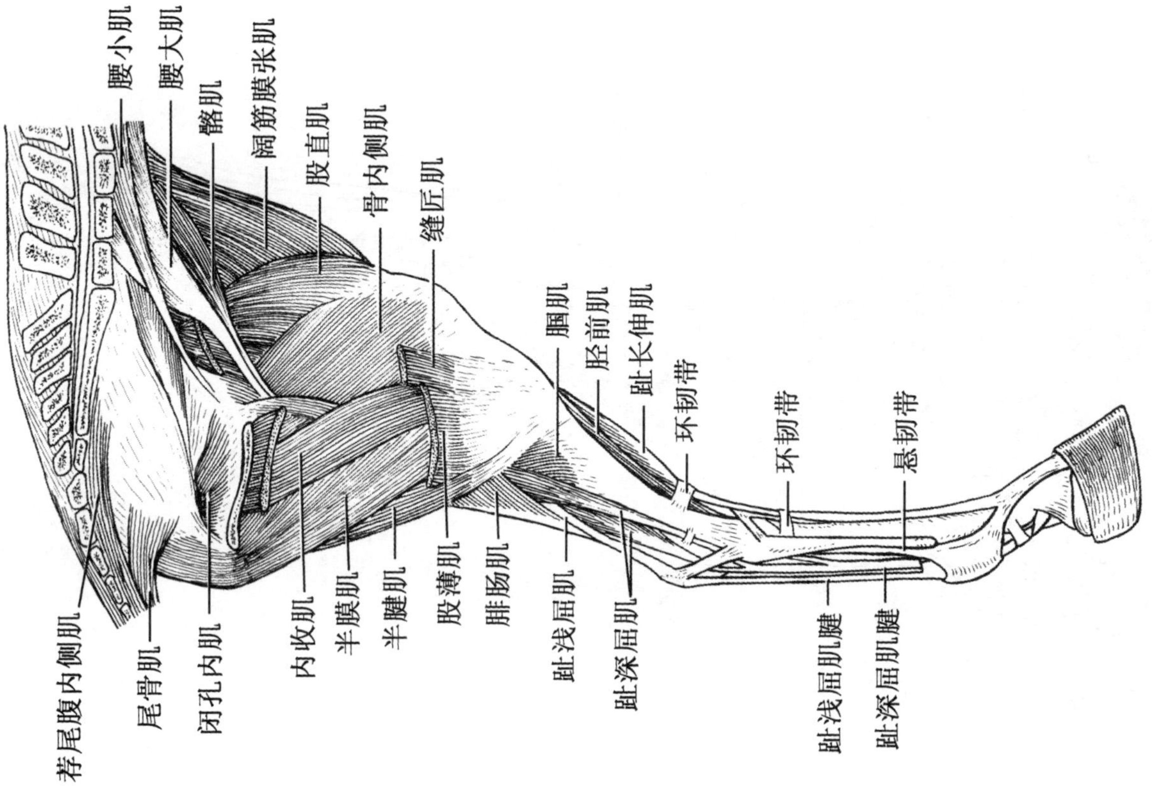

图 4-12 马右后肢肌肉（内侧）

实验五　腹腔的划分

【实验目的和要求】

掌握家畜腹腔的划分。

【实验仪器和材料】

牛、猪和马腹腔标本和模型。

【实验内容和方法】

通过最后肋骨后缘和髋结节前缘作两个横断面，将腹腔分为腹前部、腹中部和腹后部。

(一)腹前部

腹前部划分为3部分：以肋弓为界，肋弓以下的部分为剑状软骨部。肋弓以上的部分为季肋部，又以正中矢面划分为左季肋部和右季肋部。

(二)腹中部

腹中部划分为4部分：通过腰椎横突两侧端部做两个侧矢状面，将腹中部分为左髂部、右髂部和腹中间部。在第一肋骨中点作额面，将腹中间部分为上半部的腰部和下半部的脐部。

(三)腹后部

腹后部划分为3部分：腹中部的两个侧矢状面向后延续，把腹后部分为左腹股沟部、右腹股沟部和中间的耻骨部。

图5-1为牛腹腔的划分。

【思考题】

腹腔是如何划分的？

【绘图】

腹前部、腹中部和腹后部的横断面。

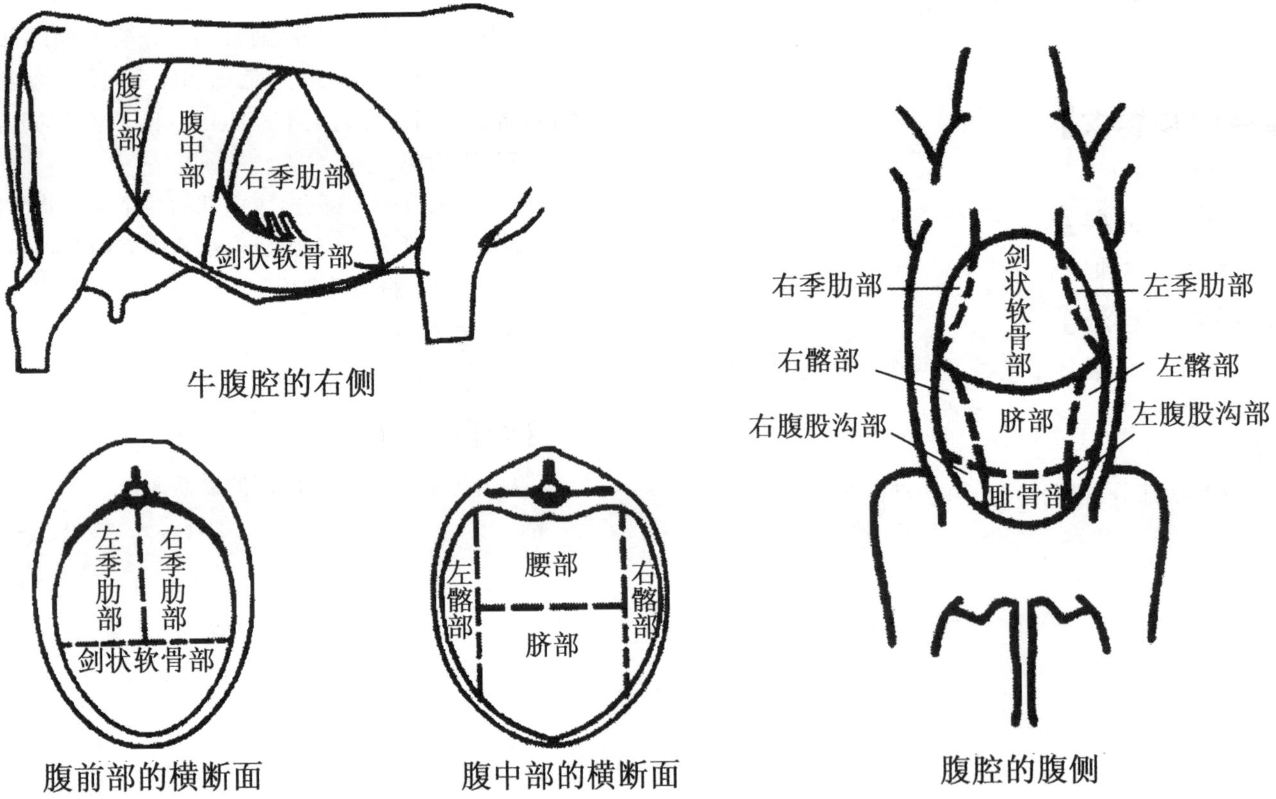
腹后部
腹中部
右季肋部
剑状软骨部
牛腹腔的右侧
左季肋部
右季肋部
剑状软骨部
腹前部的横断面
腰部
左髂部
右髂部
脐部
腹中部的横断面
剑状软骨部
右季肋部
左季肋部
右髂部
左髂部
脐部
右腹股沟部
左腹股沟部
耻骨部
腹腔的腹侧

图 5-1　牛腹腔的划分

实验六　消化系统各器官

【实验目的和要求】

掌握消化系统的组成，掌握胃和肝的位置、形态和结构；熟悉肠的形态和构造；了解口腔的构造。

【实验仪器和材料】

牛、猪和马消化系统各器官标本和模型。

【实验内容和方法】

消化系统包括消化管和消化腺两部分。消化管包括口腔、咽、食管、胃、小肠(包括十二指肠、空肠和回肠)、大肠(包括盲肠、结肠和直肠)和肛门。消化腺分为壁内腺和壁外腺，壁内腺广泛分布于消化管的管壁内，如胃腺、肠腺和黏膜下腺等；壁外腺位于消化管壁之外，形成独立的器官以导管通入消化管的管腔内，如肝、胰和唾液腺等。图 6-1 为牛消化系统的组成。

(一)口腔

口腔由唇、颊、齿、舌、硬腭、软腭、唾液腺和齿龈组成。

1.齿

(1)齿的种类。可分为切齿、犬齿和臼齿。

切齿：由内向外分别为门齿、中间齿和隅齿。牛、羊无上切齿，下切齿有 4 对，由内向外分别为门齿、内中间齿、外中间齿和隅齿。

犬齿：猪和公马有上下犬齿各 1 对。牛、羊无犬齿。母马一般无犬齿。

臼齿：分为前臼齿和后臼齿。马和牛的上、下颌各有前臼齿 3 对，猪有 4 对。后臼齿都是 3 对。

(2)齿的构造。分为齿冠、齿颈和齿根。由齿质、釉质和齿骨质构成。齿质位于内层，为齿的主体部分，齿质外面被覆釉质，在齿根的齿质表面被覆齿骨质。齿的中心部为齿髓腔，腔内有富含血管和神经的齿髓。

2.舌　由舌肌构成，表面覆以黏膜。分为舌尖、舌体和舌根。在舌根背侧有舌扁桃体。牛舌背后部有舌圆枕。有锥状乳头、丝状乳头、菌状乳头、轮廓乳头和叶状乳头。牛、羊无叶状乳头，马无锥状乳头。

3.唾液腺　有腮腺、颌下腺和舌下腺。

(1)腮腺。位于耳根的下方，下颌骨后缘，又称耳下腺。腮腺管开口于颊黏膜上。

(2)颌下腺。位于下颌骨内侧，后部被腮腺所覆盖。颌下腺管开口于舌下肉阜或口腔底黏膜。

(3)舌下腺。位于舌体和下颌骨之间的黏膜下，开口于口腔底的舌下黏膜上。

图 6-2 为牛的上颌齿结构，图 6-3 为马的上颌齿结构，图 6-4 为牛的下颌齿结构，图 6-5 为马的下颌齿结构，图 6-6 为牛舌结构，图 6-7 为马舌结构，图 6-8 为牛的唾液腺结构，图 6-9 为马的唾液腺结构。

(二)胃

1.牛胃的位置、形态和构造　分为瘤胃、网胃、瓣胃和皱胃。瘤胃、网胃和瓣胃称前胃。皱胃又称真胃。

(1)瘤胃。容积最大，占整个胃总容积的 80%。

①位置：位于腹腔的左侧，其下部可伸向腹腔的右侧。

②形态：呈前后稍长，左、右稍压扁的椭圆形。

③构造：入口为贲门，与食管相通；出口为瘤网口，与网胃相通。在贲门附近，形成一个穹隆，称为瘤胃前庭。有前沟和后沟、左纵沟和右纵沟，共同围成环状，将瘤胃分成瘤胃背囊和瘤胃腹囊。由于瘤胃的前、后沟很深，又将背囊和腹囊分成前背盲囊、前腹盲囊、后背盲囊及后腹盲囊。在瘤胃胃壁的黏膜面，有与其外表各沟相对应的肉柱。瘤胃黏膜一般呈棕黑色或棕黄色，形成无数大小不等瘤胃乳头，像毛巾样。

(2)网胃。容积最小，占整个胃总容积的5%。

①位置：位于季肋部正中。

②形态：呈前后稍扁梨形。

③构造：入口为瘤网口，与瘤胃背囊相通；出口为网瓣口，与瓣胃相通。网胃黏膜形成许多多边形网格状皱褶，呈蜂窝状。皱褶上密布角质乳头。在胃的黏膜面有食管沟，沟两侧隆起的黏膜厚褶，称为食管沟唇。

(3)瓣胃。占整个胃总容积的7%或8%。

①位置：位于右季肋部。

②形态：呈左、右稍扁球形。

③构造：入口为网瓣口，与网胃相通；出口为瓣皱口，与皱胃相同。有瓣胃沟。瓣胃黏膜上有为大、中、小和最小四级叶片，大约有100片。

(4)皱胃。占整个胃总容积的8%或7%。

①位置：位于右季肋部和剑状软骨部。

②形态：呈一端粗一端细的长囊。

③构造：入口为瓣皱口，与皱胃相通；出口为幽门，与十二指肠相通。有大弯和小弯。皱胃黏膜光滑、柔软，有12～14条螺旋形大皱褶，皱胃黏膜内有腺体，分为贲门腺区、胃底腺区和幽门腺区。

图6-10为牛胃的位置，图6-11为牛胃(左侧)结构，图6-12为牛胃右侧结构，图6-13为牛胃黏膜结构，图6-14为牛瘤胃黏膜，图6-15为牛网胃黏膜，图6-16为牛瓣胃黏膜，图6-17为牛皱胃黏膜。

2.猪胃的位置、形态和构造

(1)猪胃的位置。横位于腹前部，偏左。

(2)猪胃的形态。呈“U”字形(图6-18)。

(3)猪胃的构造。入口为贲门，与食管相通；出口为幽门，与十二指肠相通。胃的腹缘凸出称大弯，背缘短而凹入称小弯。胃的左端大而圆，称胃盲囊，近贲门处有一盲突，称为胃憩室。在幽门处自小弯一侧胃壁向胃的内腔凸出，形成一纵长的鞍形隆起，称为幽门圆枕。胃黏膜分无腺区和有腺区，将有腺区分为胃底腺区、贲门腺区和幽门腺区。无腺区小，有腺区大。

图6-19为猪胃的构造。

3.马胃的位置和构造

(1)马胃的位置。大部分位于左季肋部，小部分位于右季肋部。

(2)马胃的构造。无胃憩室，无幽门圆枕，胃黏膜无腺区大，有腺区小。

图6-20为马胃的形态和构造。

(三)小肠

分为十二指肠、空肠和回肠。

1.牛的小肠 十二指肠长约1 m；空肠长20～25 m。大部分位于腹腔右侧，借助空肠系膜悬吊在结肠圆盘周围，形似花环状；回肠长约50 cm。

2.猪的小肠 十二指肠长 40～90 cm；空肠长 14～19 m。大部分位于腹腔右半部，小部分位于腹腔左侧后部，靠系膜悬挂在腰椎腹侧；回肠长 0.7～1 m。

3.马的小肠 十二指肠长约 1 m；空肠长 18～23 m。大部分位于腹腔左侧，靠系膜悬挂在腰椎腹侧，与小结肠混在一起；回肠长约 1 m。

(四)大肠

分为盲肠、结肠和直肠。

1.牛的大肠 无纵肌带和肠袋。

(1)盲肠。长 50～70 cm，位于右髂部，呈圆筒状，盲肠尖朝后。

(2)结肠。长 6～9 m，全部位于腹腔的右侧，分为升结肠、横结肠和降结肠。升结肠分为初袢、旋袢和终袢。初袢呈“乙”状；旋袢呈扁平的圆盘状，分为向心回和离心回；终袢呈“U”字形。

(3)直肠。长约 40 cm，位于骨盆腔，粗细较均匀，后部不形成直肠壶腹。

2.猪的大肠 有纵肌带和肠袋。

(1)盲肠。长 20～30 cm。位于左髂部，呈圆锥状，盲肠尖朝向后下方。

(2)结肠。位于腹腔左侧。分为升结肠、横结肠和降结肠。升结肠圆锥状，分为向心回和离心回。

(3)直肠。后部形成直肠壶腹。

3.马的大肠 有纵肌带和肠袋。

(1)盲肠。长约 1 m。位于右髂部和腰部斜向前下方延伸到剑状软骨部。呈逗点状，马的盲肠可分为盲肠底、盲肠体和盲肠尖。

(2)结肠。分为升结肠、横结肠和降结肠。升结肠 通常称大结肠，长 3～3.7 m，占据整个腹腔的大部分，盘曲成双层马蹄铁形，可分成 4 段 3 个弯曲，顺次为右下大结肠→胸骨曲→左下大结肠→骨盆曲→左上大结肠→膈曲→右上大结肠(有胃状膨大部)。降结肠通常称小结肠。

(3)直肠。前部狭窄部称为玉女关；后部形成直肠壶腹。

图 6-21 为牛内脏器官的位置(右侧)，图 6-22 为牛肠(右侧)结构，图 6-23 为猪内脏器官的位置(左侧)，图 6-24 为猪内脏器官的位置(右侧)，图 6-25 为猪肠结构，图 6-26 为马内脏器官的位置(左侧)，图 6-27 为马内脏器官的位置(右侧)，图 6-28 为马肠(右侧)结构，图 6-29 为马的大结肠(右侧)结构。

(五)肝

1.肝的位置 位于腹前部，膈的后方。

(1)牛(羊)肝的位置。位于右季肋部。

(2)猪肝的位置。大部分位于右季肋部，小部分位于左季肋部和剑状软骨部。

(3)马肝的位置。大部分在右季肋部，小部分在左季肋部。

2.肝的形态和构造 中央厚、四周薄的扁平形，红褐色。有两个面、两个缘和肝门，肝分成若干个叶。

(1)两个面。分为膈面和脏面。壁面与膈接触，有后腔静脉通过；脏面与十二指肠和胰等接触，有肝门。

(2)肝门。是门静脉、肝动脉、神经、淋巴管和肝管或胆管出入的地方。

(3)两个缘。分为背侧缘和腹侧缘。背侧有食管切迹；腹侧缘有较深的切迹。

(4)分叶。

牛(羊)肝:分为左叶、中叶和右叶。中叶分为尾叶和方叶。

猪肝:分为左外叶、左内叶、中叶、右内叶和右外叶。中叶分为尾叶和方叶。

马肝:分为左外叶、左内叶、中叶、右叶。中叶分为尾叶和方叶。

3.各种家畜肝的特点

(1)牛(羊)肝的特点。分叶不明显,有胆囊。

(2)猪肝的特点。分叶明显,有胆囊。

(3)马肝的特点。分叶明显,无胆囊。

图 6-30 为马腹腔内脏器官的位置(横断面),图 6-31 为马肝的膈面、脏面结构,图 6-32 为牛、羊、猪和马肝结构(脏面)。

【思考题】

1.牛吃草到排出粪便要经过哪些器官(包括每个器官的入口,分段和出口)?

2.牛、猪和马肝的形态和构造有何不同?

【绘图】

1.猪胃的形态和构造。

2.猪肝的分叶。

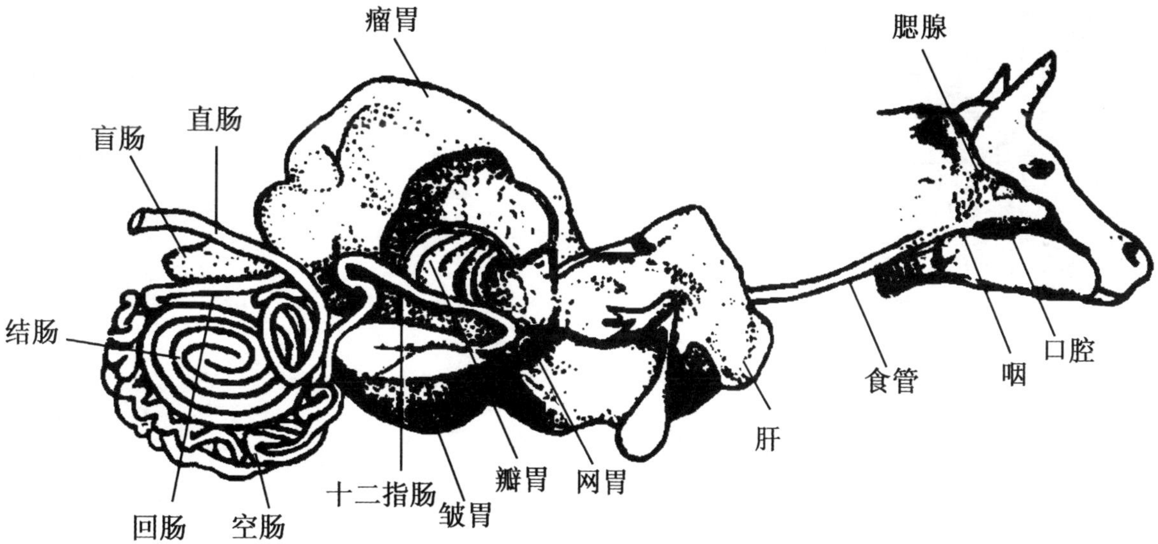

图 6-1　牛消化系统的组成

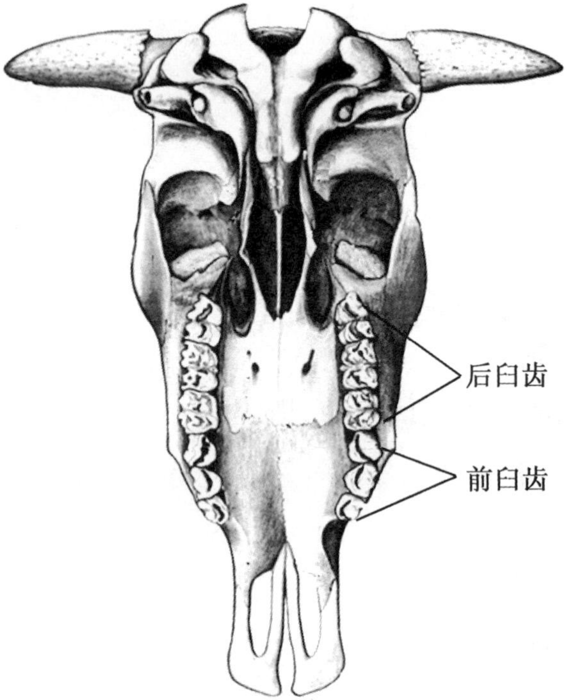

图 6-2　牛的上颌齿

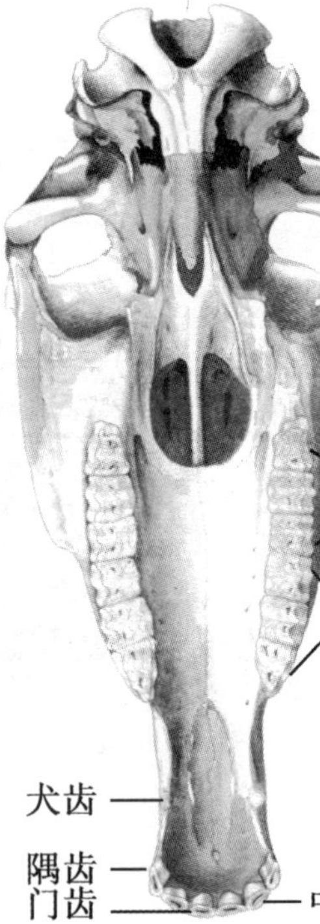

图 6-3　马的上颌齿

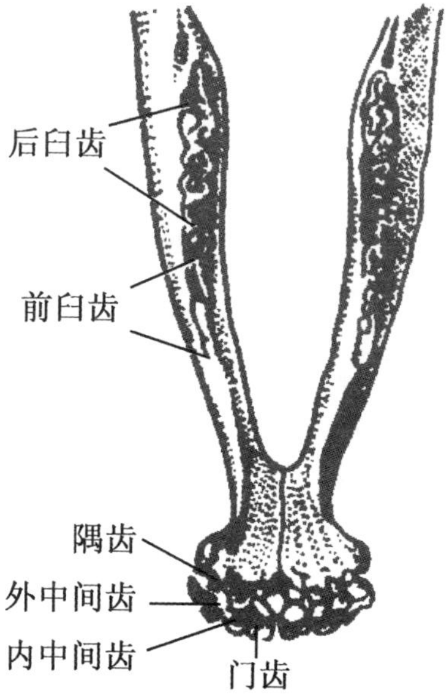

图 6-4　牛的下颌齿

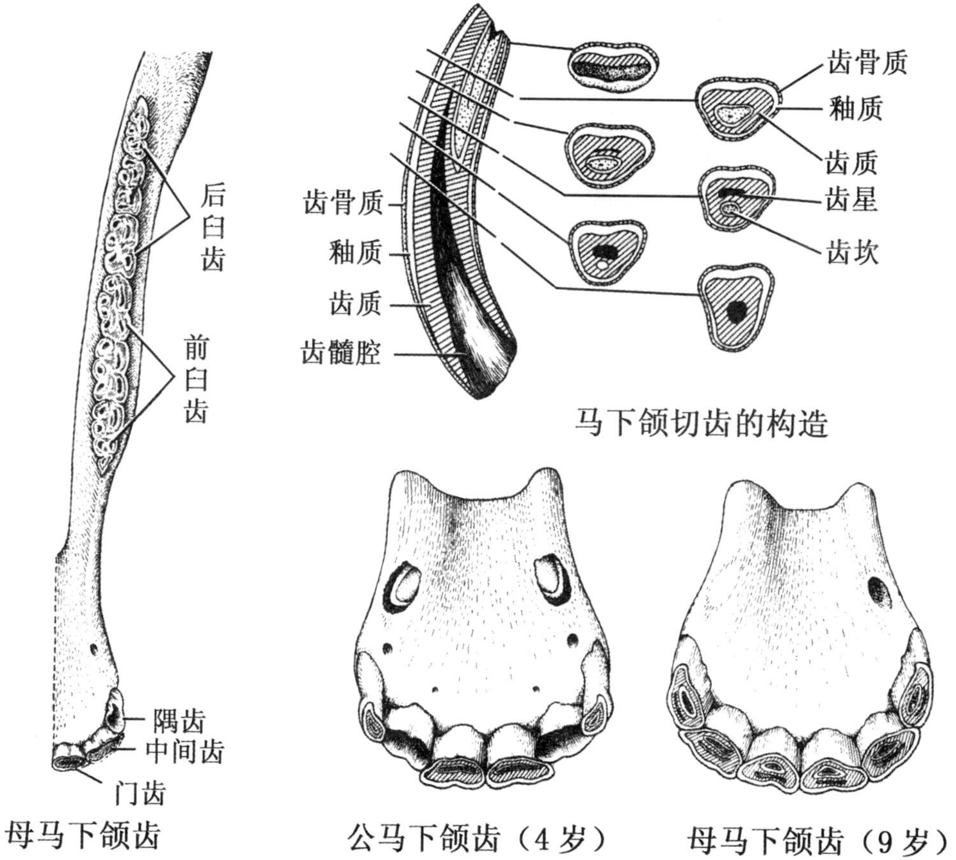

图 6-5　马的下颌齿

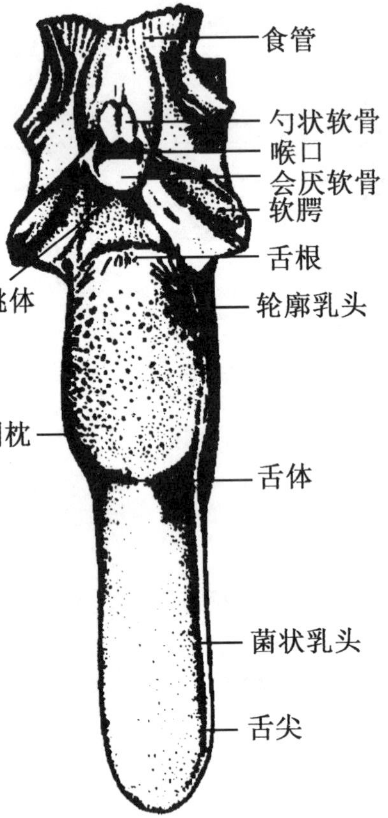

图 6-6　牛的舌

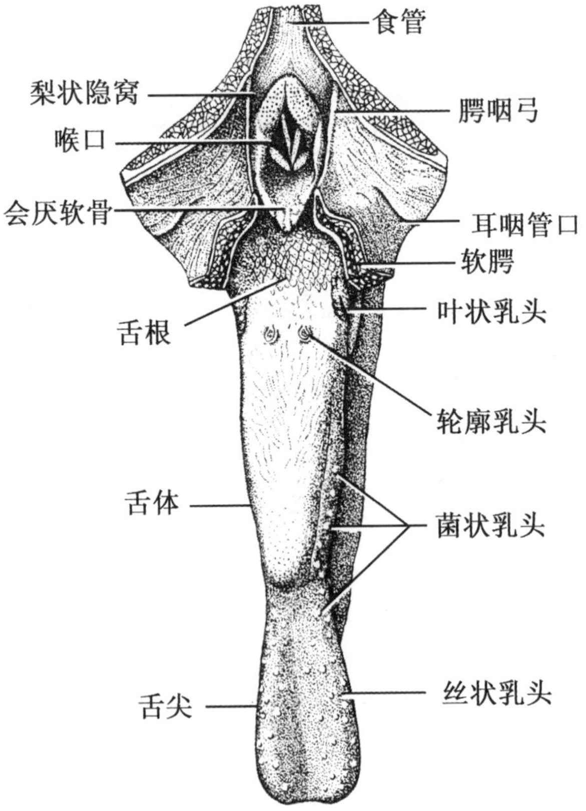

图 6-7　马的舌

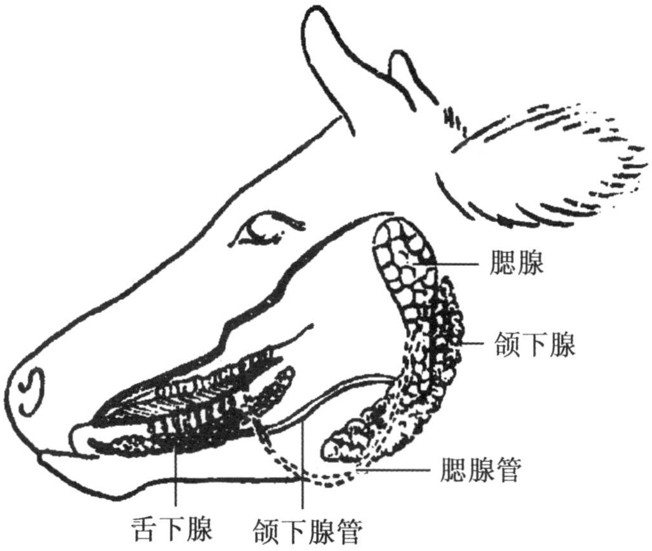

图 6-8　牛的唾液腺

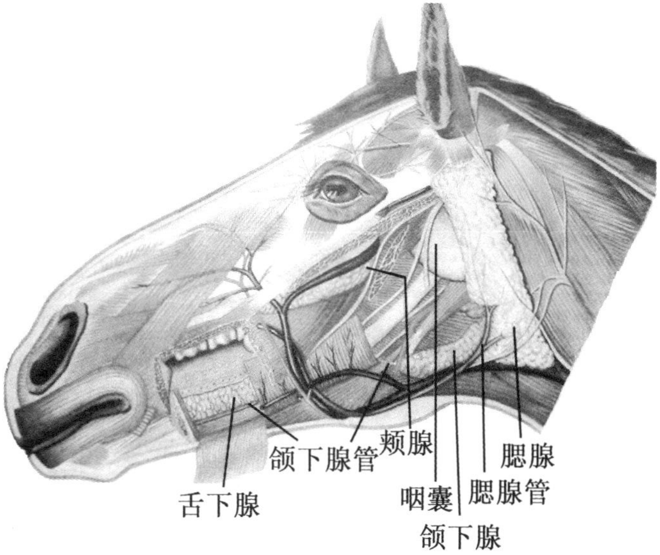

图 6-9　马的唾液腺

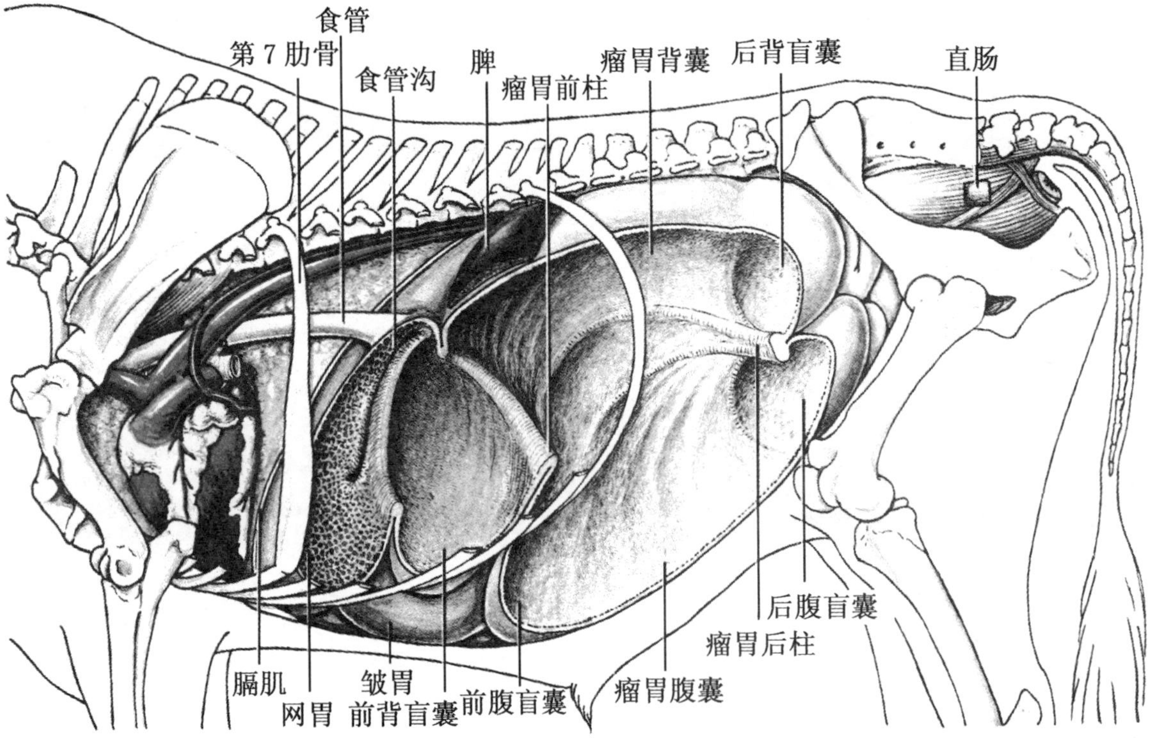

食管
第7肋骨
食管沟
脾
瘤胃前柱
瘤胃背囊
后背盲囊
直肠
后腹盲囊
瘤胃后柱
膈肌
网胃
皱胃
前背盲囊
前腹盲囊
瘤胃腹囊

图 6-10 牛胃的位置

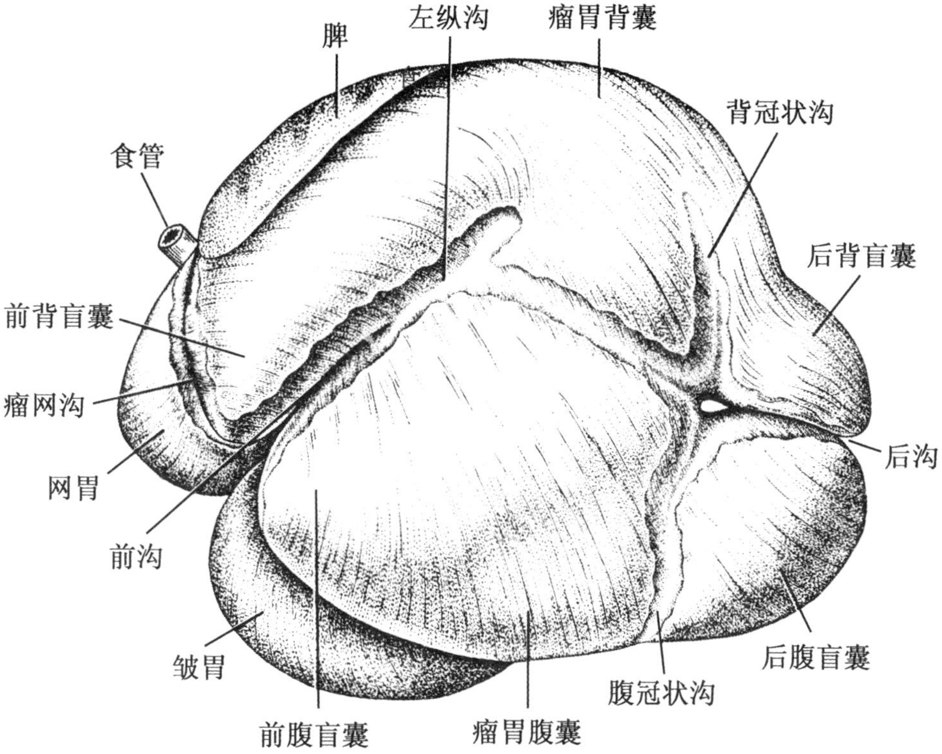

图 6-11　牛胃(左侧)

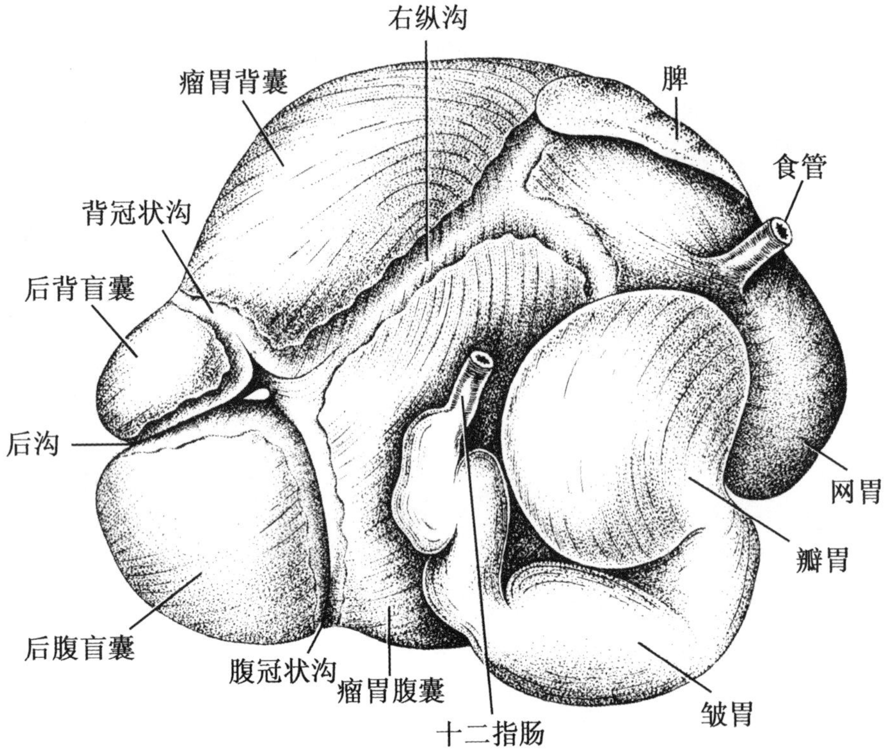

图 6-12　牛胃(右侧)

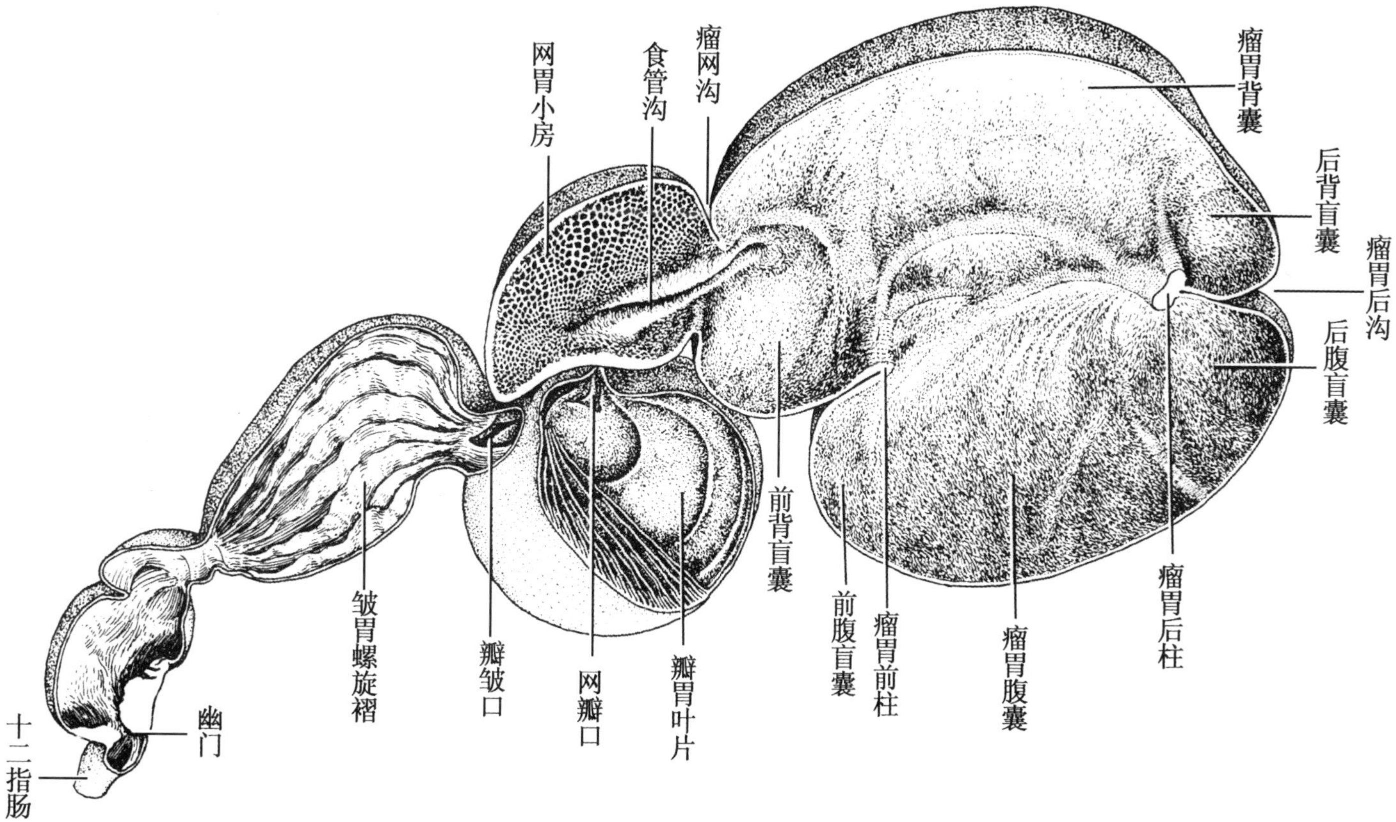
网胃小房
食管沟
瘤网沟
瘤胃背囊
后背盲囊
瘤胃后沟
后腹盲囊
十二指肠
幽门
皱胃螺旋褶
瓣皱口
网瓣口
瓣胃叶片
前背盲囊
前腹盲囊
瘤胃前柱
瘤胃腹囊
瘤胃后柱

图 6-13　牛胃黏膜

图 6-14 牛瘤胃黏膜

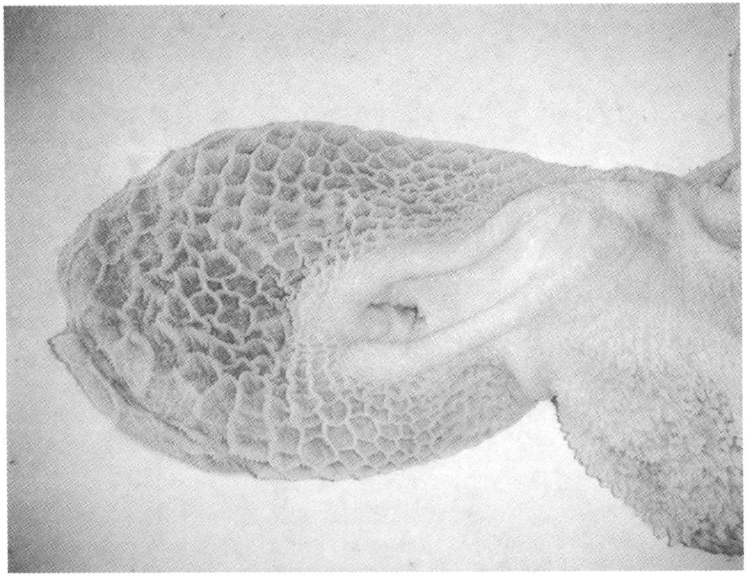

图 6-15 牛网胃黏膜

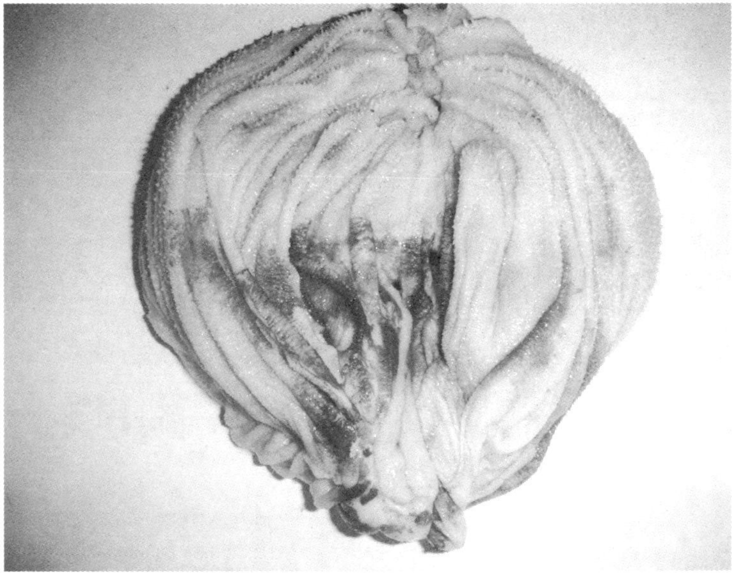

图 6-16　牛瓣胃黏膜

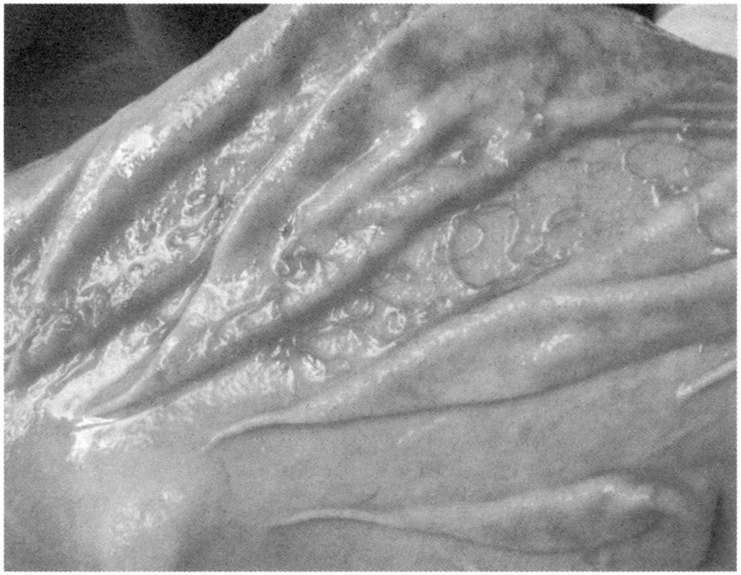

图 6-17　牛皱胃黏膜

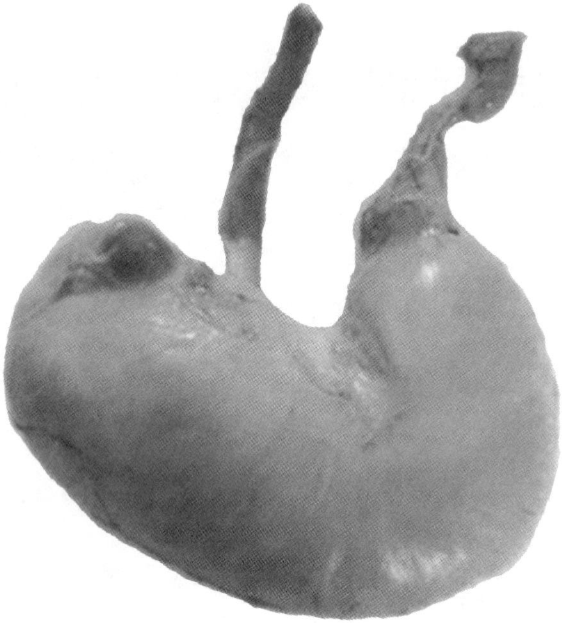

图 6-18 猪胃的形态

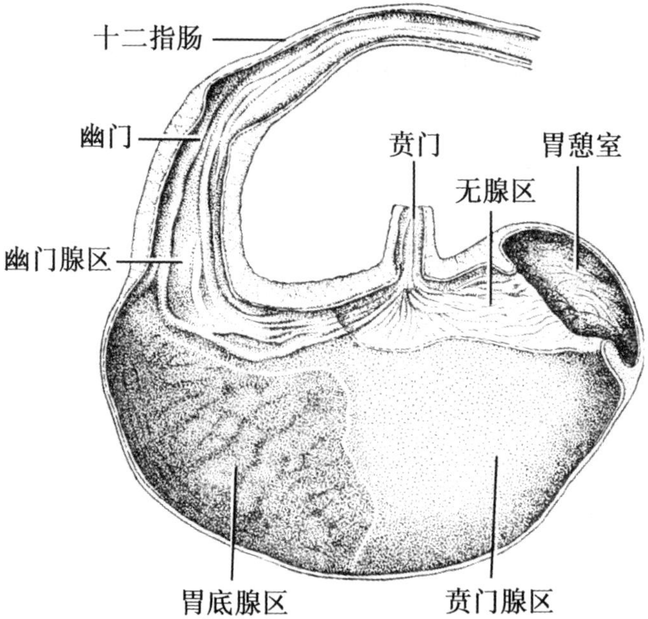

图 6-19 猪胃的构造

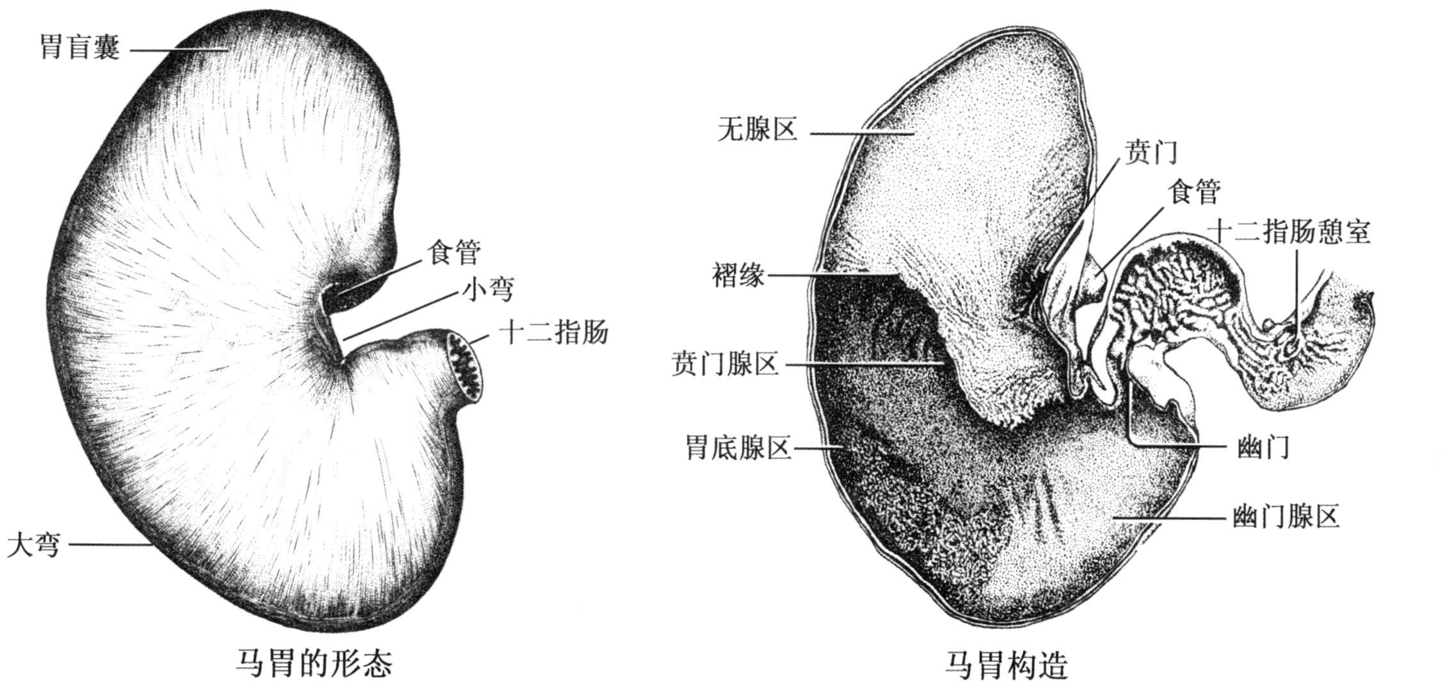

图 6-20 马胃的形态和构造

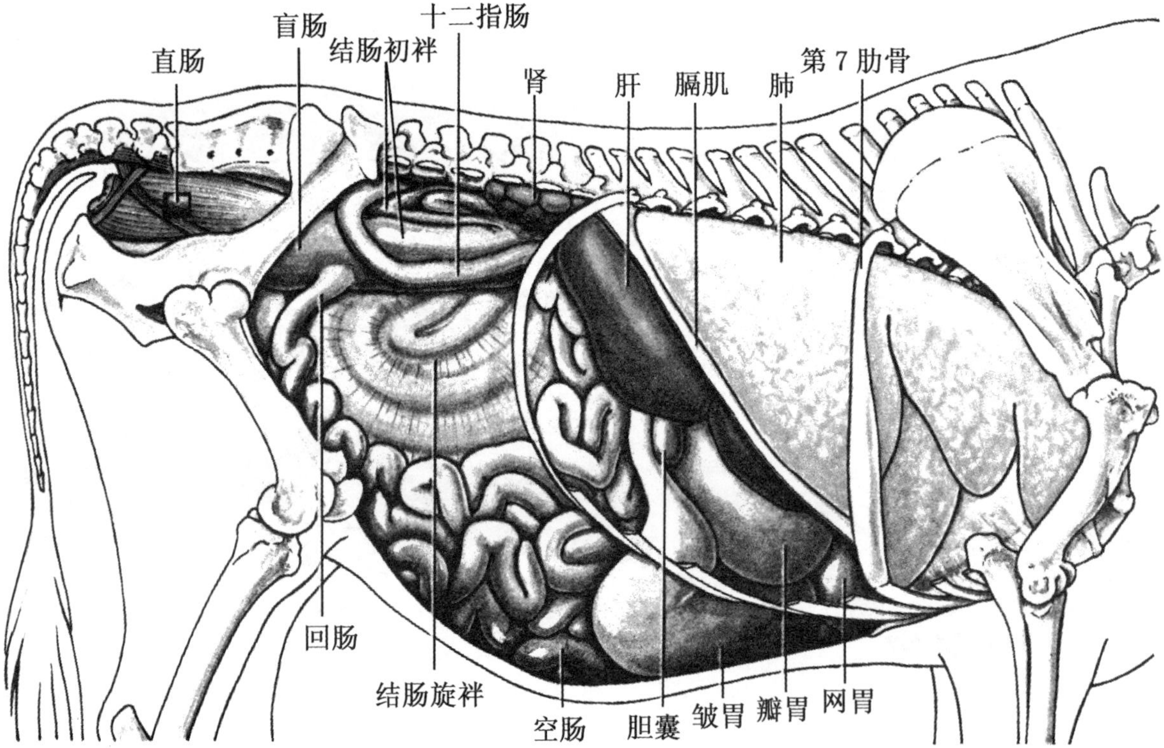

图 6-21　牛内脏器官的位置(右侧)

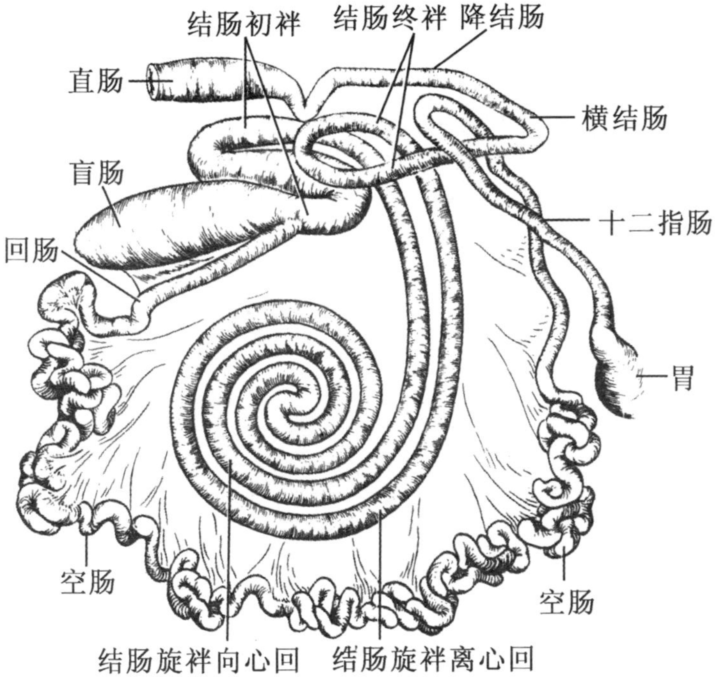

牛肠模式图

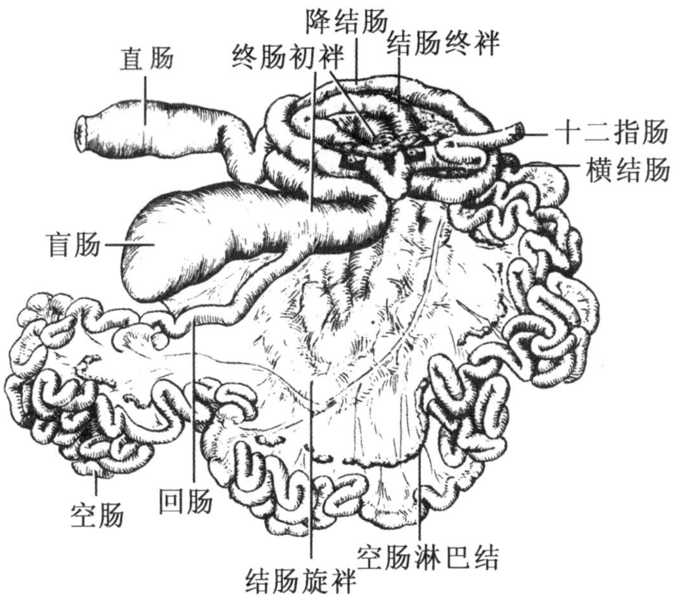

牛肠（右侧）

图 6-22　牛的肠(右侧)

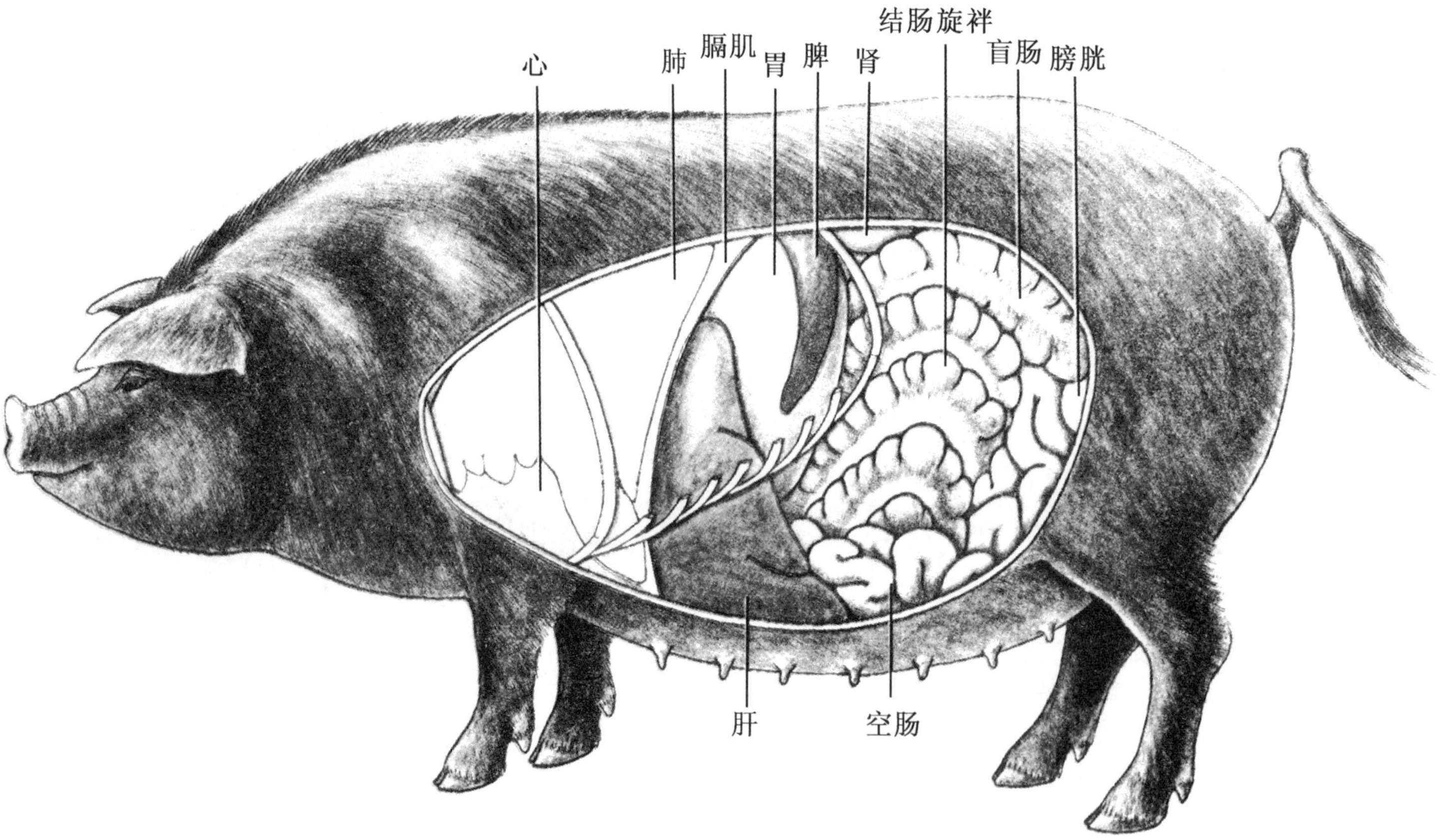

图 6-23 猪内脏器官的位置(左侧)

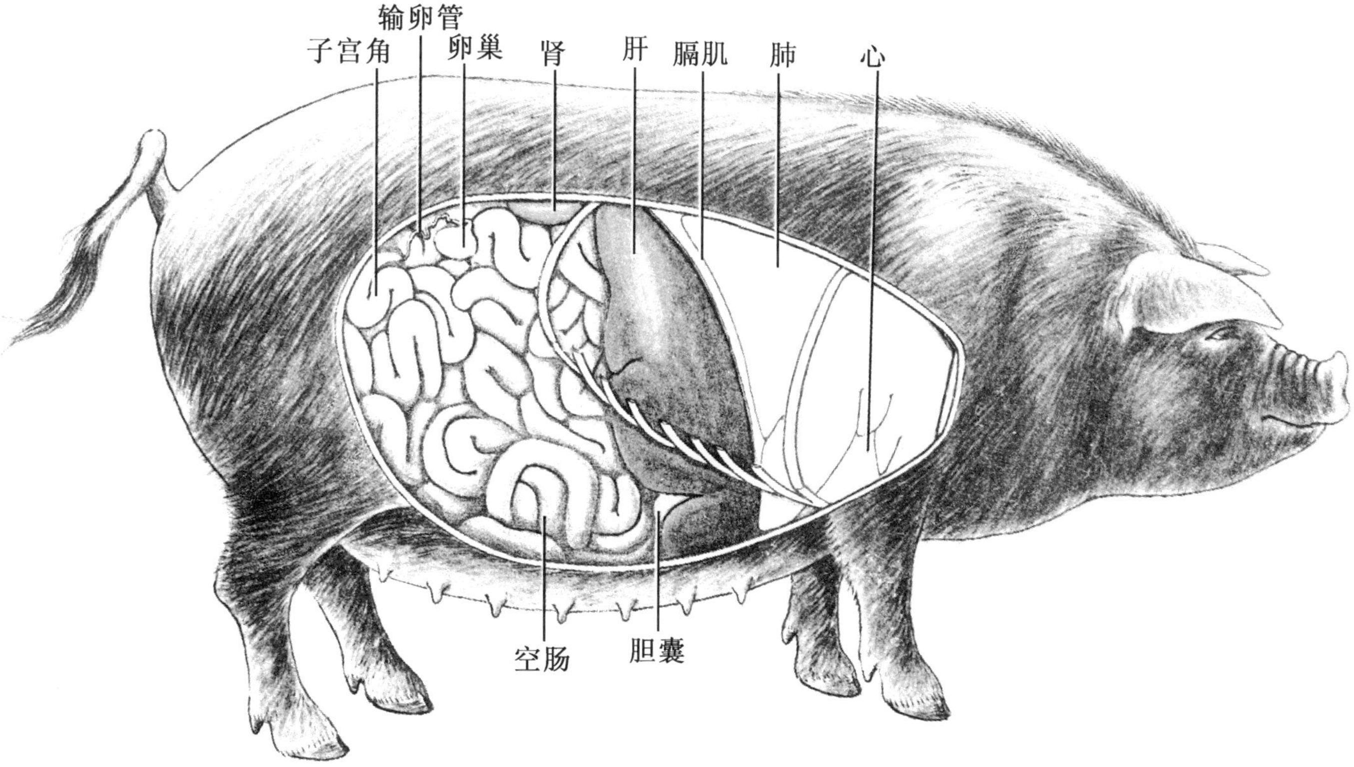

图 6-24 猪内脏器官的位置(右侧)

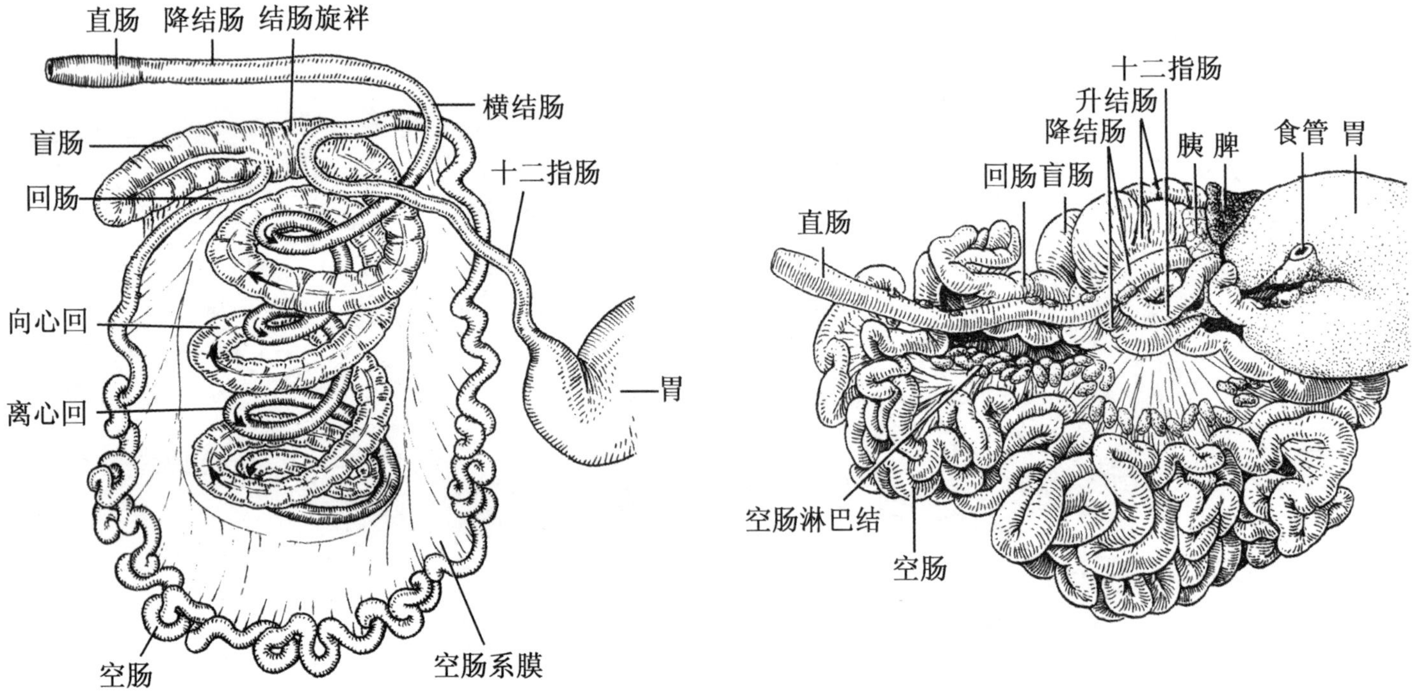

猪肠展开（右侧）　　　　猪肠（右侧）

图 6-25　猪的肠

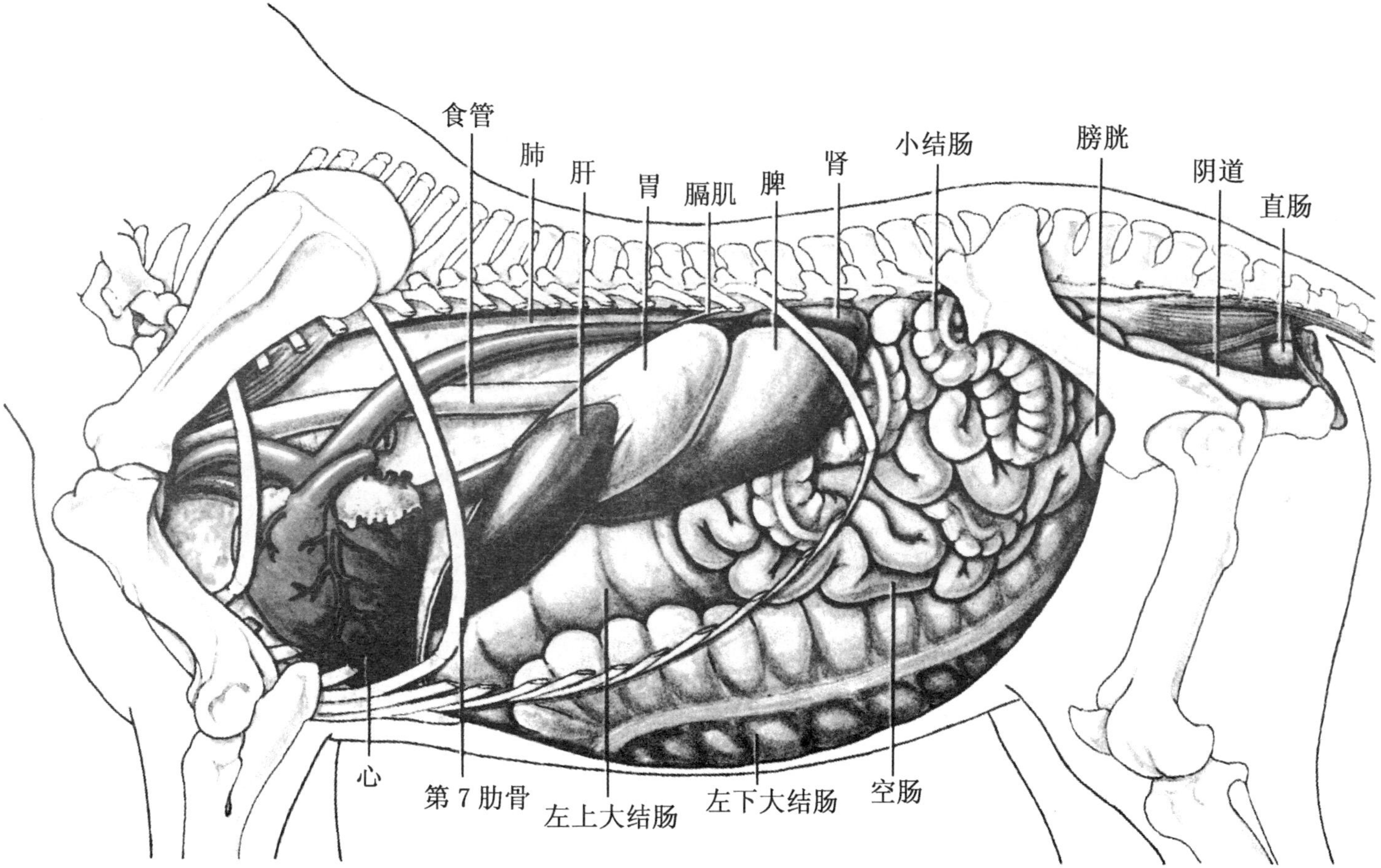

图 6-26　马内脏器官的位置(左侧)

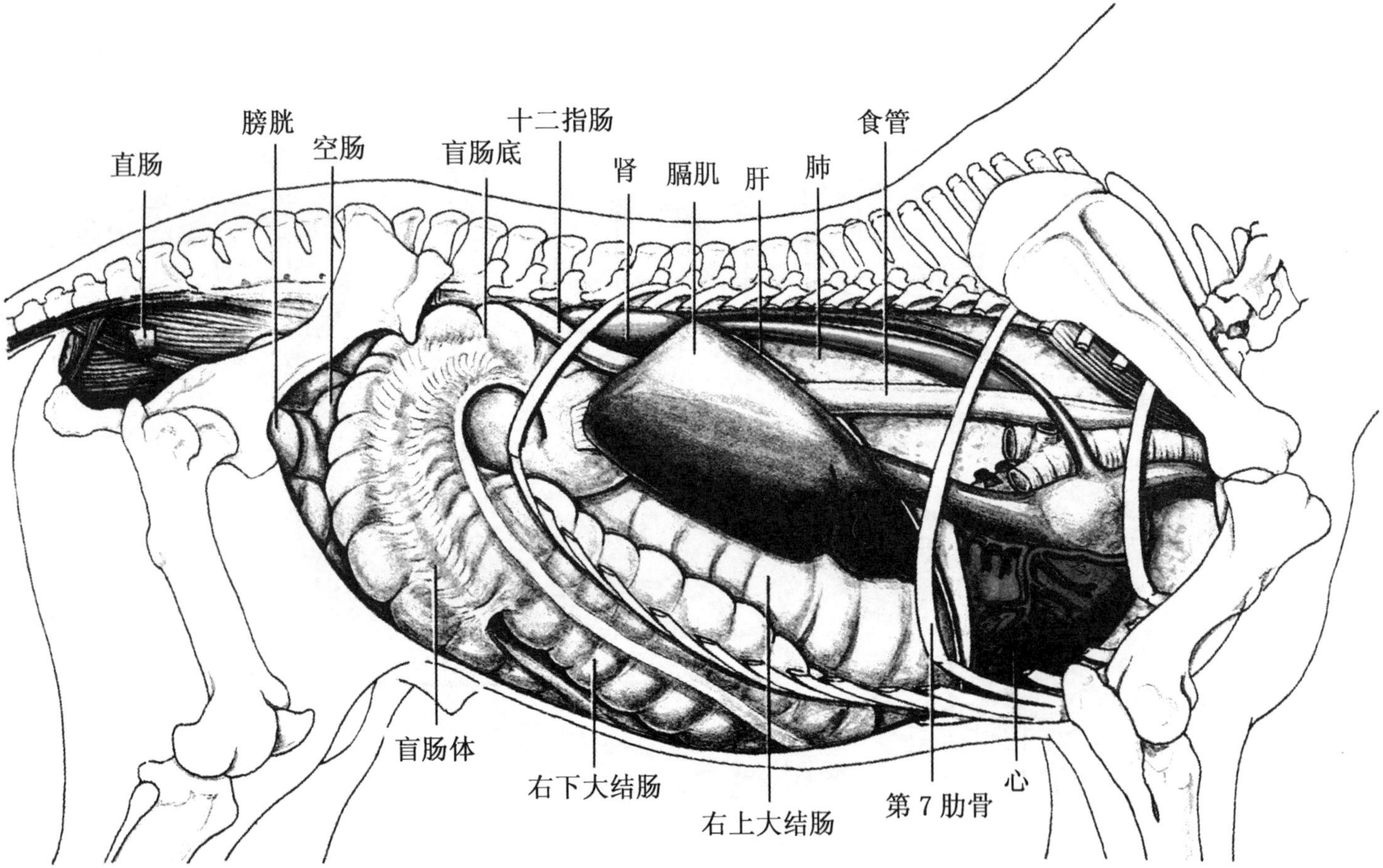

图 6-27 马内脏器官的位置(右侧)

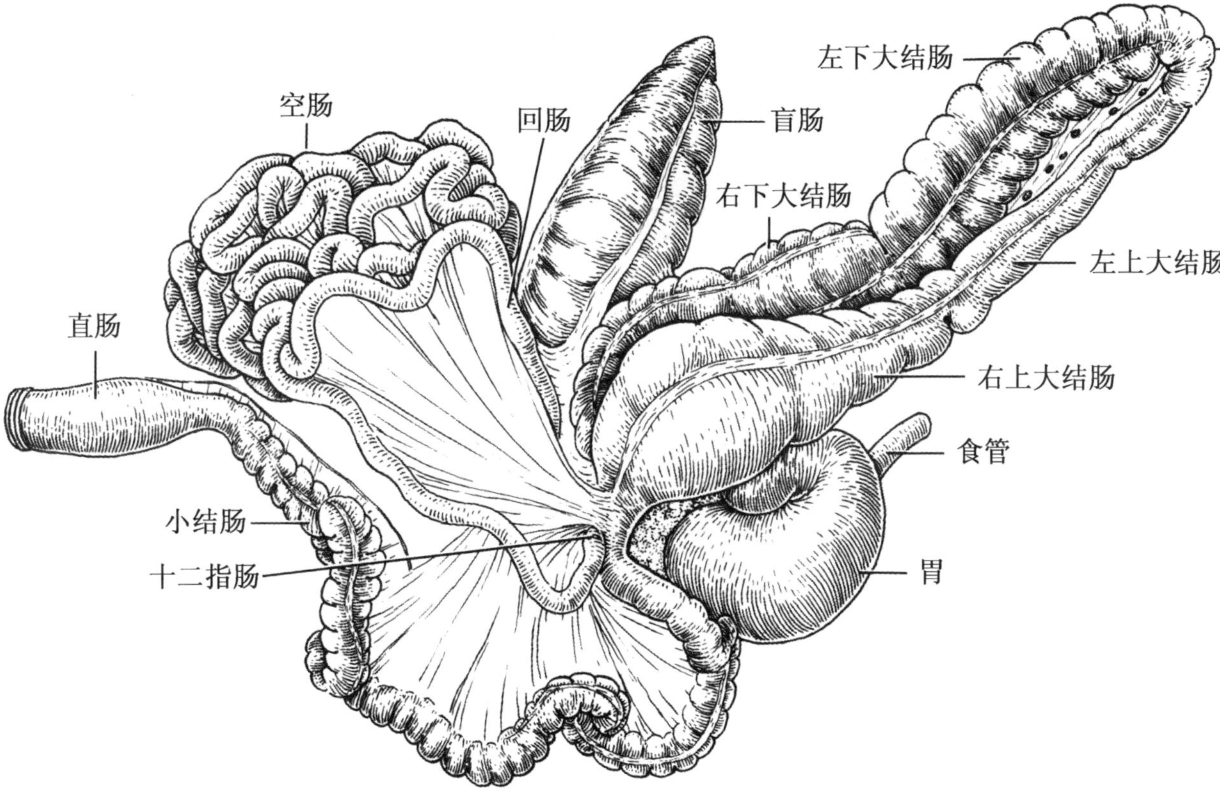

图 6-28　马的肠(右侧)

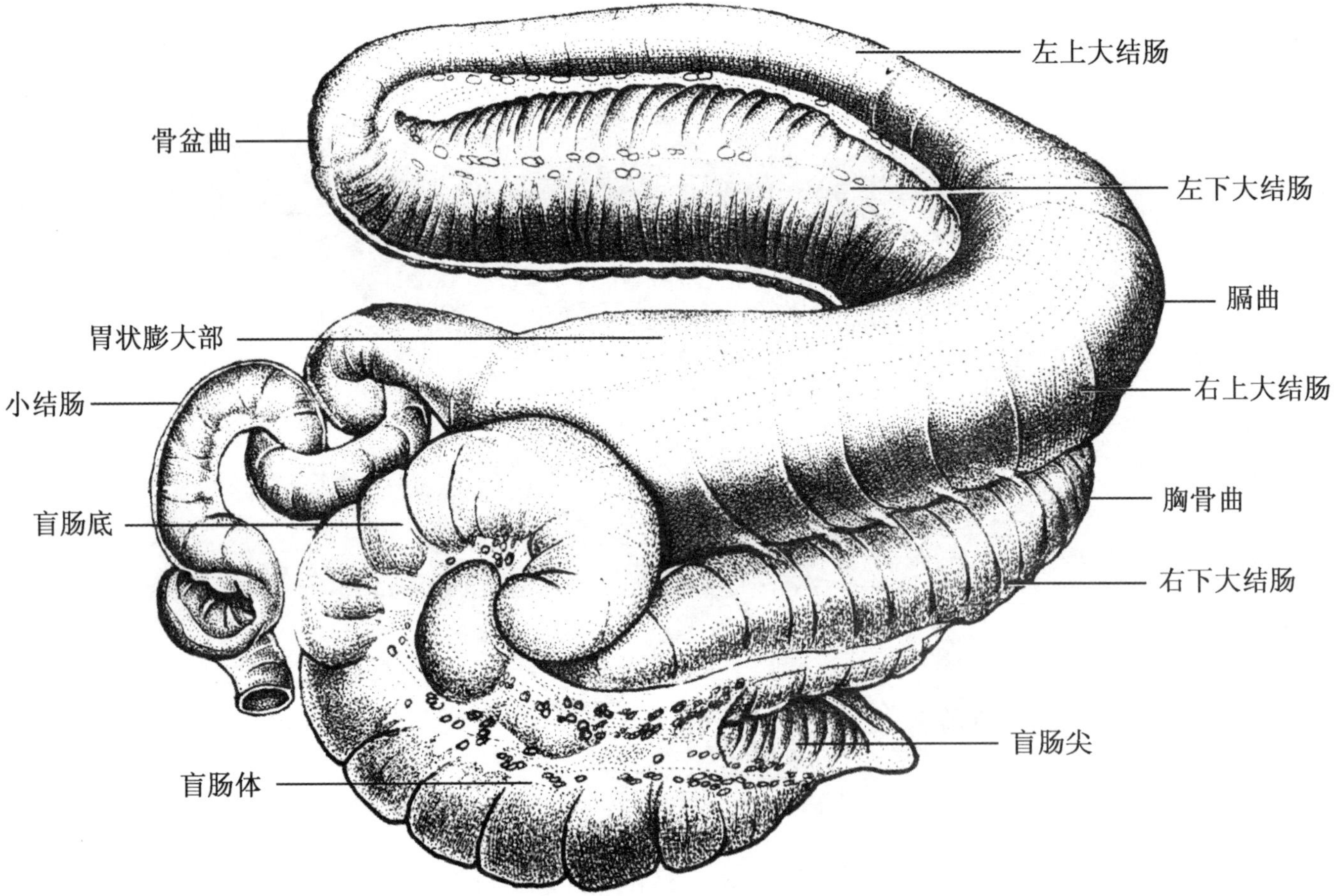

图 6-29 马的大结肠(右侧)

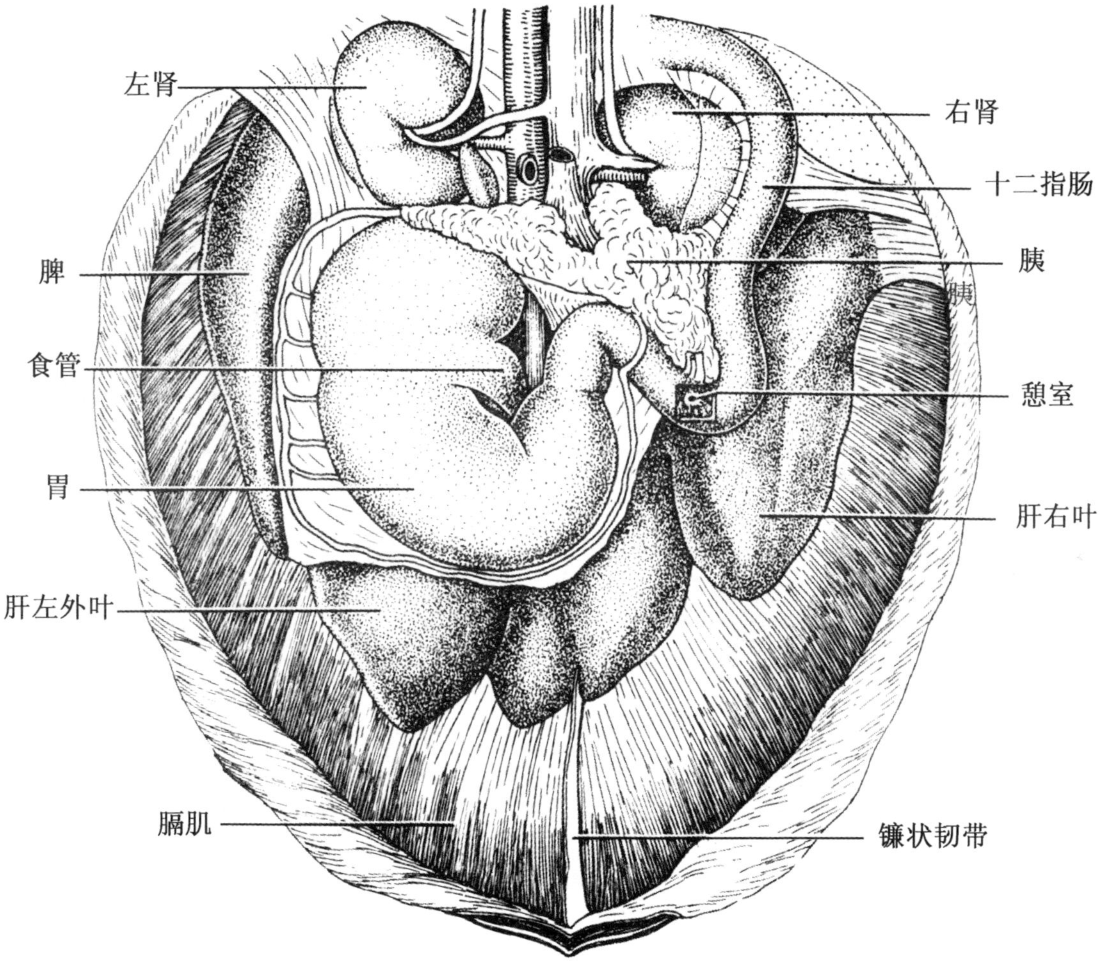

图 6-30　马腹腔内脏器官的位置(横断面)

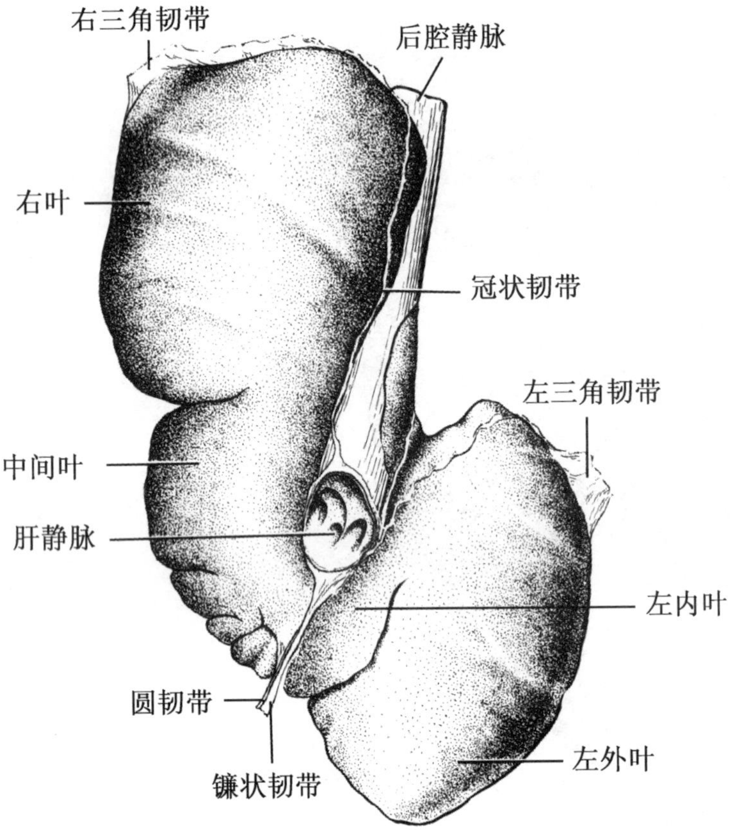

马肝（膈面）

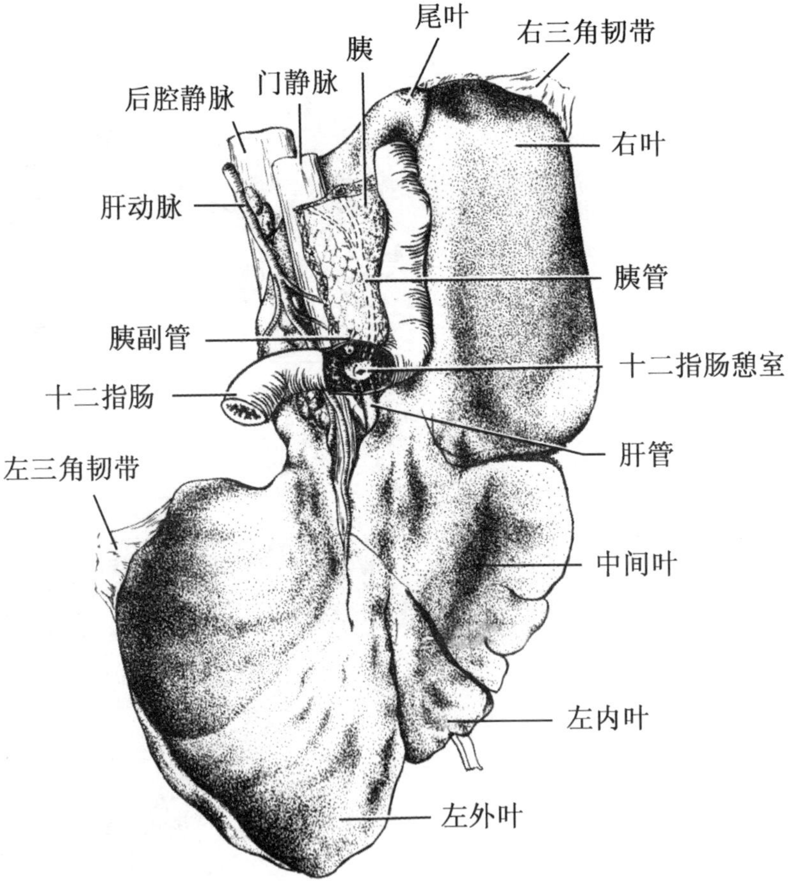

马肝（脏面）

图 6-31　马的肝

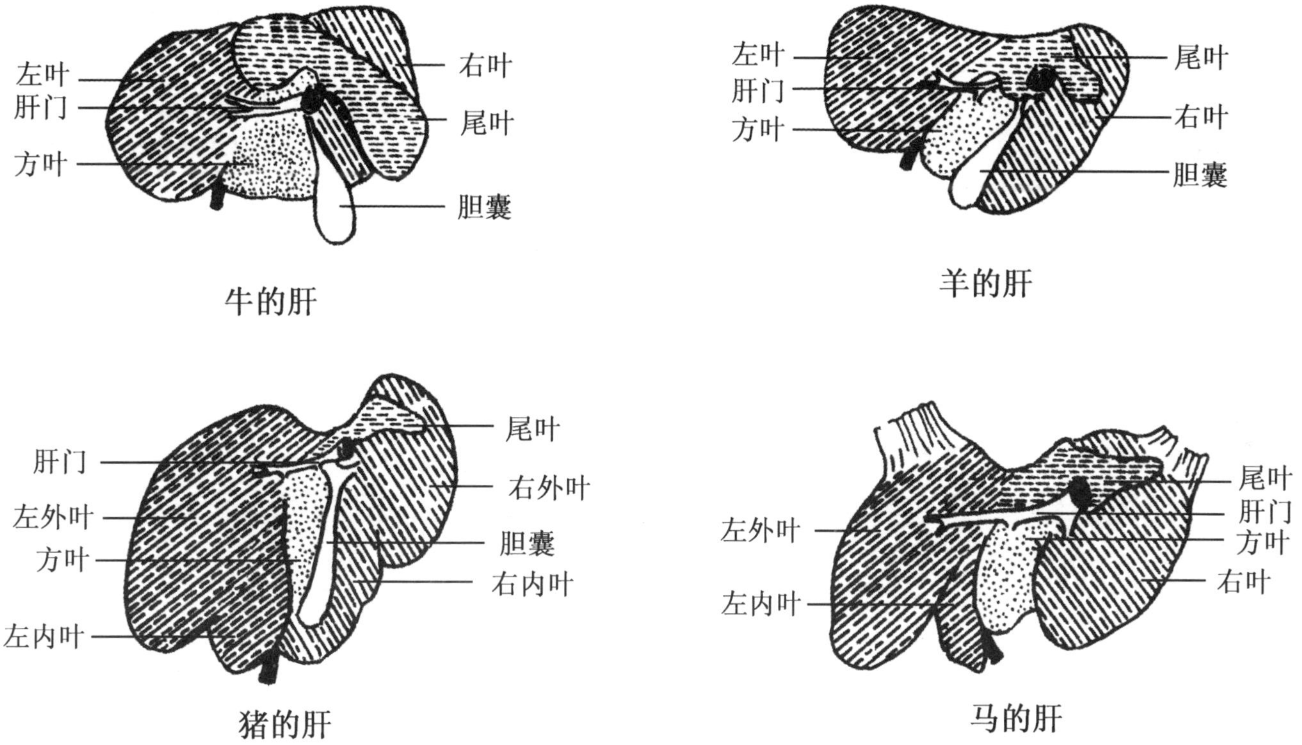

图 6-32　牛、羊、猪和马的肝(脏面)

实验七 呼吸系统各器官

【实验目的和要求】

掌握鼻腔、喉和肺的形态和构造。

【实验仪器和材料】

牛、猪和马的鼻腔、喉和肺的标本和模型。

【实验内容和方法】

一、鼻腔

鼻腔以面骨为支架，内覆盖鼻黏膜。鼻腔被鼻中隔分成左、右两个鼻腔。每个鼻腔被鼻甲骨分为4个鼻道，分别为：上鼻道、中鼻道、下鼻道和总鼻道。

二、喉

喉由喉软骨、喉肌和喉黏膜构成。

(一)喉软骨

喉软骨有4种5块，有环状软骨、甲状软骨、会厌软骨和成对的勺状软骨。

1.环状软骨 呈指环形，分为背侧板和腹侧弓。构成喉的喉后口和顶壁。

2.甲状软骨 呈弯曲的板状，可分为腹侧的体和左、右两侧板。构成喉的底壁。

3.会厌软骨 呈无柄的树叶状。构成喉口的底壁，会厌翻转关闭喉口，防止食物误入气管。

4.勺状软骨 2块，呈角锥状，构成喉口的顶壁。

(二)喉肌

喉肌属于横纹肌，可分为外来肌和固有肌两群。外来肌有胸骨甲状肌和舌骨甲状肌等；固有肌均起止于喉软骨。

(三)喉黏膜

喉黏膜被覆于喉腔内的黏膜。喉腔中部的侧壁有一对明显的黏膜褶，称为声带。在两侧声带之间形成的狭窄裂隙，称为声门裂。

图7-1为牛呼吸系统的组成，图7-2为马的鼻腔结构，图7-3为马头正中矢状面结构，图7-4为马的喉软骨结构，图7-5为马喉正中切面结构，图7-6为牛、猪和马的喉软骨结构。

三、肺

(一)位置

肺位于胸腔内，在纵隔的两侧，分左、右两个肺。

(二)形态

肺为粉红色，呈海绵状，质轻而柔软，富有弹性，呈锥体形。

(三)构造

每个肺都有三个面、三个缘和分叶。

1.三个面

(1)肋面。与胸腔侧壁接触，有肋压迹。

(2)膈面。与膈相贴。

(3)纵隔面。与纵隔相接触,有肺门。

2.肺门　是支气管、血管、淋巴管和神经出入肺的地方。

3.三个缘

(1)背侧缘。钝而圆。

(2)腹侧缘。有心切迹。

(3)底缘。薄而锐。

4.肺的分叶

(1)牛、羊的肺分叶。左肺分 3 个叶,分为尖叶、心叶和膈叶。右肺分 4 个叶,多出 1 个副叶,另外尖叶又分为前部和后部。

(2)猪肺分叶。左肺分 3 个叶,分为尖叶、心叶和膈叶。右肺分 4 个叶,多出 1 个副叶。

(3)马肺分叶。左肺分两个叶,分为尖叶和心膈叶。右肺分 3 个叶,多出 1 个副叶。

图 7-7 为牛肺的结构,图 7-8 为马肺的结构,图 7-9 为马肺的肋面(左侧)结构,图 7-10 为马肺示支气管树(左侧)结构,图 7-11 为马的肺(膈面)结构,图 7-12 为牛、猪和马肺的结构。

【思考题】

1.为什么鼻炎能引起鼻旁窦发炎?

2.牛、猪和马肺的分叶有何不同?

【绘图】

1.喉软骨的构成。

2.猪肺的分叶。

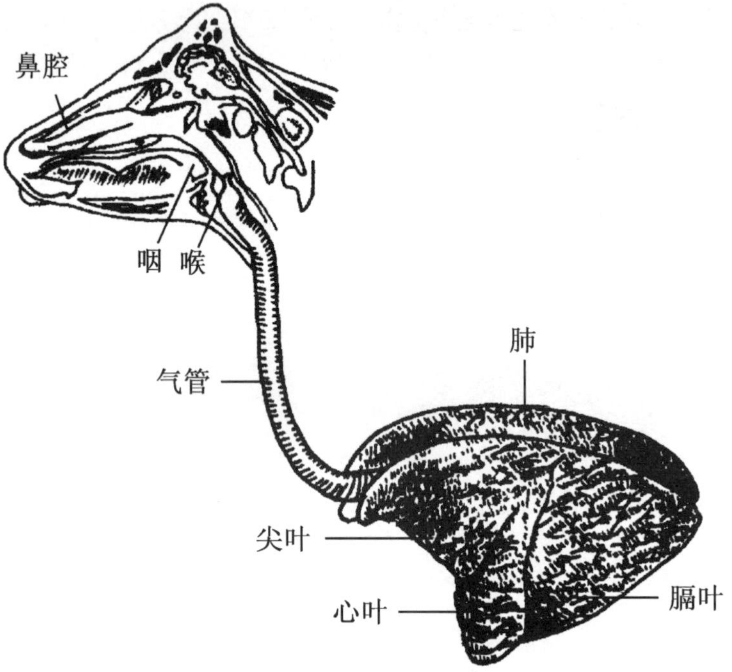

图 7-1 牛呼吸系统的组成

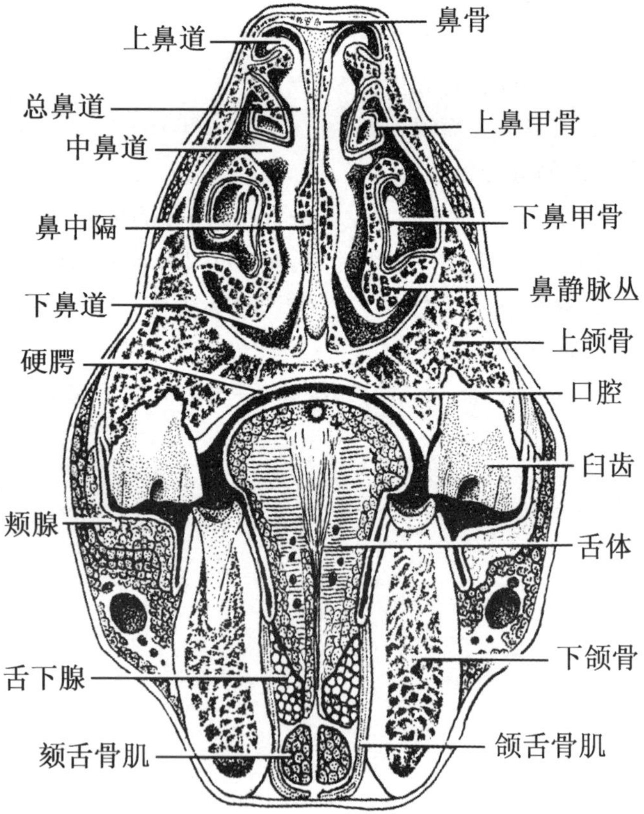

图 7-2 马的鼻腔

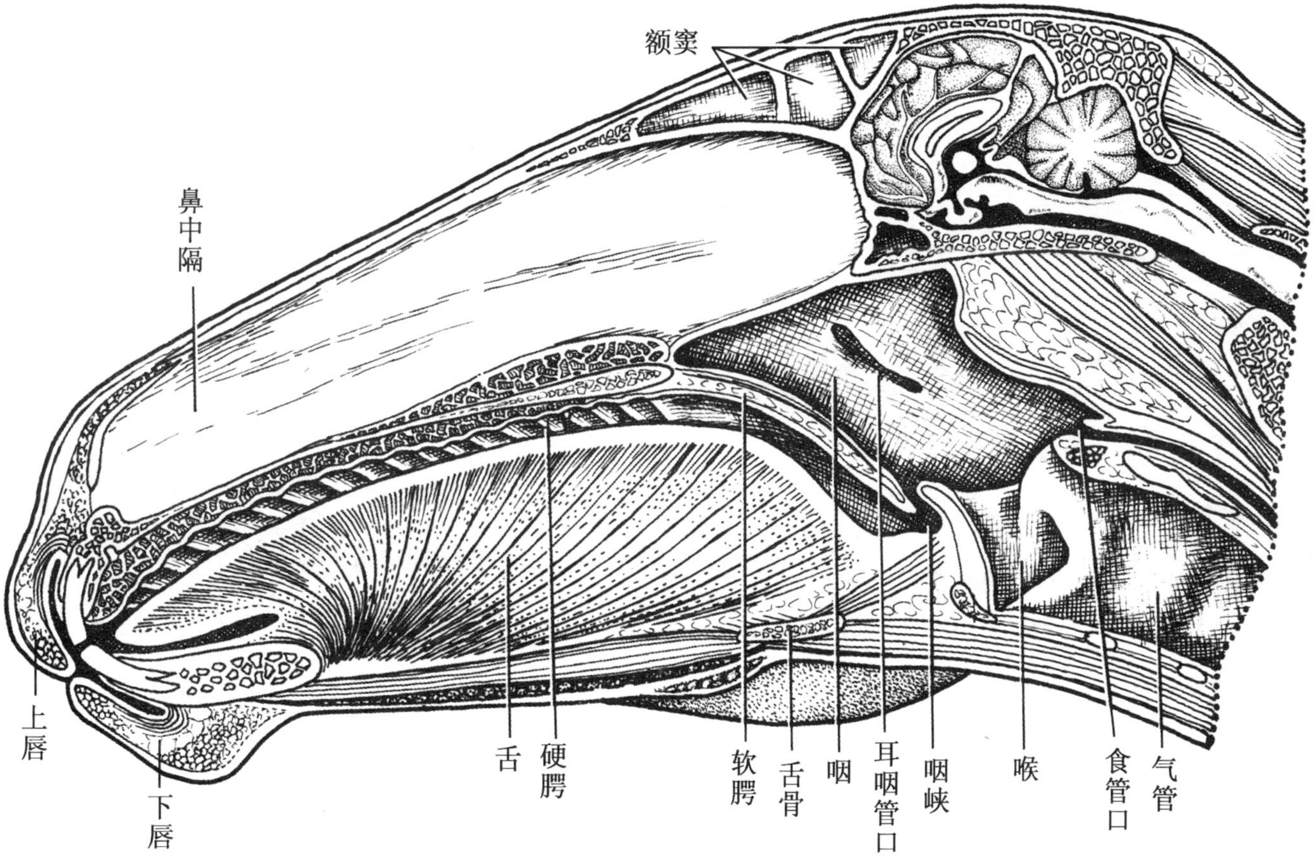

图 7-3　马头正中矢状面

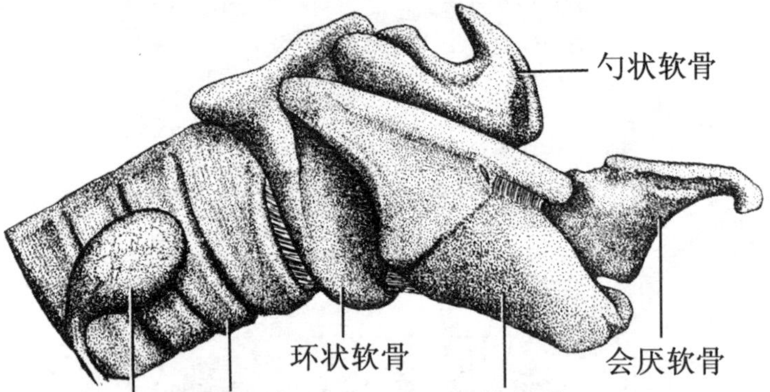

图 7-4　马的喉软骨

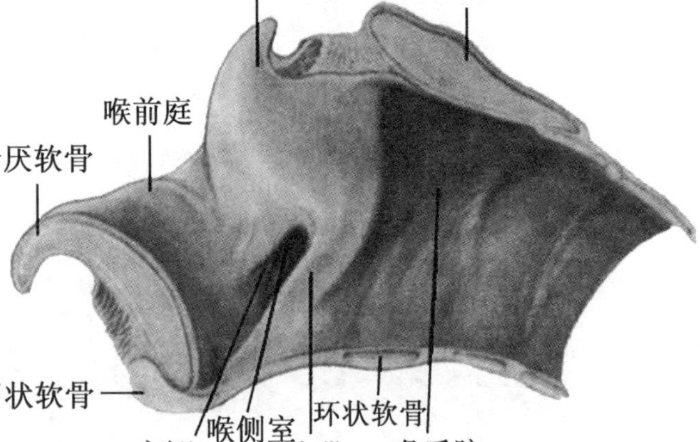

图 7-5　马喉正中切面

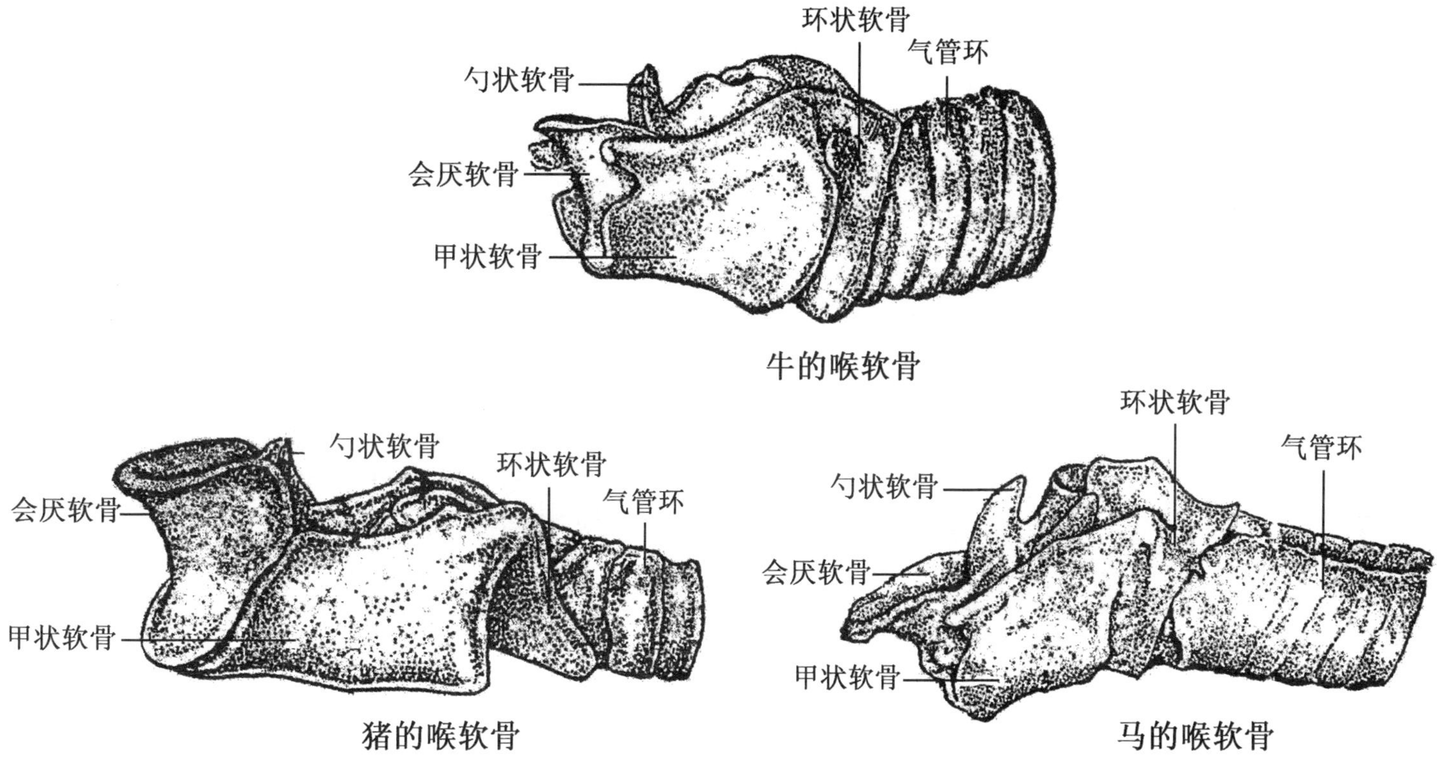

图 7-6 牛、猪和马的喉软骨

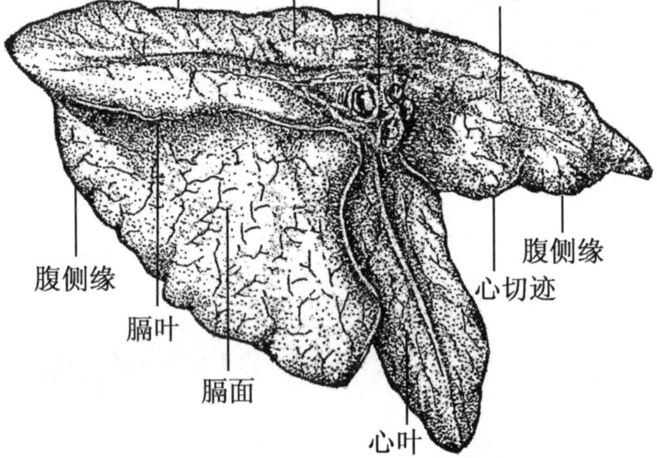

牛左肺（纵隔面）

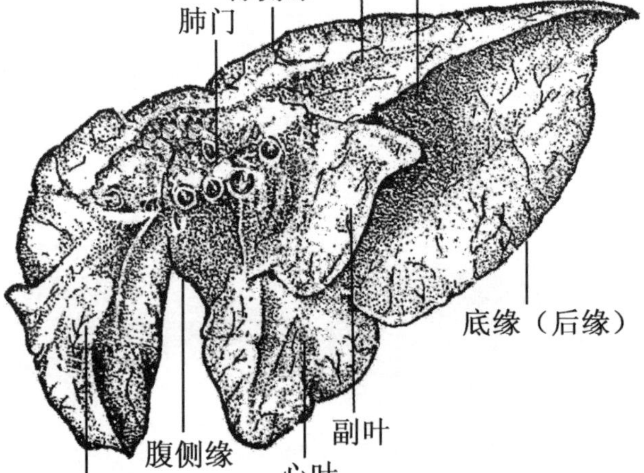

牛右肺（纵隔面）

图 7-7 牛的肺

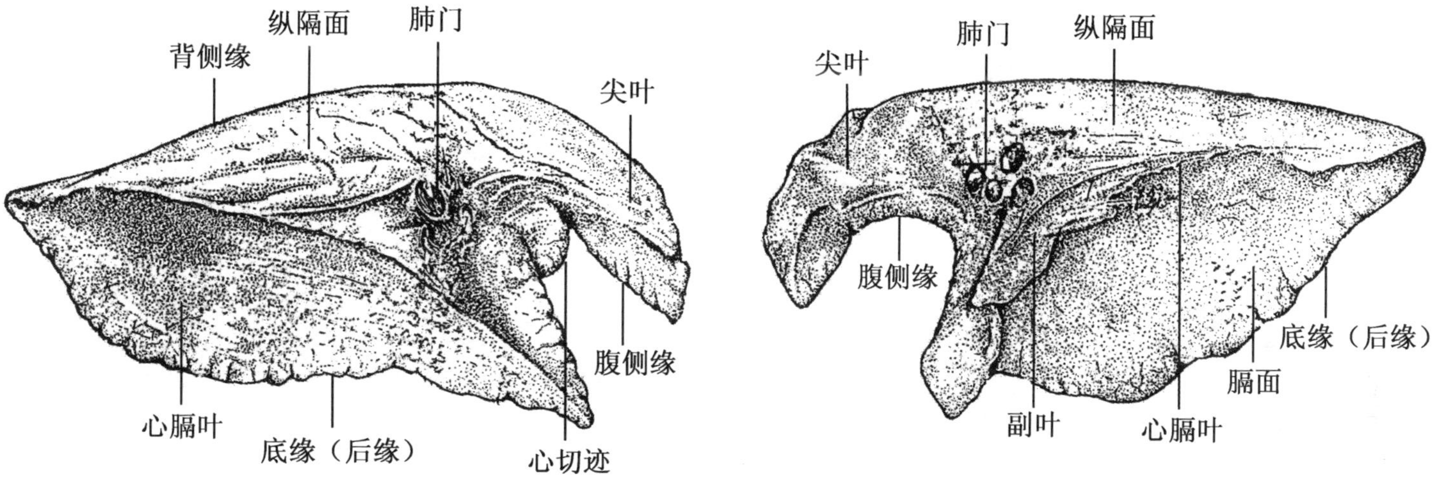

马左肺（纵隔面）　　马右肺（纵隔面）

图 7-8　马的肺

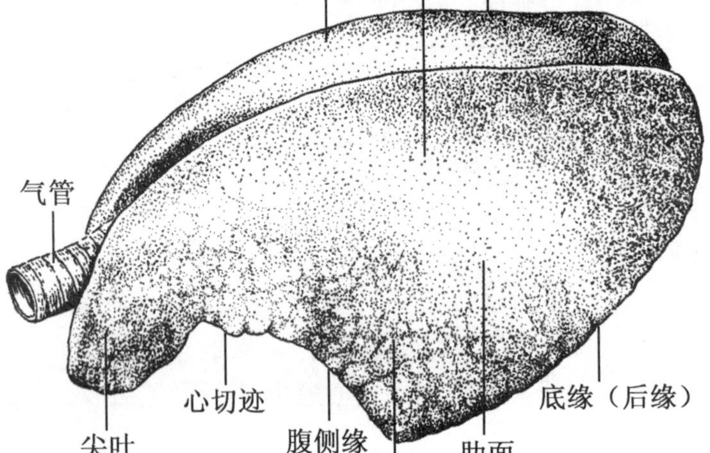

图 7-9 马肺的肋面(左侧)

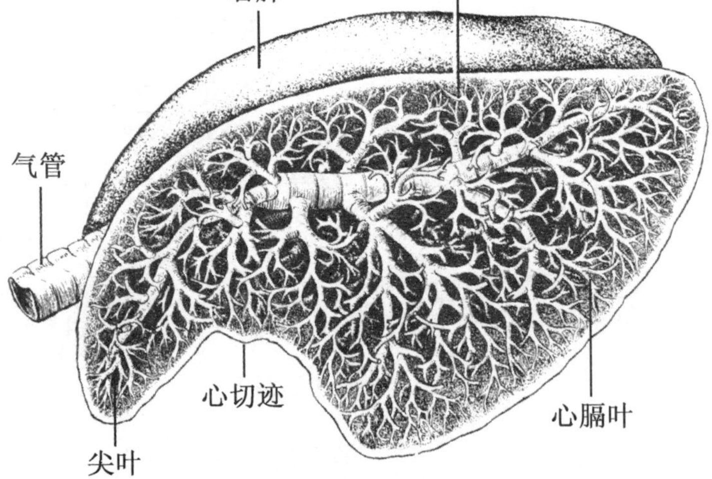

图 7-10 马肺示支气管树(左侧)

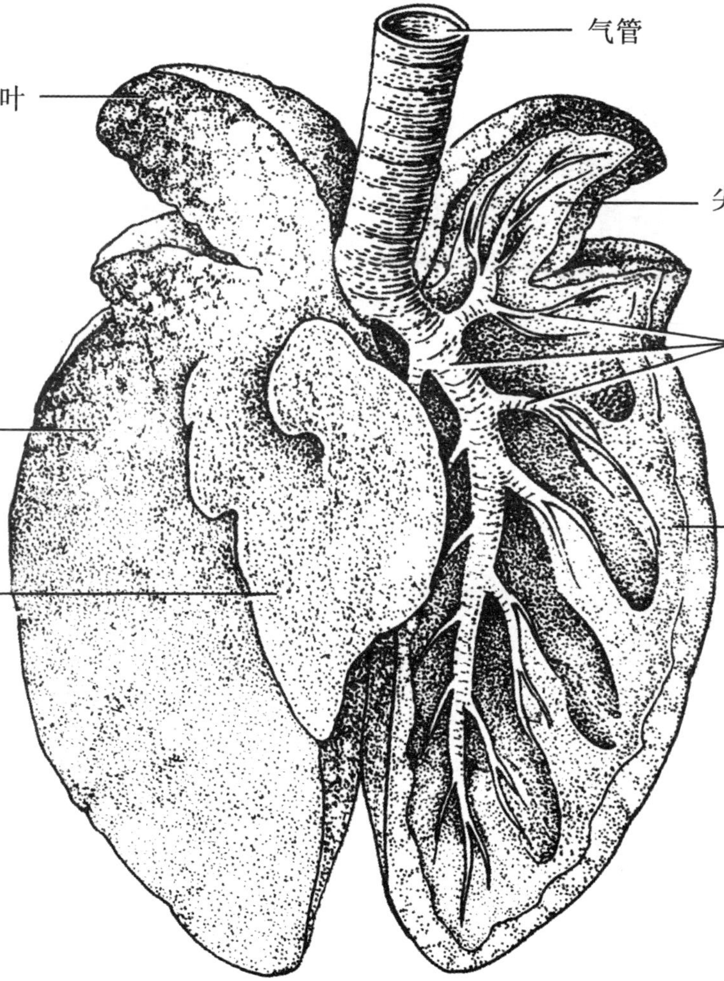

图 7-11　马的肺(膈面)

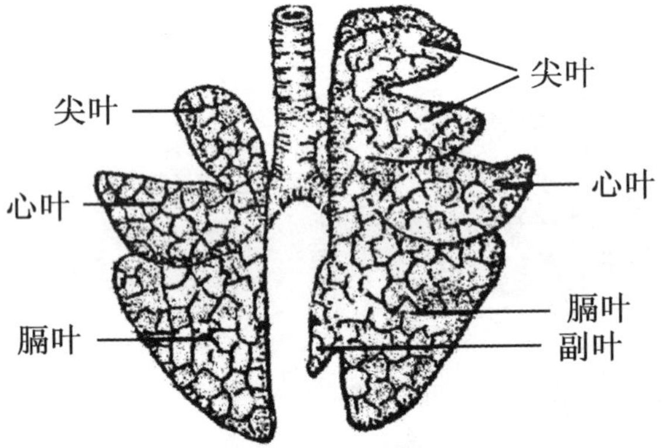

牛的肺（肋面）

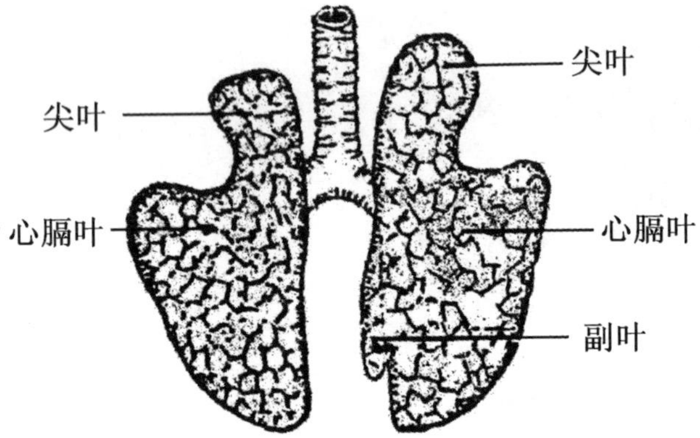

马的肺（肋面）

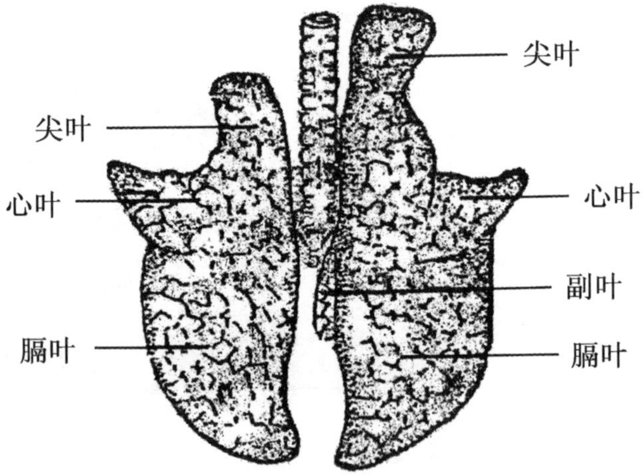

猪的肺（肋面）

图 7-12　牛、猪和马的肺

实验八　泌尿系统各器官

【实验目的和要求】

掌握家畜泌尿系统的组成，掌握肾的位置、形态和构造，比较牛、羊、猪和马肾的形态和构造特点。

【实验仪器和材料】

牛、猪和马泌尿系统标本和模型，牛、猪和马肾标本和模型。

【实验内容和方法】

一、泌尿系统的组成

泌尿系统组成包括肾、输尿管、膀胱和尿道。图 8-1 为牛泌尿系统的组成。

二、肾

(一)形态

1. 牛肾　呈上下压扁的椭圆形，左肾略呈三棱形(图 8-2)。

2. 猪肾　左右对称的蚕豆形(图 8-3)。

3. 马肾　右肾呈三角形，左肾呈蚕豆形(图 8-4)。

(二)构造

1. 肾门　是内侧缘中部凹陷的部位，是肾动脉、肾静脉、淋巴管、神经和输尿管出入的地方。

2. 肾窦　肾门伸入肾内形成肾窦，是由肾实质围成的腔隙，有肾盏、肾盂、血管、淋巴管和神经，在这些结构之间常有大量脂肪填充。

3. 被膜　表面被覆有结缔组织构成的薄而坚韧的纤维膜，称纤维囊，健康动物容易剥离。

4. 实质　由若干个肾叶组成，每个肾叶分为浅部的皮质和深部的髓质。髓质部由肾锥体构成，有肾乳头。

(三)各种家畜肾的特点

牛肾是沟多乳头肾，无肾盂有肾盏；猪肾是平滑多乳头肾，有肾盂有肾盏；马和羊肾是平滑单乳头肾，有肾盂无肾盏。

【思考题】

牛、羊、猪和马肾的形态和构造有何特点？

【绘图】

1. 泌尿系统的组成。
2. 牛、猪和马肾的额面。

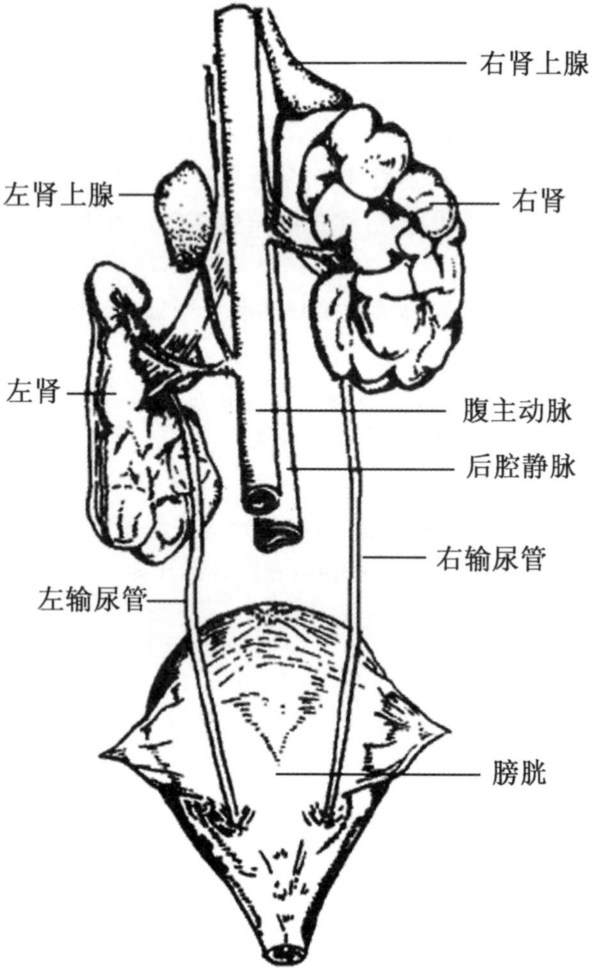

图 8-1　牛泌尿系统的组成(背侧)

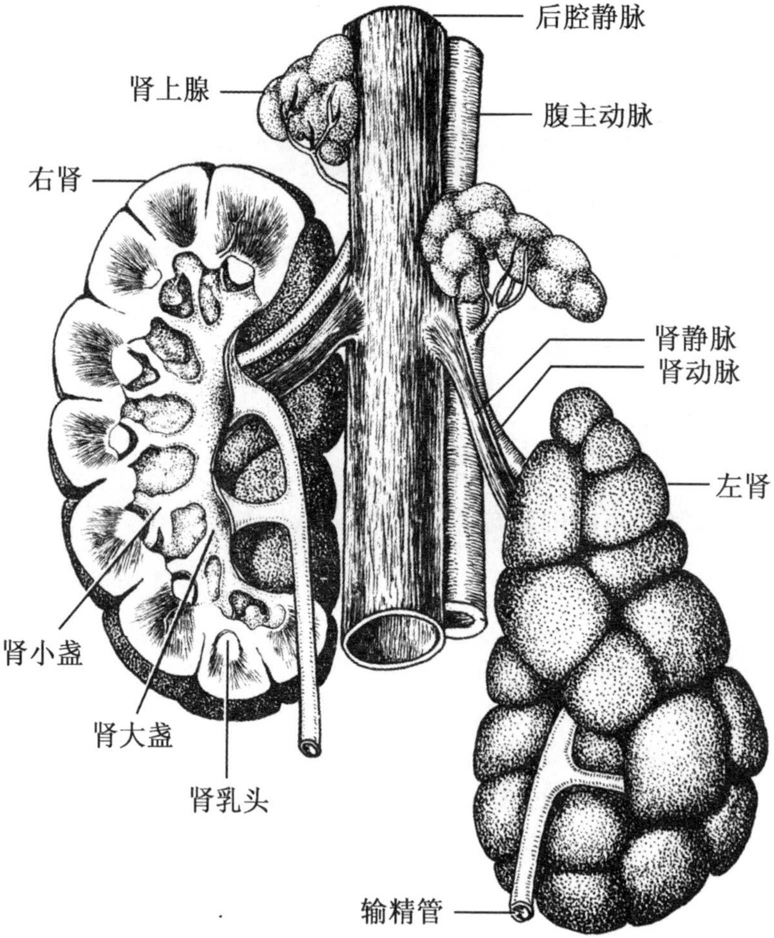

图 8-2　牛的肾(腹侧)

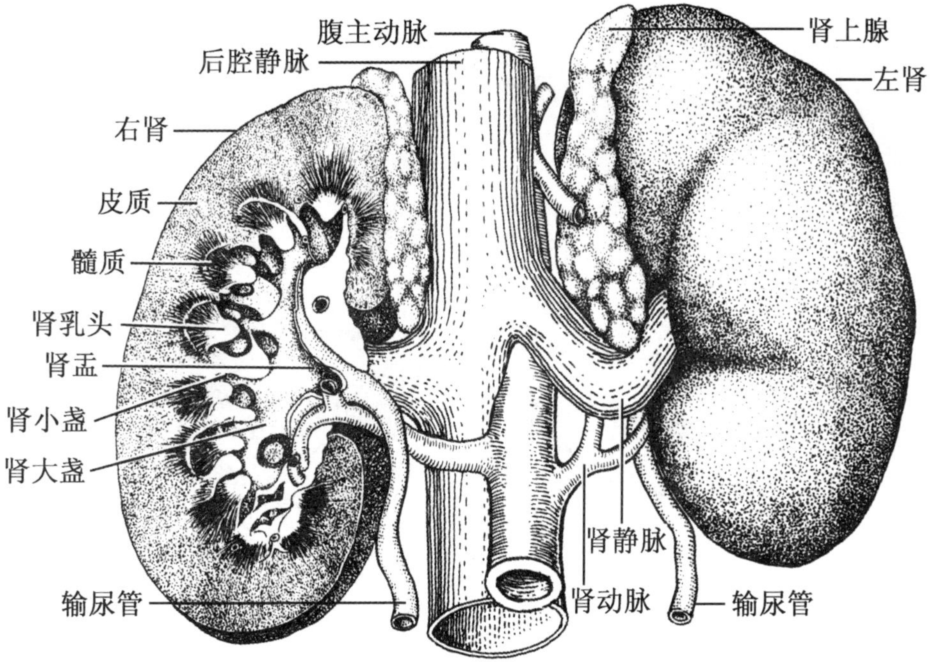

图 8-3　猪的肾(腹侧)

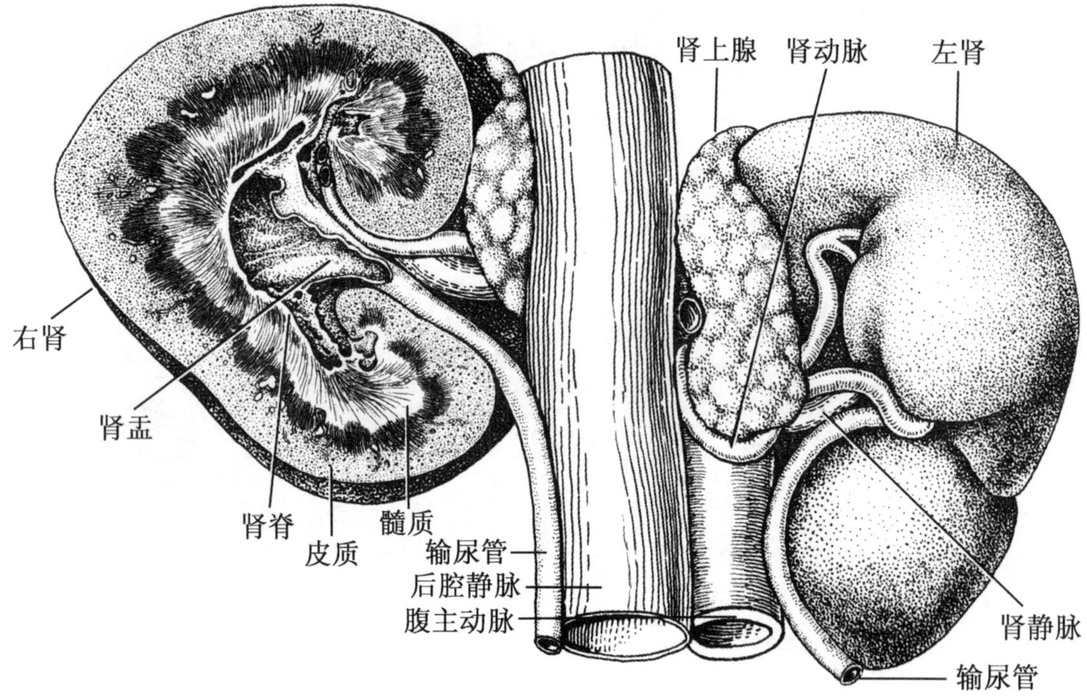

图 8-4　马的肾(腹侧)

实验九　公畜生殖系统各器官

【实验目的和要求】

掌握公畜生殖系统的组成，掌握睾丸和阴囊的形态和构造，了解副性腺的组成。

【实验仪器和材料】

公牛、公猪和公马生殖系统各器官标本和模型。

【实验内容和方法】

（一）公畜生殖系统的组成

公畜生殖系统包括睾丸、附睾、输精管、尿生殖道、阴囊、精索、阴茎、包皮和副性腺。其中睾丸为生殖腺，阴茎、包皮和阴囊为外生殖器官。图 9-1 为公马生殖器官的位置，图 9-2 为公牛生殖系统的组成，图 9-3 为公猪生殖系统的组成，图 9-4 为公马生殖系统的组成。

（二）睾丸形态和构造

1. 形态　呈左右稍扁的椭圆形。

2. 构造　有附睾缘和游离缘。分睾丸头、睾丸体和睾丸尾。

（三）阴囊的形态和构造

1. 形态　袋状的腹壁囊。

2. 构造　由外向内依次为皮肤、肉膜、阴囊筋膜和鞘膜。

（1）皮肤。形成阴囊缝，将阴囊从外表分为左、右两部。阴囊缝是畜牧生产中去势的定位标志。

（2）肉膜。形成阴囊中隔，将阴囊分为左、右互不相通的两个腔。

（3）阴囊筋膜。由腹壁深筋膜和腹外斜肌腱膜伸延而来，其深面有睾外提肌。

（4）鞘膜。包括总鞘膜和固有鞘膜。总鞘膜由腹膜壁层延续；固有鞘膜腹膜脏层延续，形成睾丸系膜。固有鞘膜和总鞘膜之间的空隙叫鞘膜腔。

（四）副性腺的组成

副性腺包括精囊腺、前列腺和尿道球腺。

图 9-5 为马的阴茎（横断面）结构，图 9-6 为马和牛睾丸和附睾结构，图 9-7 为马的阴囊结构。

【思考题】

阴囊壁由外至内的顺序是怎样构成的？

【绘图】

1. 公牛生殖系统的组成。
2. 阴囊壁的构造。

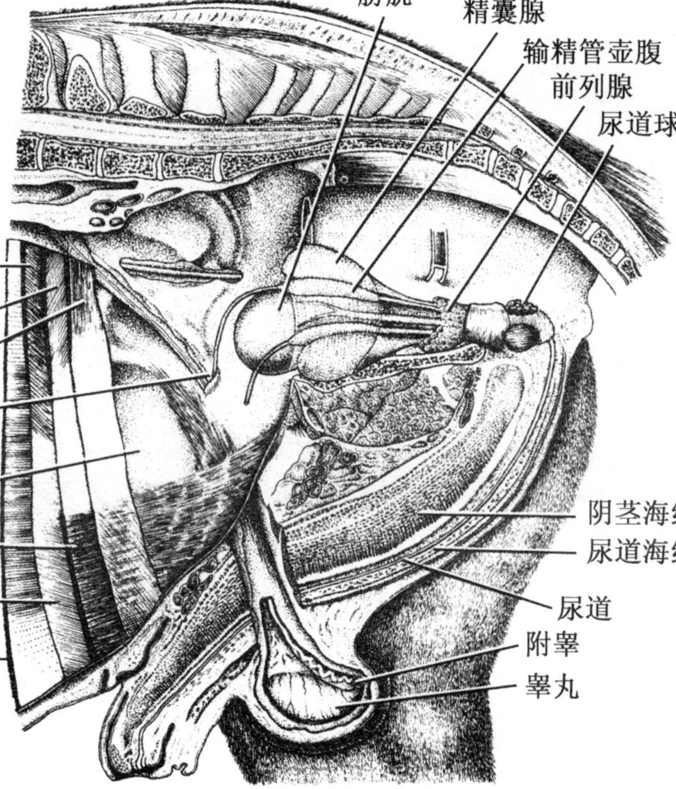

图 9-1 公马生殖器官的位置

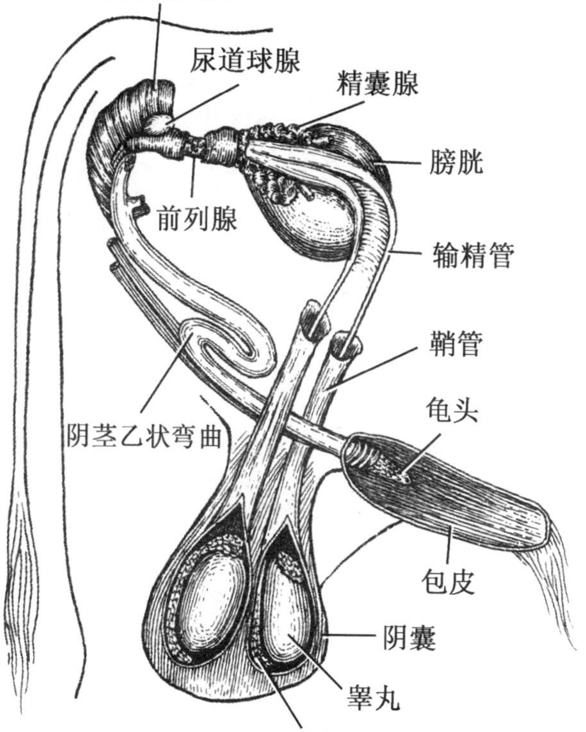

图 9-2 公牛生殖系统的组成

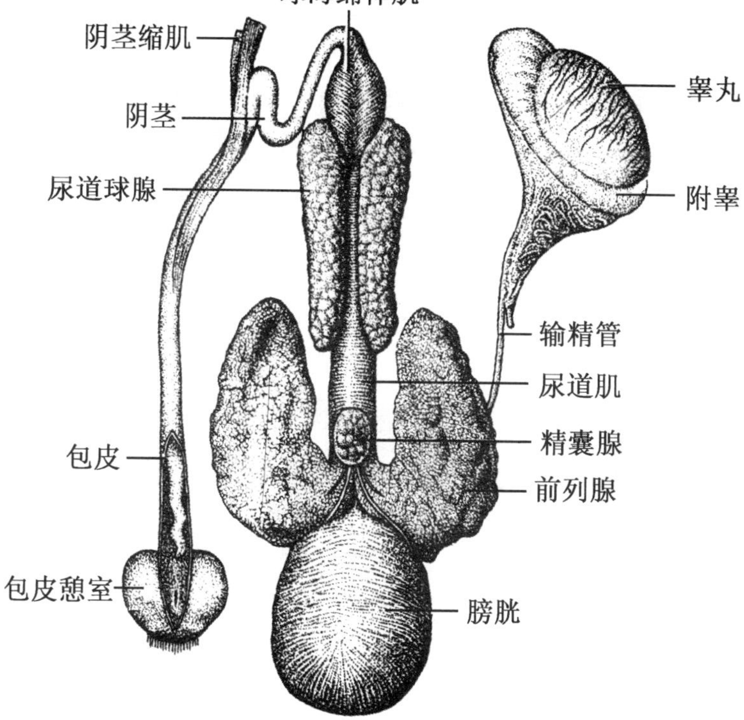

图 9-3 公猪生殖系统的组成

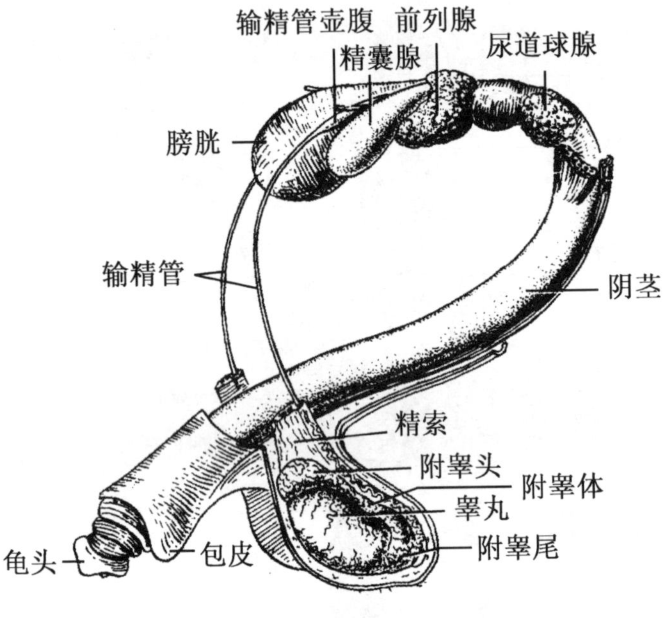

图 9-4 公马生殖系统的组成

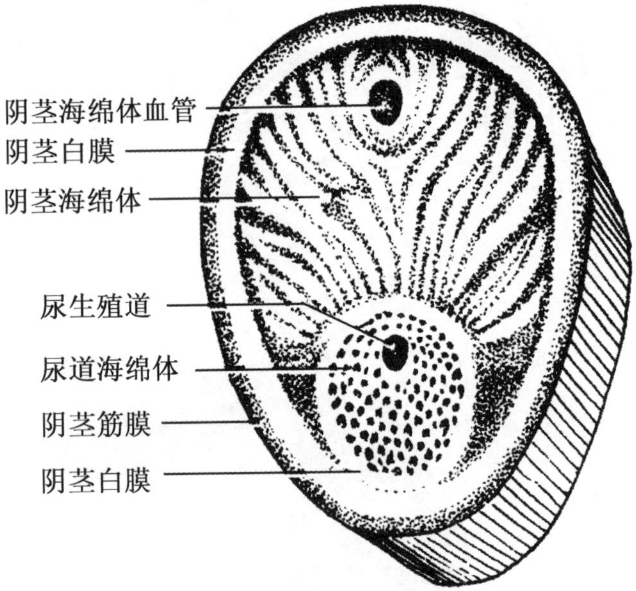

图 9-5 马的阴茎(横断面)

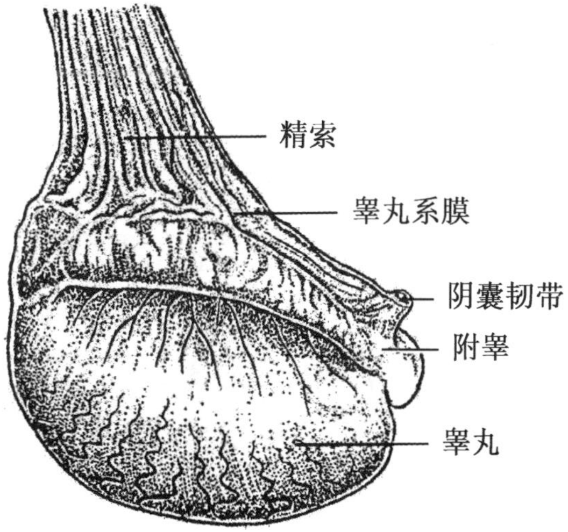

马的睾丸和附睾（外侧）

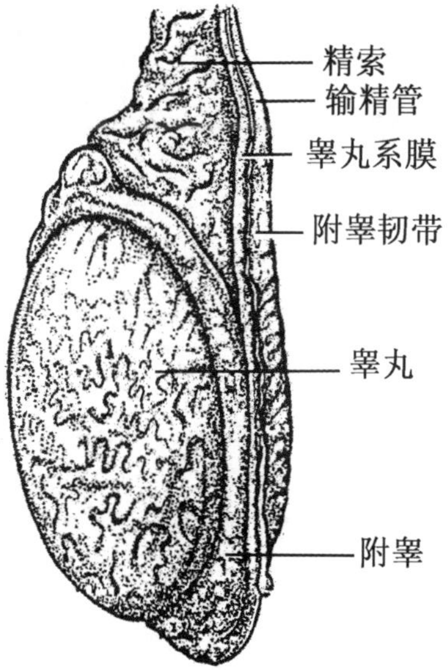

牛的睾丸和附睾（外侧）

图 9-6　睾丸和附睾

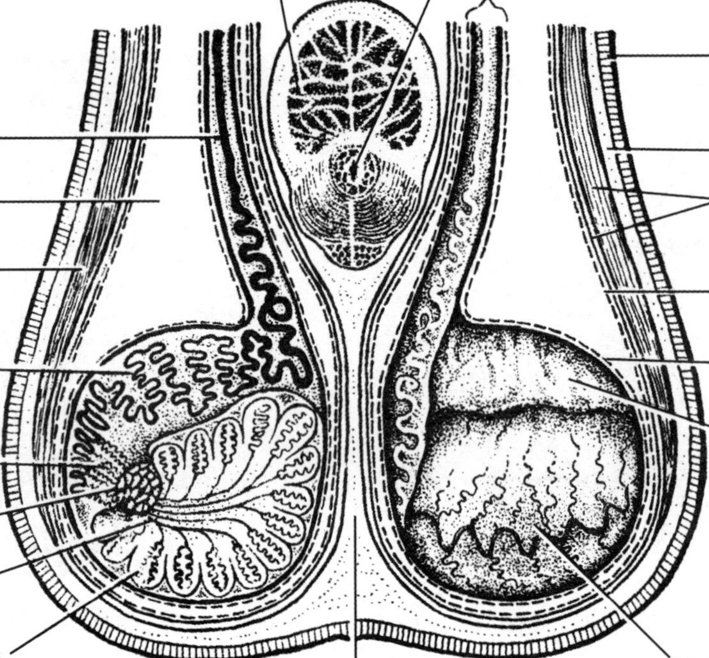
阴茎海绵体
尿道
精索
皮肤
输精管
肉膜
鞘膜腔
阴囊筋膜
睾外提肌
总鞘膜
附睾管
固有鞘膜
附睾
输出管
睾丸网
直精小管
曲精小管
睾丸
阴囊中膈

图 9-7　马的阴囊

实验十　母畜生殖系统各器官

【实验目的和要求】

掌握母畜生殖系统的组成，掌握子宫的形态和结构。

【实验仪器和材料】

母牛、母猪和母马生殖系统各器官标本和模型。

【实验内容和方法】

（一）母畜生殖系统的组成

母畜生殖系统包括卵巢、输卵管、子宫、阴道、尿生殖前庭和阴门。其中卵巢、输卵管、子宫和阴道为内生殖器官，尿生殖前庭和阴门为外生殖器官。图 10-1 为母牛生殖器官的位置，图 10-2 为母牛生殖系统的组成，图 10-3 为母猪生殖系统的组成，图 10-4 为母马输卵管的形态，图 10-5 为母马生殖系统的组成。

（二）子宫的形态和构造

子宫分为子宫角、子宫体和子宫颈。

1. 子宫角　家畜为双角子宫。

（1）牛、羊的子宫角。卷曲成绵羊角状。形成伪子宫体，有子宫阜。

（2）猪的子宫角。弯曲似空肠样。

（3）马的子宫角。弯曲成弓状。

2. 子宫体　呈圆筒状。

3. 子宫颈　为子宫后段的缩细部，牛和马子宫颈突入阴道内称子宫颈阴道部。

【思考题】

牛、猪和马子宫有何不同？

【绘图】

母牛生殖系统的组成。

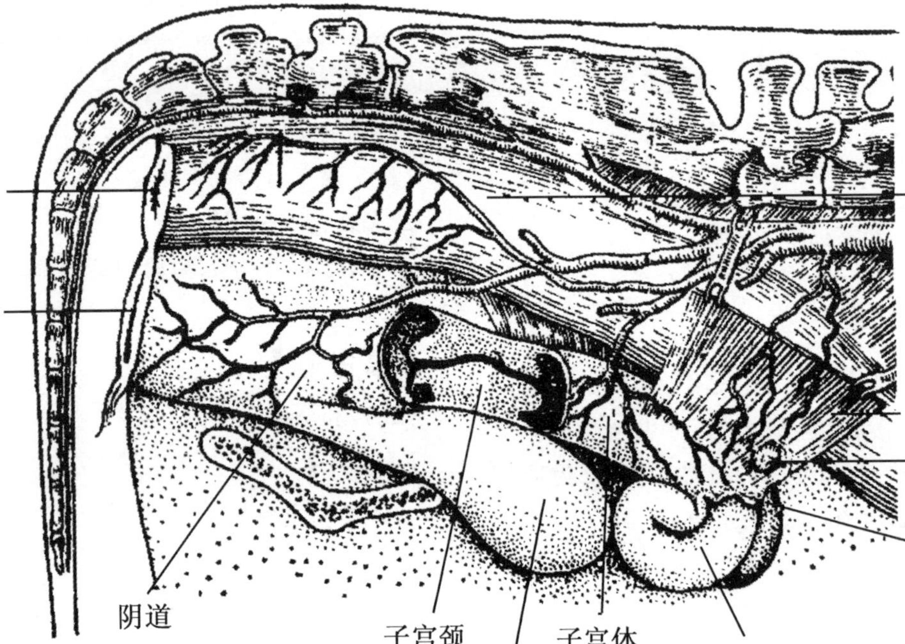

图 10-1 母牛生殖器官的位置

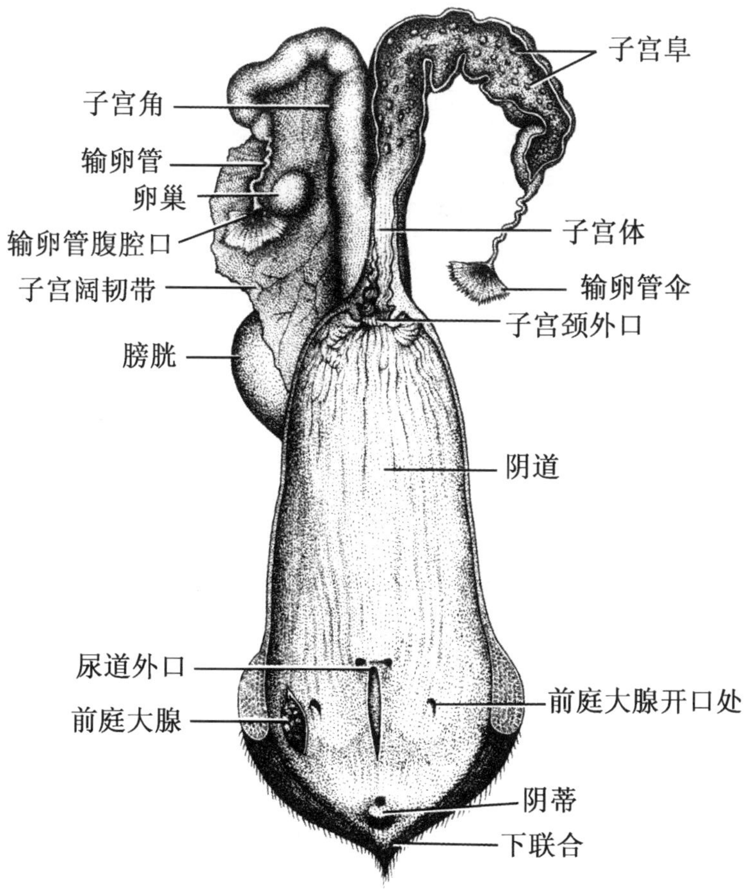

图 10-2　母牛生殖系统的组成

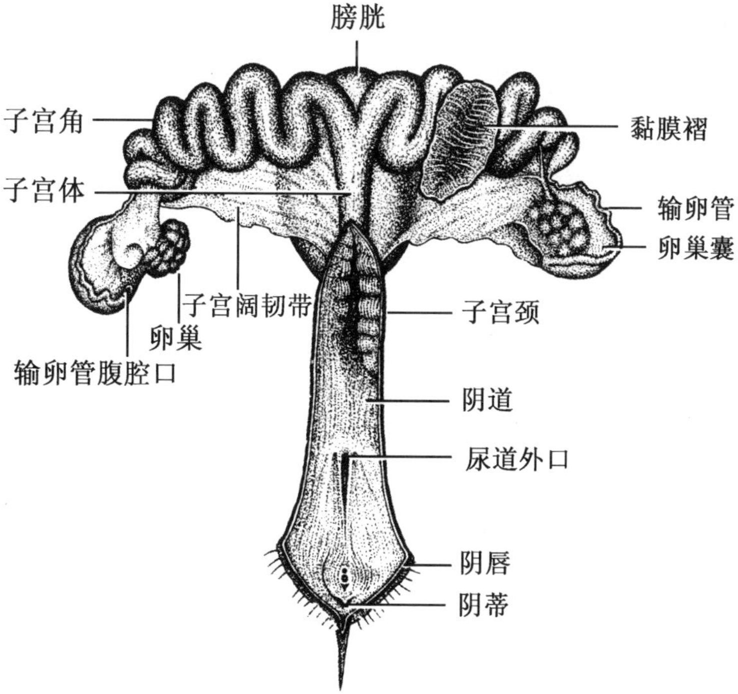

图 10-3　母猪生殖系统的组成

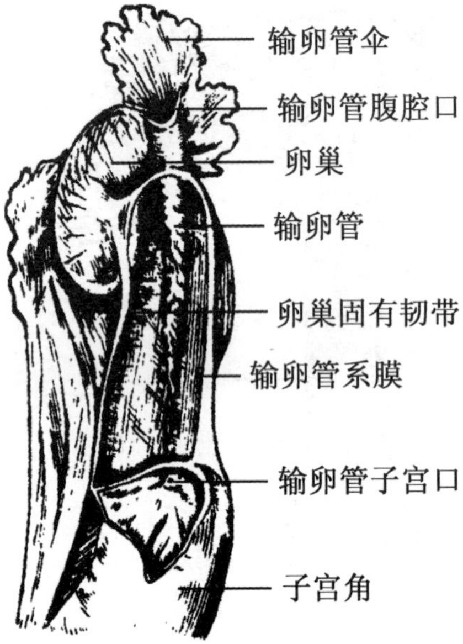

图 10-4　母马输卵管的形态

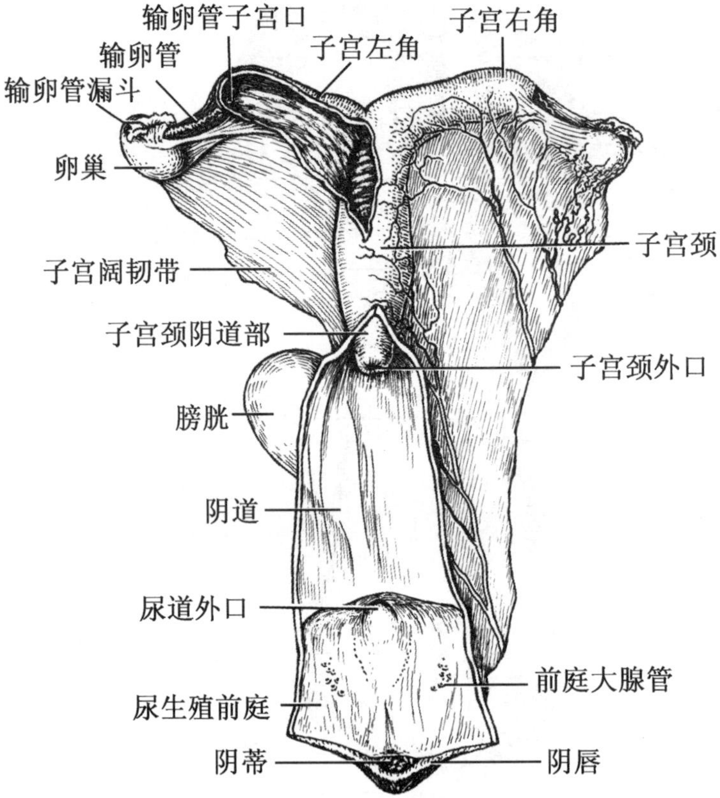

图 10-5　母马生殖系统的组成

实验十一　心

【实验目的和要求】

掌握心的外形和心腔的构造，熟悉心壁、心包和心的传导系统的构造。

【实验仪器和材料】

牛、猪和马心标本和模型。

【实验内容和方法】

(一)心的外形

心呈倒置的圆锥形，前缘长而凸，后缘短而直；上部大称心基，有进出心的大血管，下部小且游离称心尖；有冠状沟和左、右纵沟，沟内有营养心的血管和脂肪。图 11-1 为马心的外形的结构。

(二)心腔的构造

心以房间隔和室间隔分为左、右互不相通的两半，每半又分为上部的心房和下部的心室。

1. **右心房**　包括右心耳和静脉窦两部分。入口为前腔静脉、奇静脉和后腔静脉，出口为右房室口。

2. **右心室**　入口为右房室口，有三尖瓣，以腱索固定在乳头肌上。心室内有一条粗大的心横肌。出口为肺动脉口，有 3 个半月瓣。

3. **左心房**　有左心耳，入口为 5～8 条肺静脉，出口为左心房出口。

4. **左心室**　入口为左房室口，有二尖瓣，以腱索固定在乳头肌上。心室内有多条细的心横肌。出口为主动脉口，有 3 个半月瓣。

(三)心壁的构造

心壁分为心内膜、心肌和心外膜。

(四)心包

心包为包围心的浆膜囊，分脏层和壁层。脏层和壁层之间的腔隙，称为心包腔。

(五)心的传导系统

心的传导系统包括窦房结、结间束、房室结、房室束和浦肯野纤维。

图 11-2 为马心腔通过肺动脉和主动脉纵切面构造，图 11-3 为马心腔通过前后腔静脉和主动脉纵切面构造，图 11-4 为马心基横断面结构，图 11-5 为马心传导系统，图 11-6 为马的心包结构。

【思考题】

1. 在心的外表如何分辨心房和心室，左心室和右心室？

2. 左房室口、右房室口、主动脉口和肺动脉口分别有何瓣膜，作用如何？

【绘图】

1. 心的外形。

2. 心腔的构造。

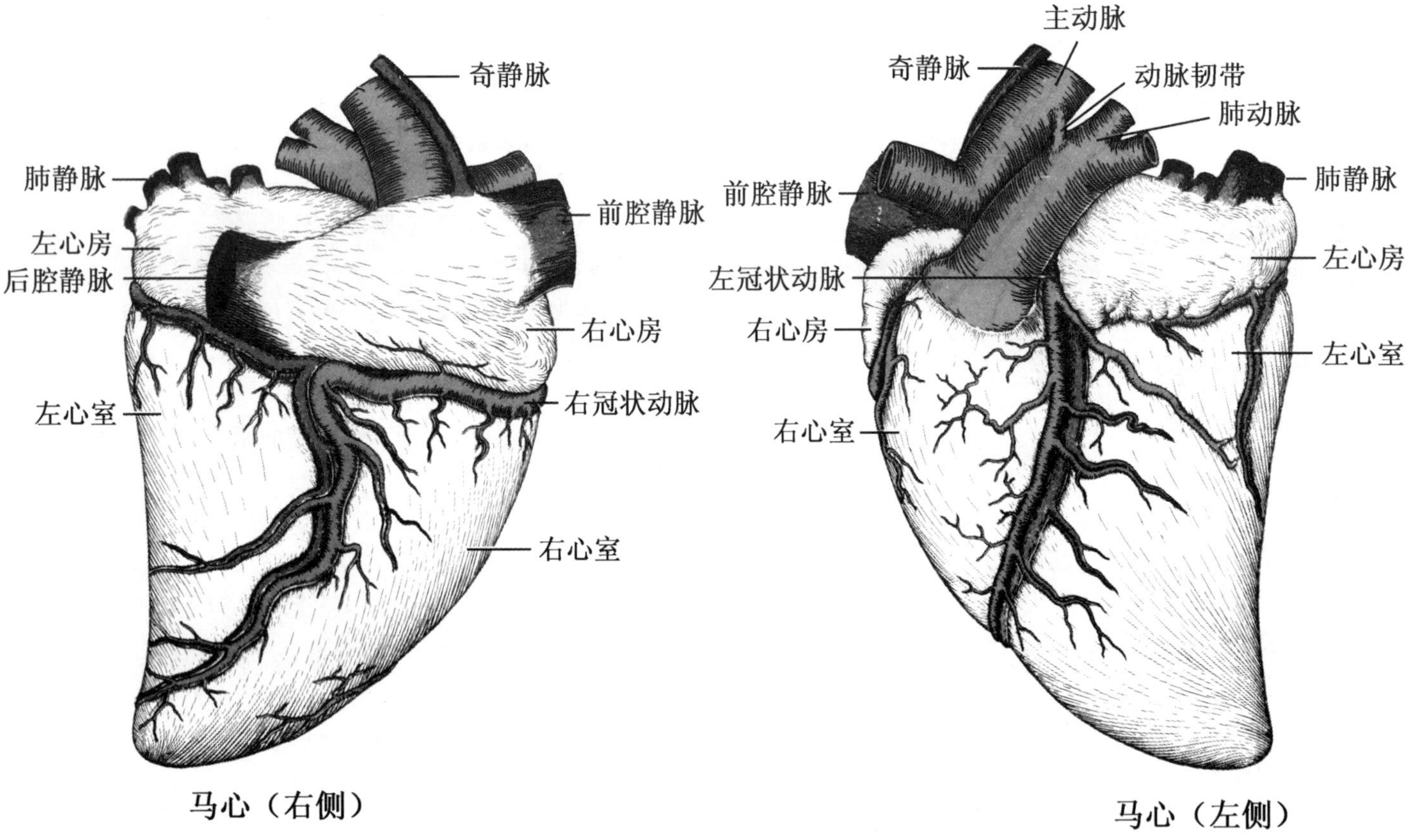
奇静脉
肺静脉
前腔静脉
左心房
后腔静脉
右心房
右冠状动脉
左心室
右心室
马心（右侧）
主动脉
奇静脉
动脉韧带
肺动脉
前腔静脉
肺静脉
左心房
左冠状动脉
右心房
左心室
右心室
马心（左侧）

图 11-1　马心的外形

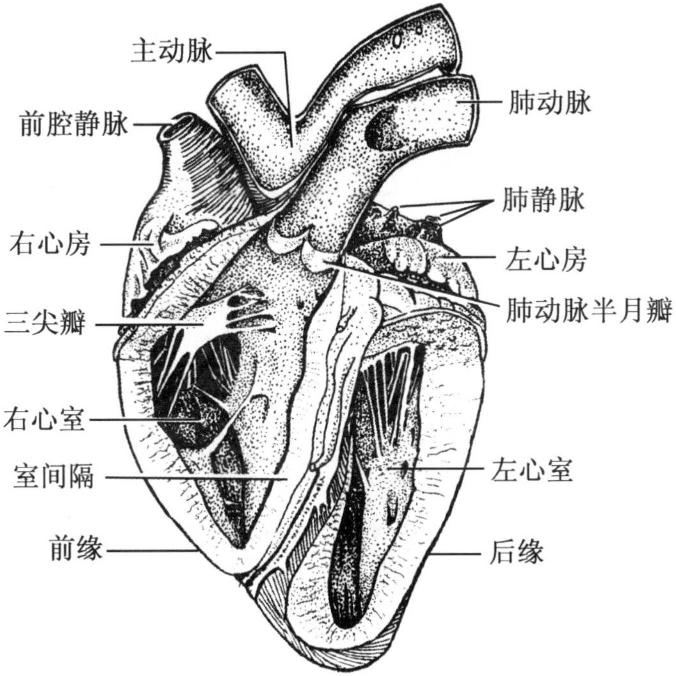

通过肺动脉纵切面（左侧）

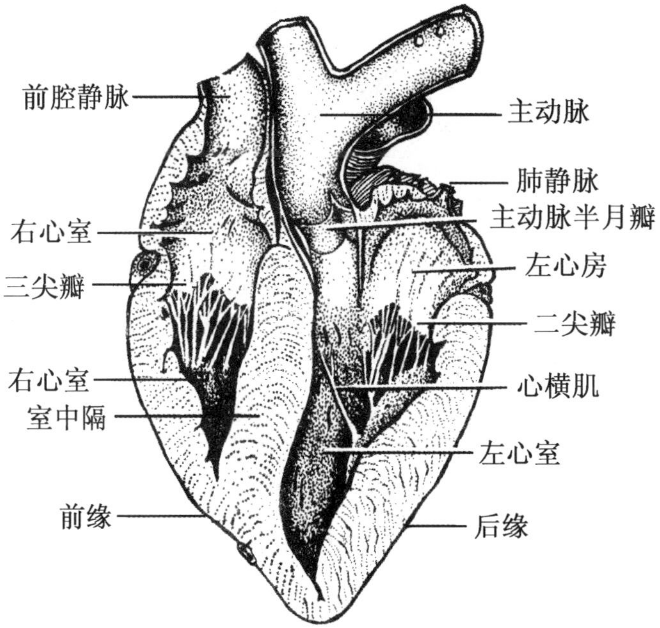

通过主动脉纵切面（左侧）

图 11-2　马心腔的构造(通过肺动脉和主动脉纵切面)

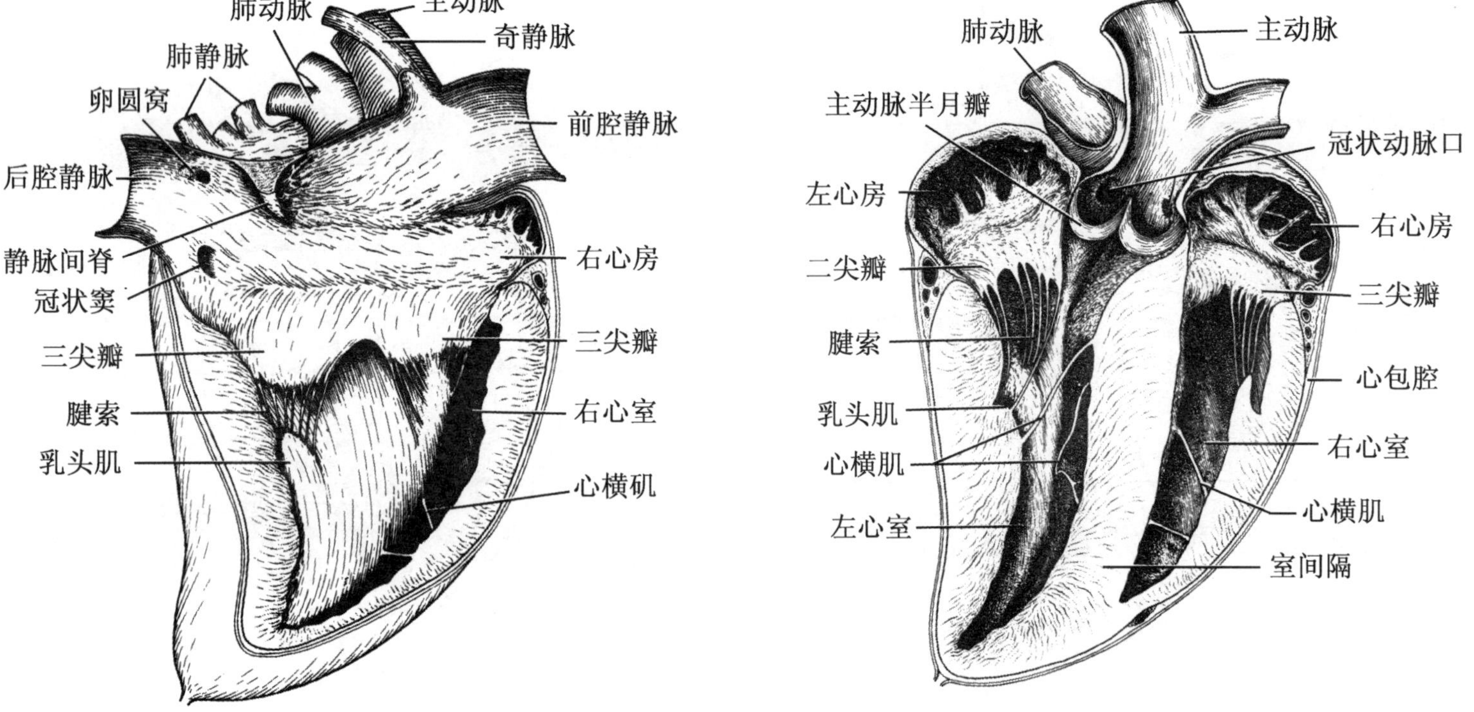

通过前、后腔静脉纵切面（右侧）　　通过主动脉纵切面（右侧）

图 11-3　马心腔的构造(通过前、后腔静脉和主动脉纵切面)

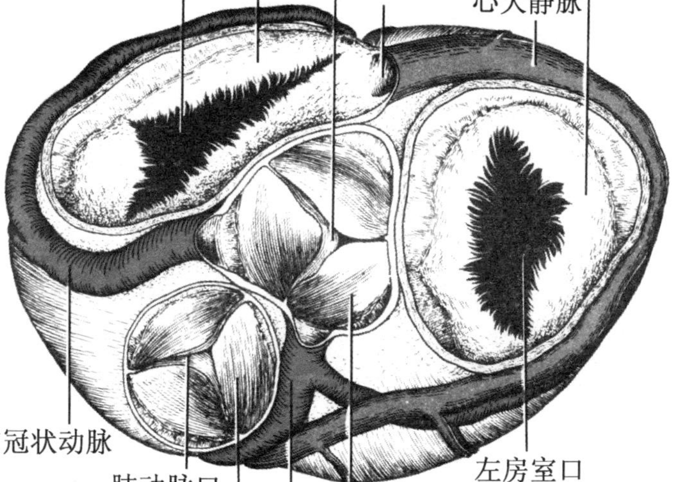

图 11-4　马心基横断面

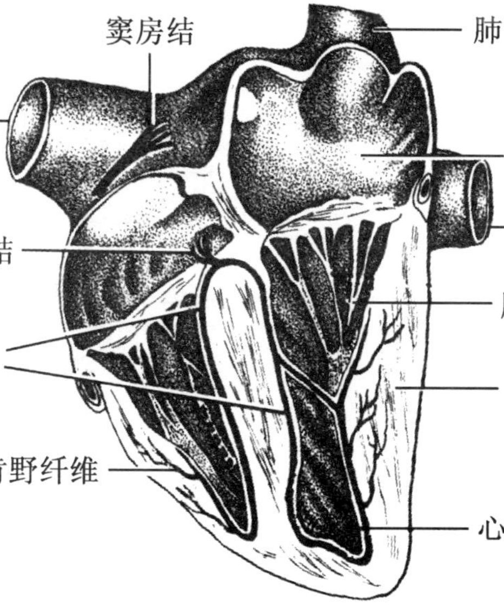

图 11-5　马心传导系统

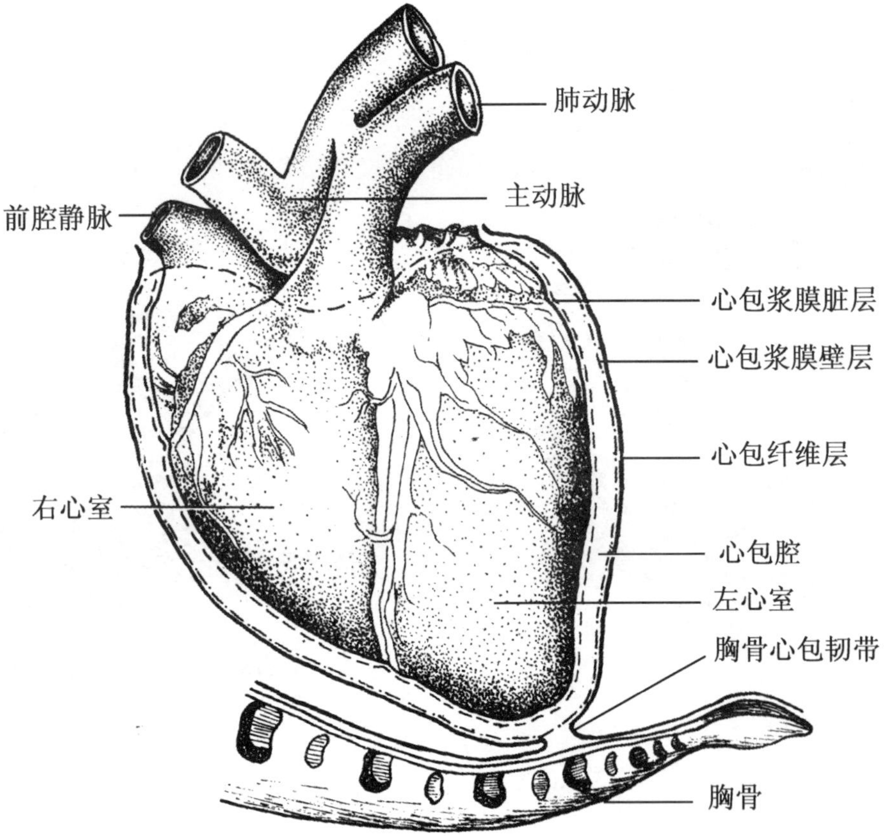

图 11-6　马的心包

实验十二　血　管

【实验目的和要求】

了解全身主要动脉和大静脉的分布。

【实验仪器和材料】

牛、猪和马四肢血管标本，牛、猪和马全身血管标本。

【实验内容和方法】

(一)主动脉

主动脉起于左心室，分为升主动脉、主动脉弓和降主动脉。降主动脉分为胸主动脉和腹主动脉。

1. **升动脉**　在起始部分出左、右冠状动脉，主干移行为主动脉弓。

2. **主动脉弓**　向前分出臂头动脉干，主干移行为降主动脉。

(1)臂头动脉干。分出左锁骨下动脉后，主干移行为臂头动脉。

(2)臂头动脉。分出双颈动脉干后，主干移行为右锁骨下动脉。

(3)双颈动脉干。在胸前口处分为左、右颈总动脉。

(4)颈总动脉。在颈静脉沟深部，在寰枕关节处分出枕动脉、颈内动脉(成年牛退化)，主干移行为颈外动脉。

(5)颈外动脉。分支为颌外动脉，主干延续为颌内动脉。

(6)前肢的动脉。是左、右锁骨下动脉延续，主干分为腋动脉、臂动脉、正中动脉、指掌侧第3总动脉、第3和第4指掌轴侧固有动脉。

3. **降主动脉**

(1)胸主动脉。分支有肋间背侧动脉和支气管食管动脉。

(2)腹主动脉。分支有腹腔动脉、肠系膜前动脉、肾动脉、肠系膜后动脉、睾丸动脉(子宫卵巢动脉)、腰动脉、髂外动脉和髂内动脉。

(3)后肢的动脉。是左、右髂外动脉的延续，主干分为股动脉、腘动脉、胫前动脉、跖背侧第3动脉和趾背侧固有动脉。

图12-1为牛的全身动脉分布，图12-2为马的全身动脉分布，图12-3、图12-4为马胸腔的血管左右侧组织结构，图12-5为马头部和颈部动脉分布，图12-6、图12-7分别为牛左前肢和右后肢动脉分布，图12-8、图12-9为马右前肢和右后肢动脉分布，图12-10为马腹主动脉的分支分布。

(二)主要静脉

1. **前腔静脉**　是汇集头、颈、前肢和部分胸壁静脉血的静脉干。在胸前口处由左、右颈内、外静脉(牛、猪)或左、右颈静脉(马)和左、右锁骨下静脉汇合而成，注入右心房。

2. **后腔静脉**　是汇集腹部、骨盆部、尾部和后肢静脉血的静脉干。由左、右髂外静脉和髂内静脉汇合成左、右髂总静脉。左、右髂总静脉在骨盆腔前口汇合成后腔静脉，前行途中接纳腰静脉、睾丸(卵巢)静脉、肾静脉和肝静脉，向前进入右心房。

3. **门静脉**　是汇集胃、肠、脾和胰静脉血的静脉干。由胃十二指肠静脉、脾静脉、肠系膜前、后静脉汇集而成。

4. **奇静脉**　是汇集胸壁、腹壁和支气管食管静脉血的静脉干。由肋间静脉和支气管食管静脉汇集而成。

图12-11为马门脉循环，图12-12为马的全身静脉分布，图12-13、图12-14分别为马右前肢和右后肢静脉分布。

【思考题】

1. 牛患肾炎，颈静脉注射药物，药物如何到达肾？
2. 猪患支气管炎，口服药物，药物如何到达支气管？

【绘图】

主动脉及主要分支。

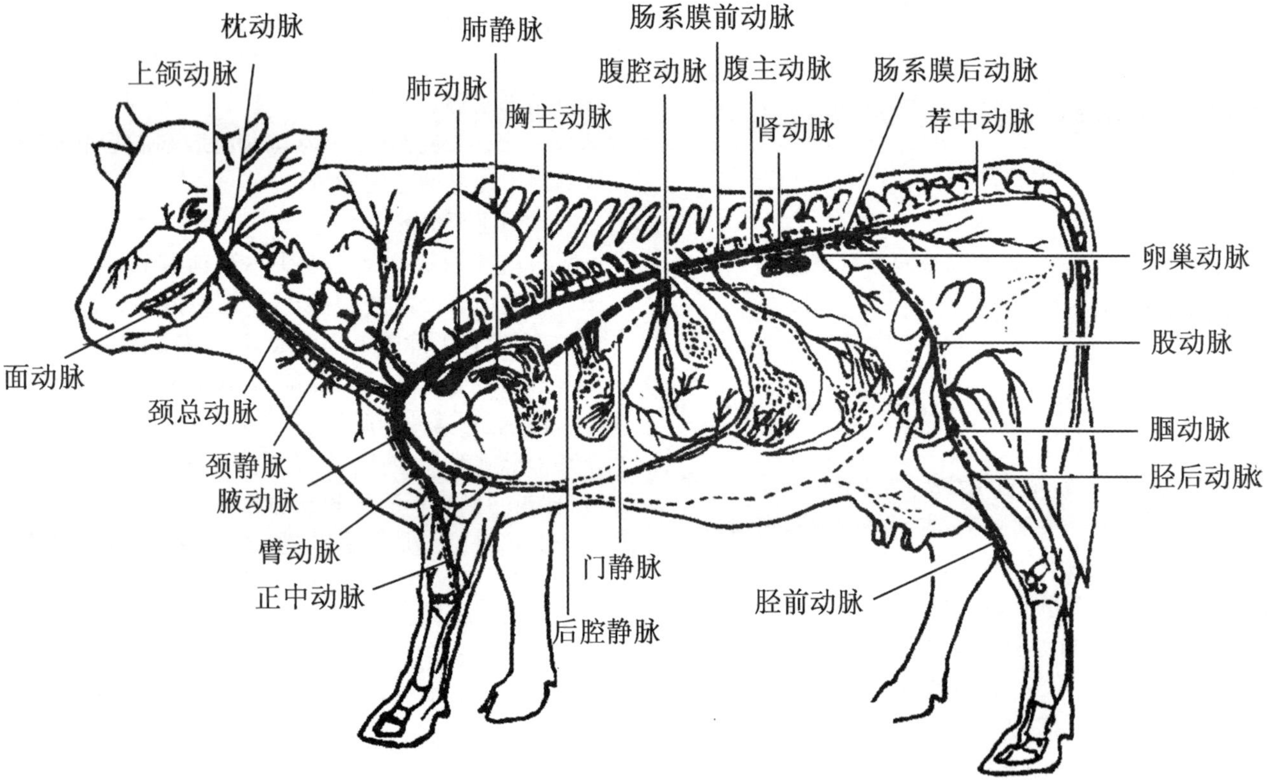
枕动脉
上颌动脉
肺静脉
肺动脉
胸主动脉
肠系膜前动脉
腹腔动脉
腹主动脉
肾动脉
肠系膜后动脉
荐中动脉
卵巢动脉
股动脉
腘动脉
胫后动脉
胫前动脉
面动脉
颈总动脉
颈静脉
腋动脉
臂动脉
正中动脉
门静脉
后腔静脉

图 12-1　牛的全身动脉

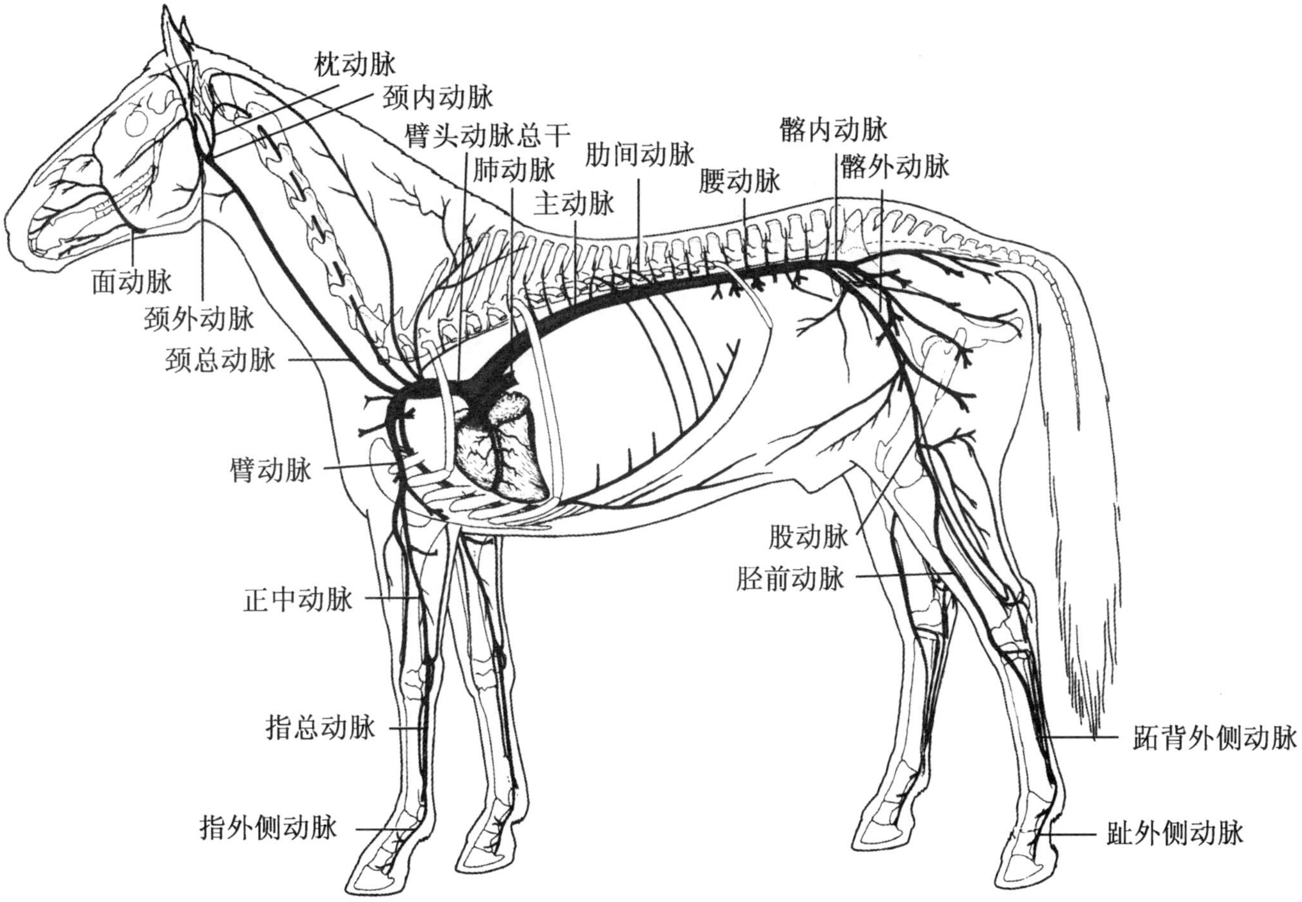
枕动脉
颈内动脉
臂头动脉总干
肺动脉
主动脉
肋间动脉
腰动脉
髂内动脉
髂外动脉
面动脉
颈外动脉
颈总动脉
臂动脉
正中动脉
指总动脉
指外侧动脉
股动脉
胫前动脉
跖背外侧动脉
趾外侧动脉

图 12-2 马的全身动脉

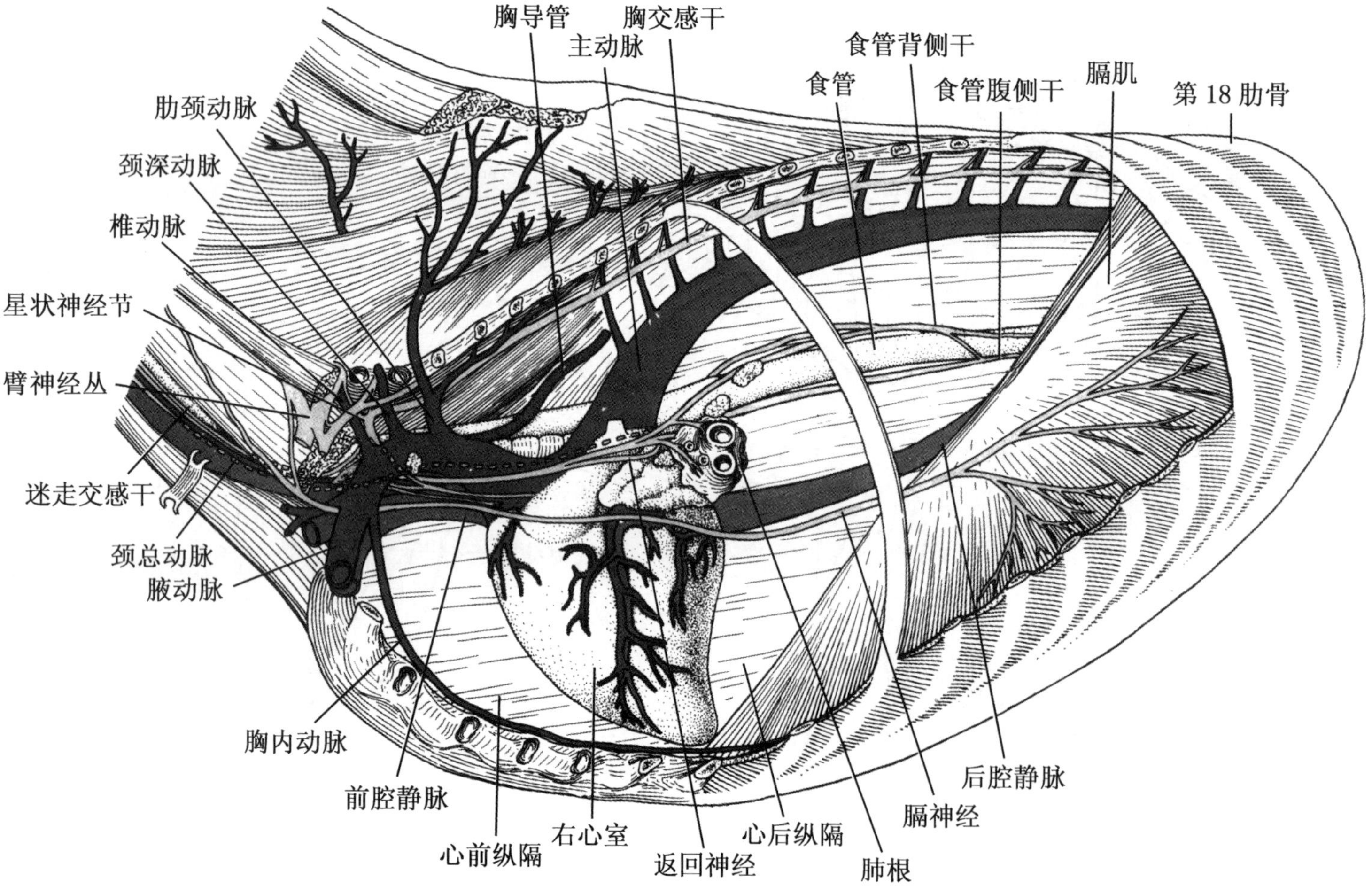

图 12-3 马胸腔的血管(左侧)

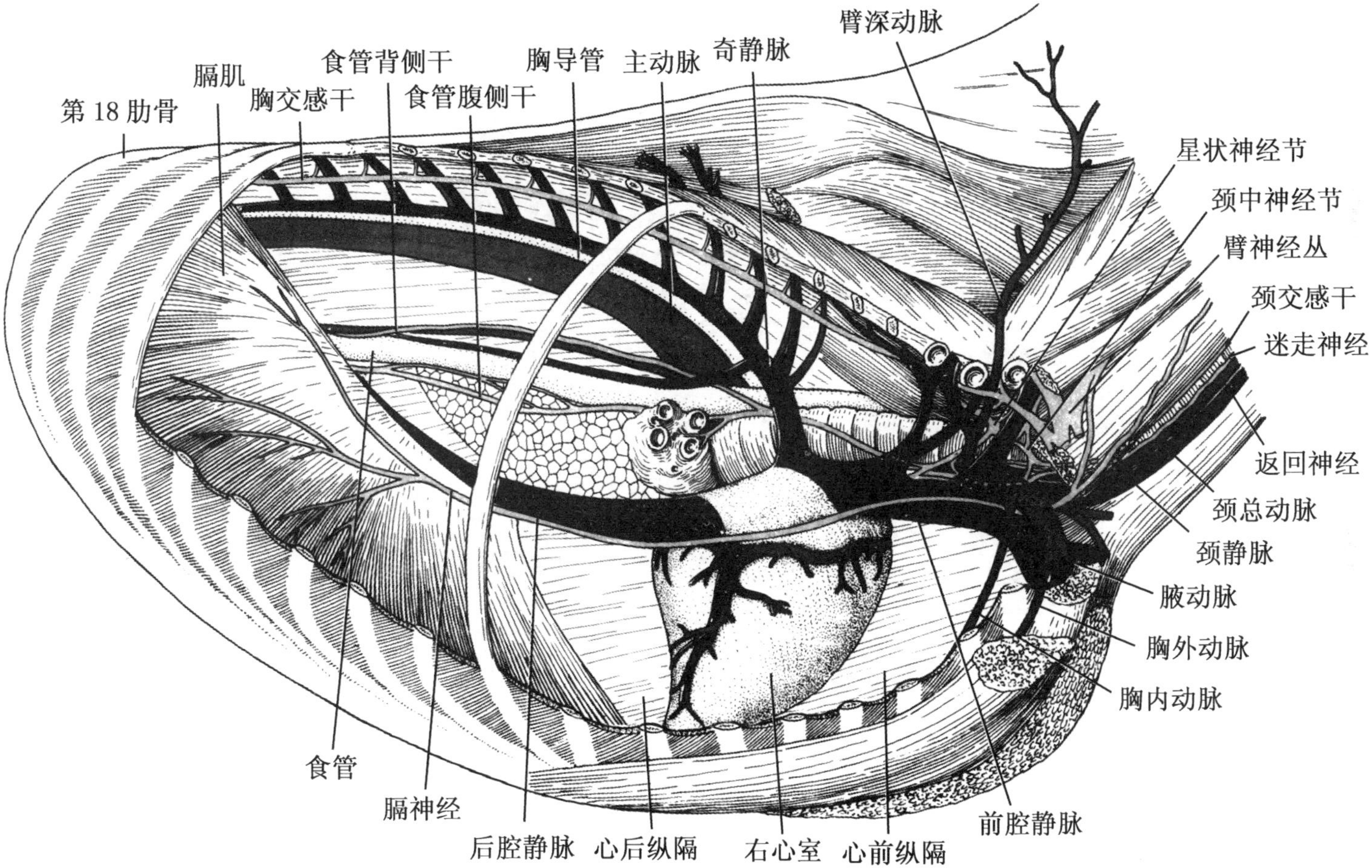

图 12-4　马胸腔的血管(右侧)

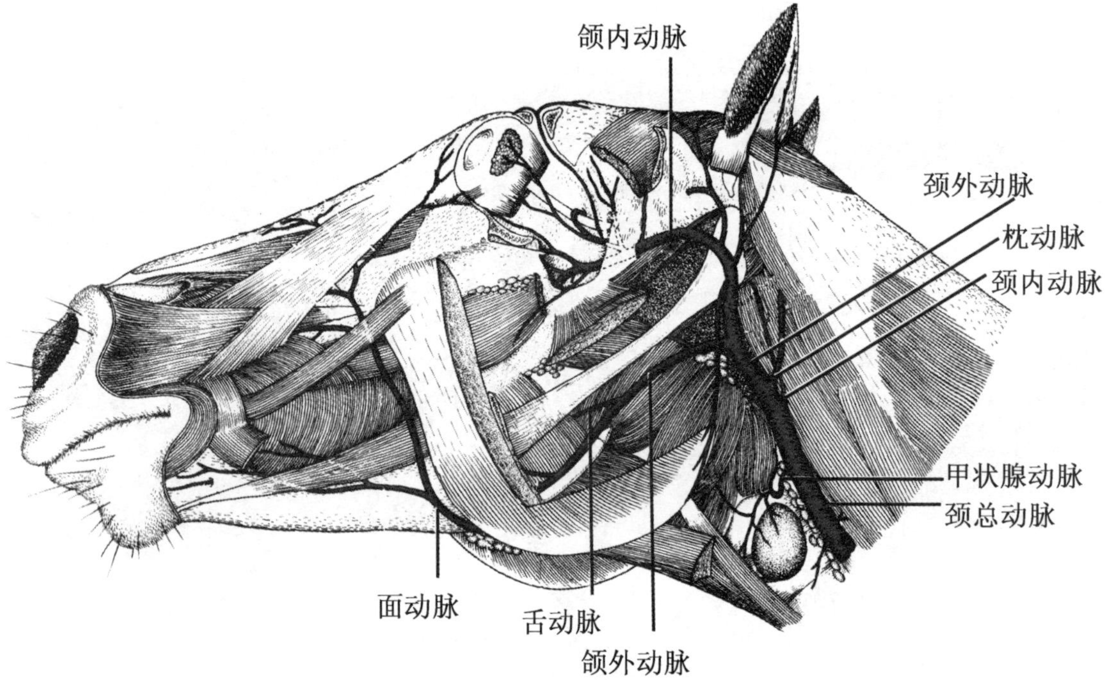

图 12-5　马头部和颈部动脉

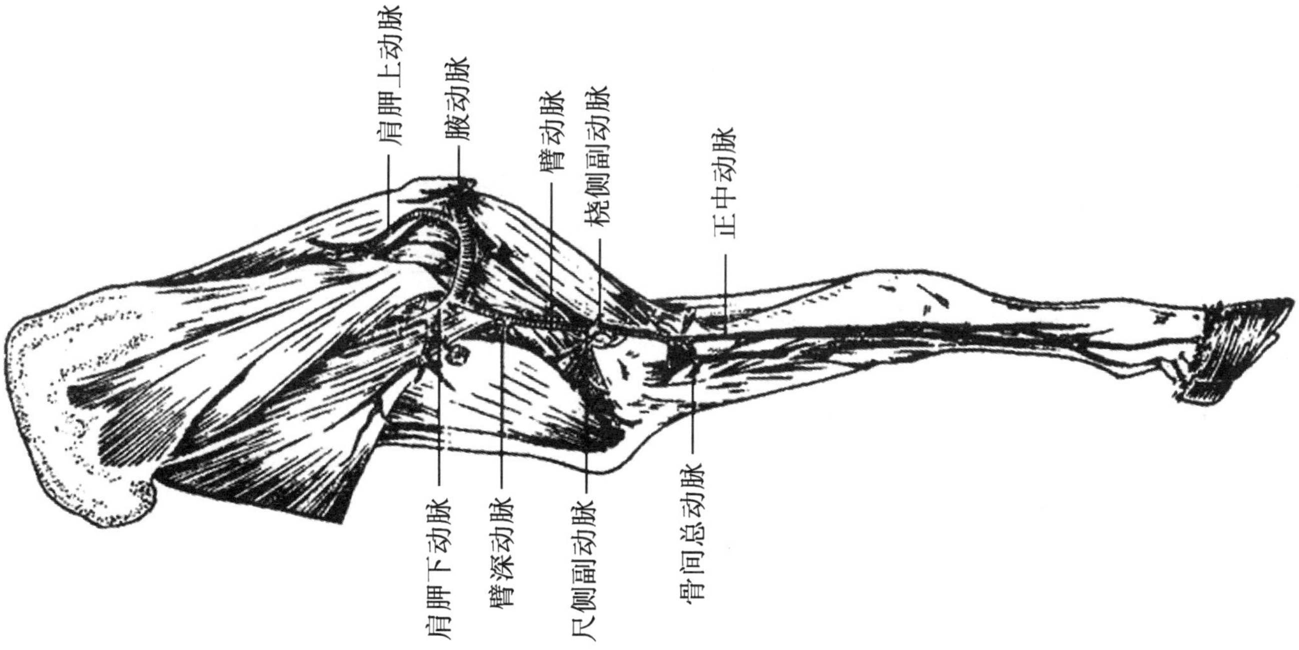

图 12-6 牛左前肢动脉

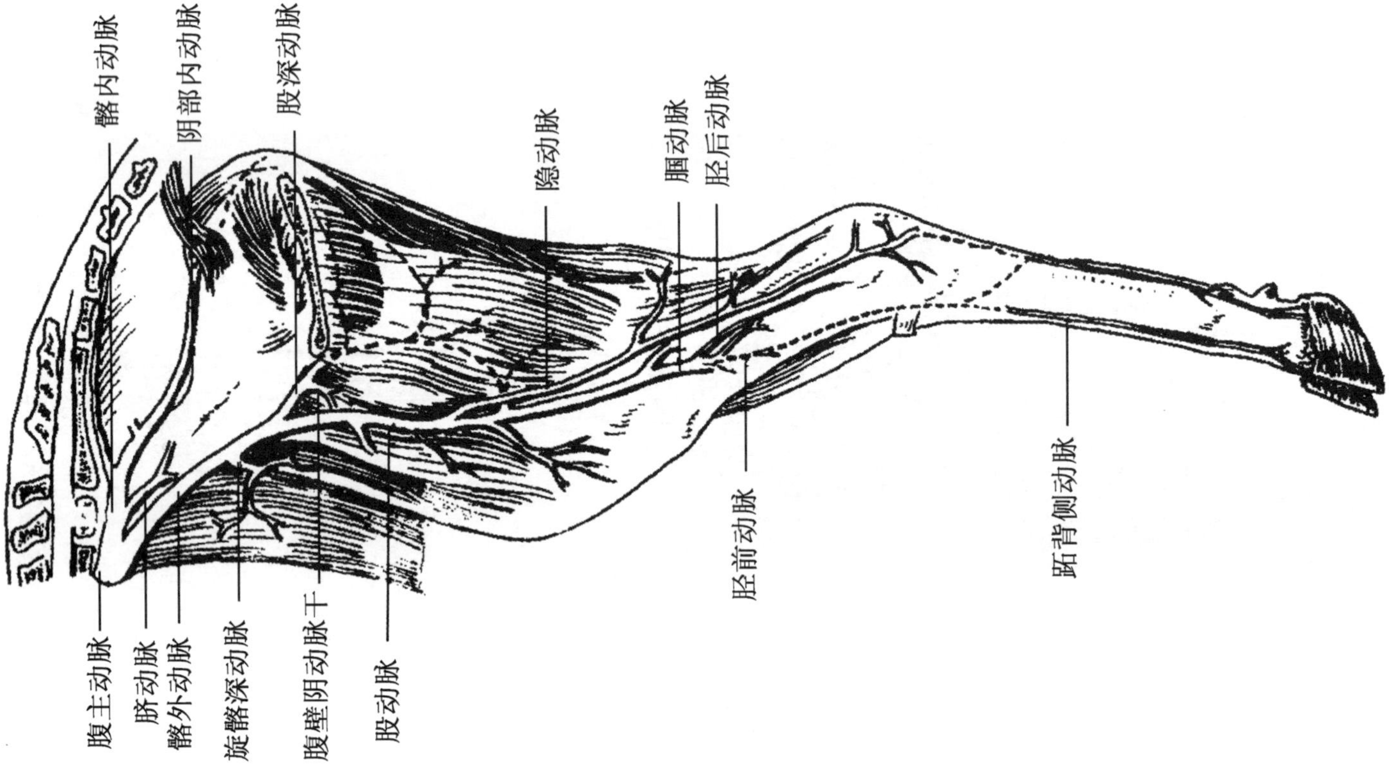
髂内动脉
阴部内动脉
股深动脉
隐动脉
腘动脉
胫后动脉
腹主动脉
脐动脉
髂外动脉
旋髂深动脉
腹壁阴动脉干
股动脉
胫前动脉
跖背侧动脉

图 12-7 牛右后肢动脉

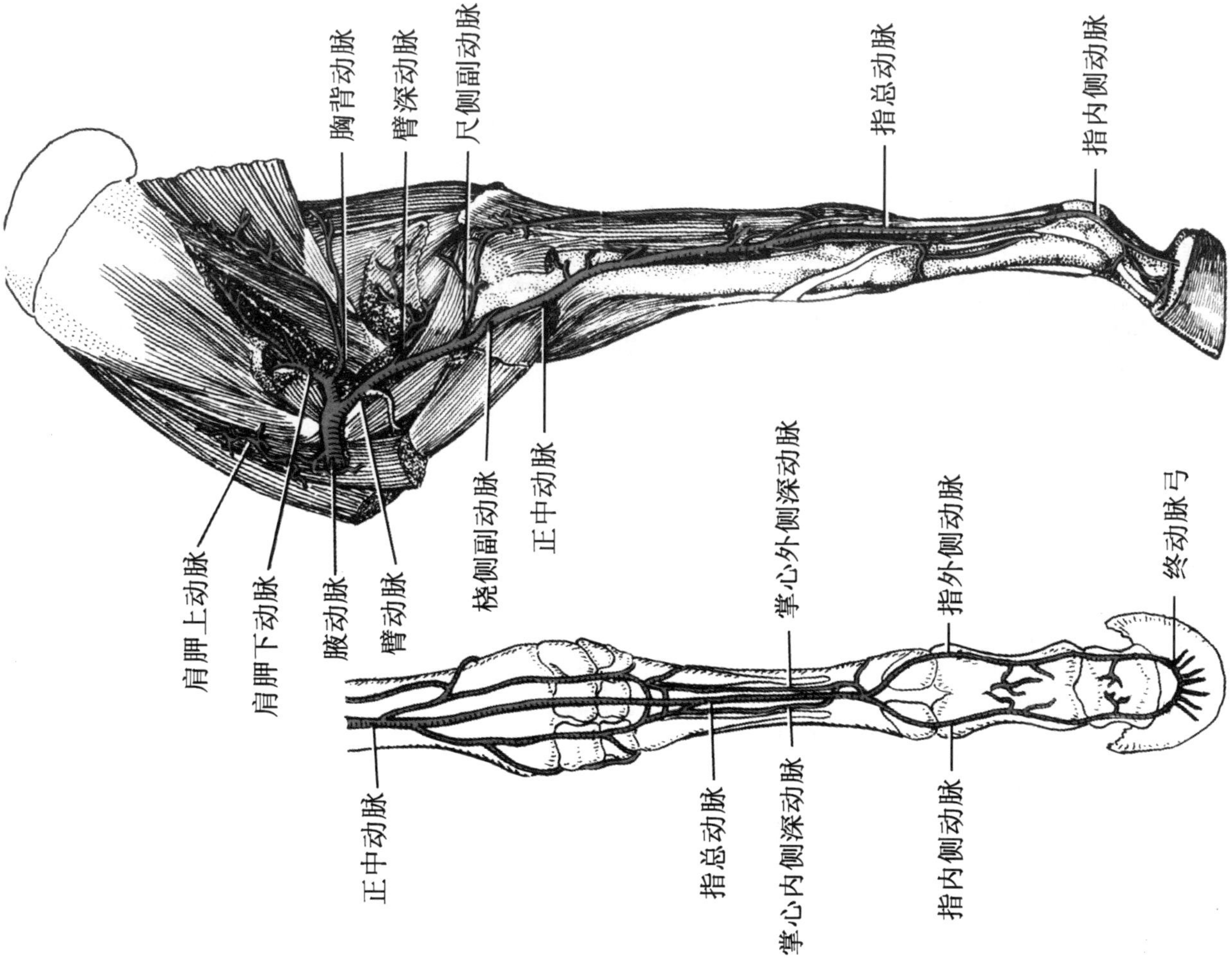
胸背动脉
臂深动脉
尺侧副动脉
指总动脉
指内侧动脉
肩胛上动脉
肩胛下动脉
腋动脉
臂动脉
桡侧副动脉
正中动脉
掌心外侧深动脉
指外侧动脉
终动脉弓
正中动脉
指总动脉
掌心内侧深动脉
指内侧动脉

图 12-8 马右前肢动脉

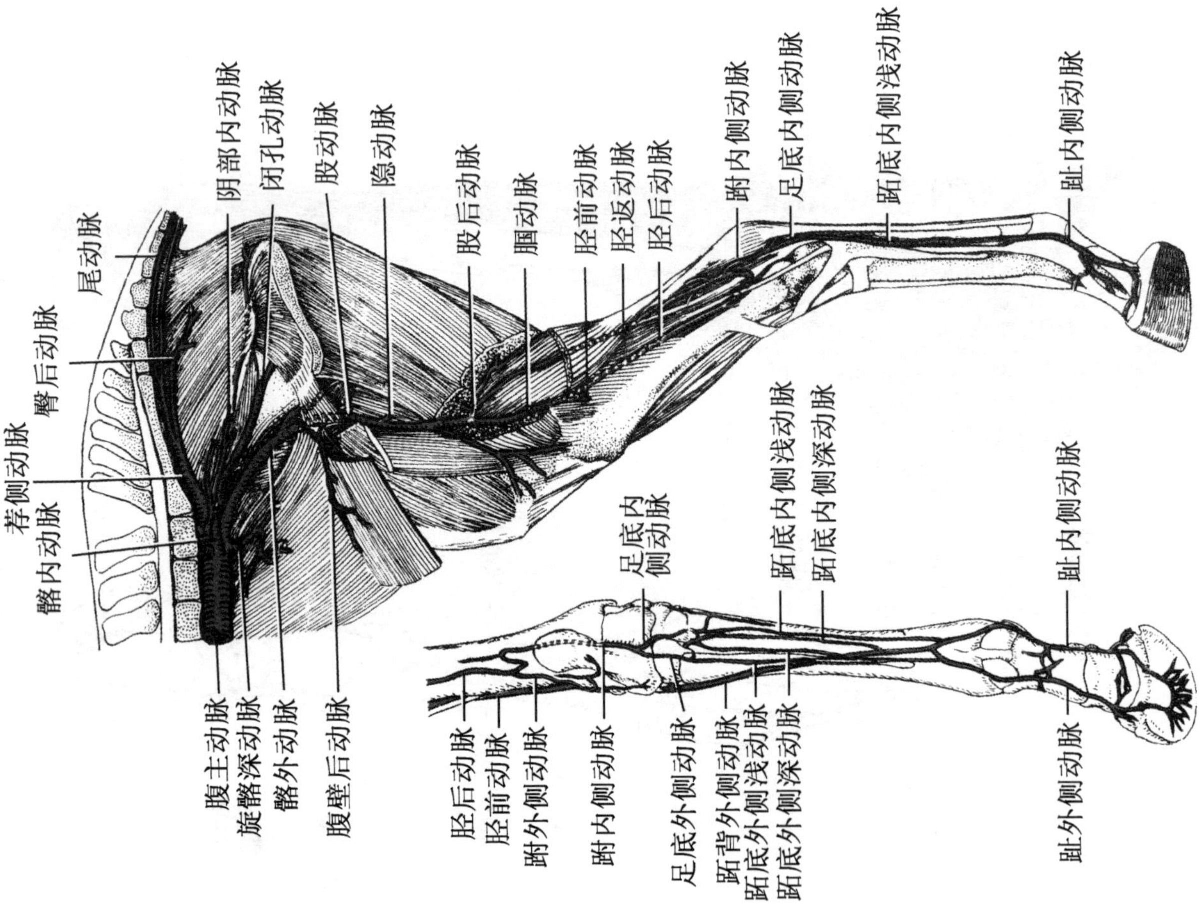
尾动脉
臀后动脉
荐侧动脉
髂内动脉
阴部内动脉
闭孔动脉
股动脉
隐动脉
股后动脉
腘动脉
胫前动脉
胫返动脉
胫后动脉
跗内侧动脉
足底内侧动脉
跖底内侧浅动脉
趾内侧动脉
腹主动脉
旋髂深动脉
髂外动脉
腹壁后动脉
足底内侧动脉
跖底内侧浅动脉
跖底内侧深动脉
趾内侧动脉
胫后动脉
胫前动脉
跗外侧动脉
跗内侧动脉
足底外侧动脉
跖背外侧动脉
跖底外侧浅动脉
跖底外侧深动脉
趾外侧动脉

图 12-9 马右后肢动脉

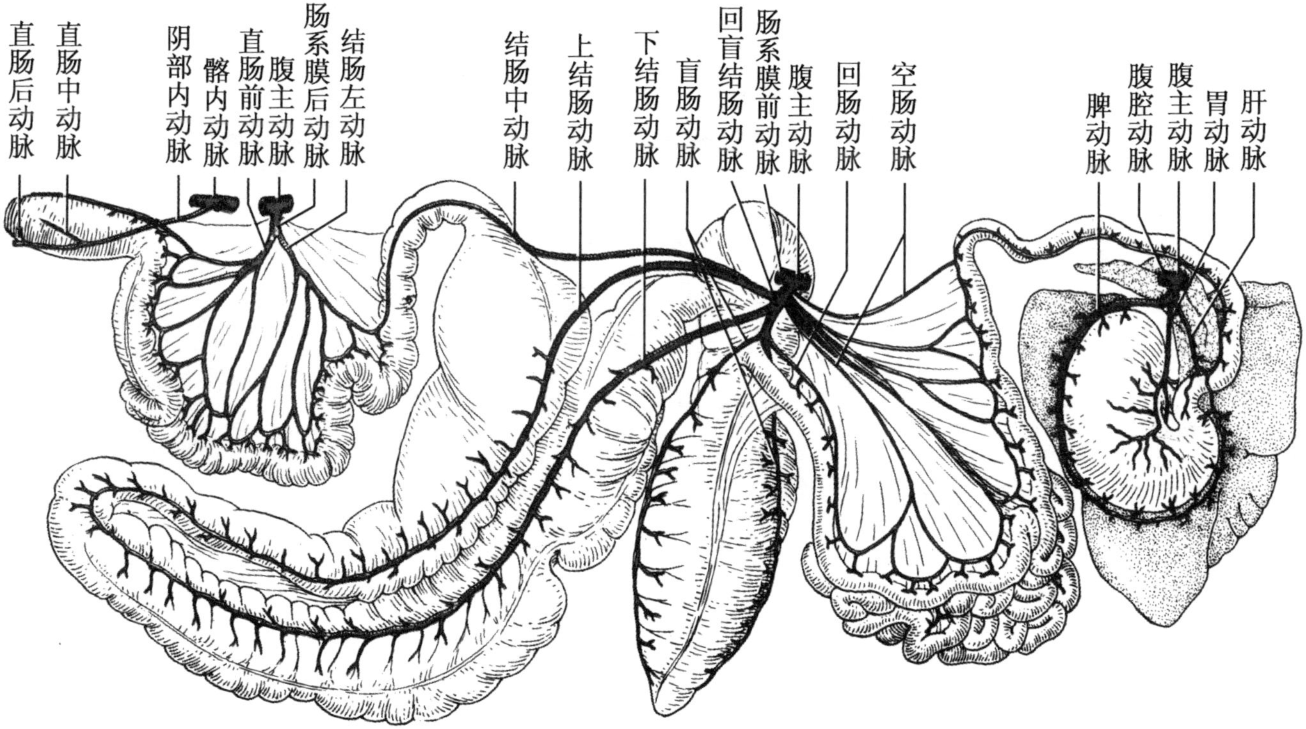

图 12-10　马腹主动脉的分支

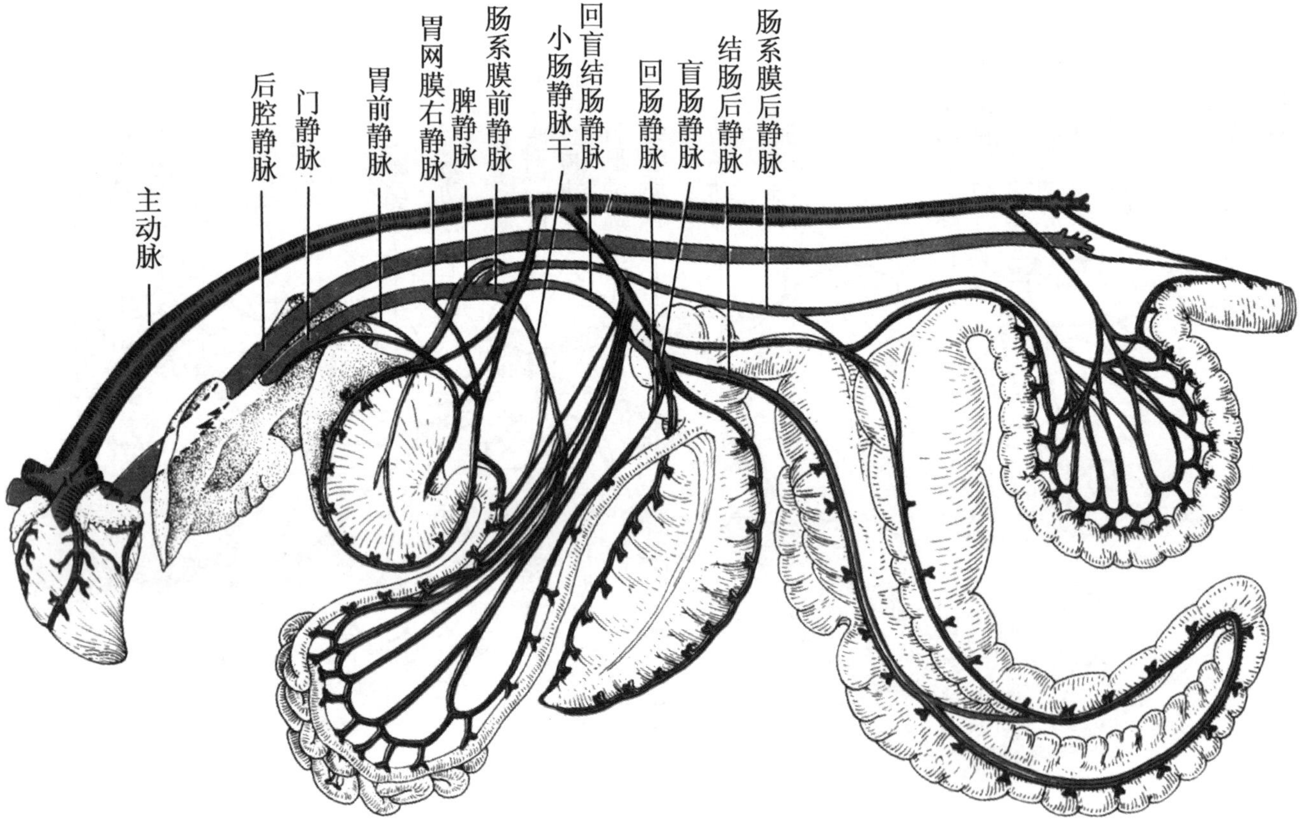
主动脉
后腔静脉
门静脉
胃前静脉
胃网膜右静脉
脾静脉
肠系膜前静脉
小肠静脉干
回盲结肠静脉
回肠静脉
盲肠静脉
结肠后静脉
肠系膜后静脉

图 12-11 马门脉循环

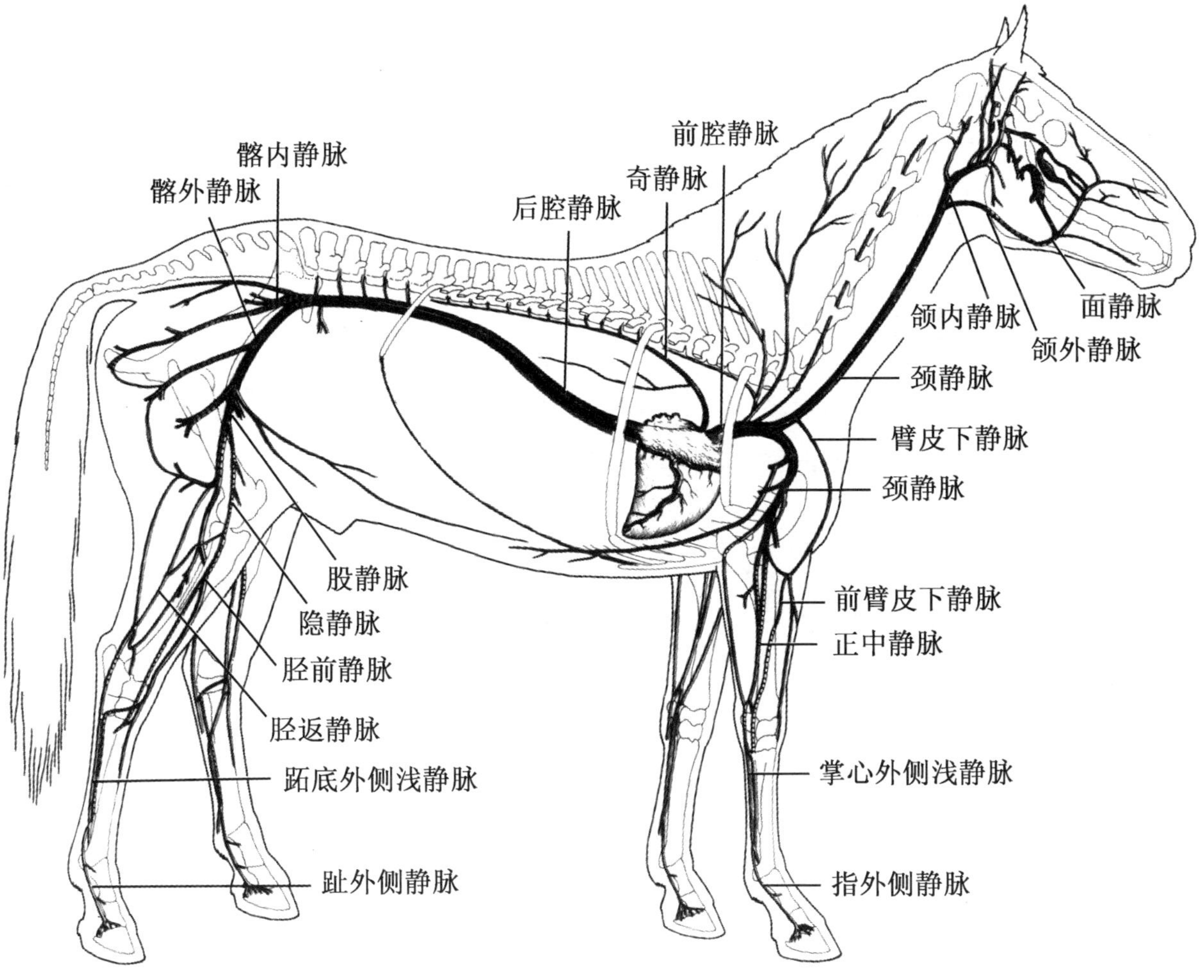

图 12-12 马的全身静脉

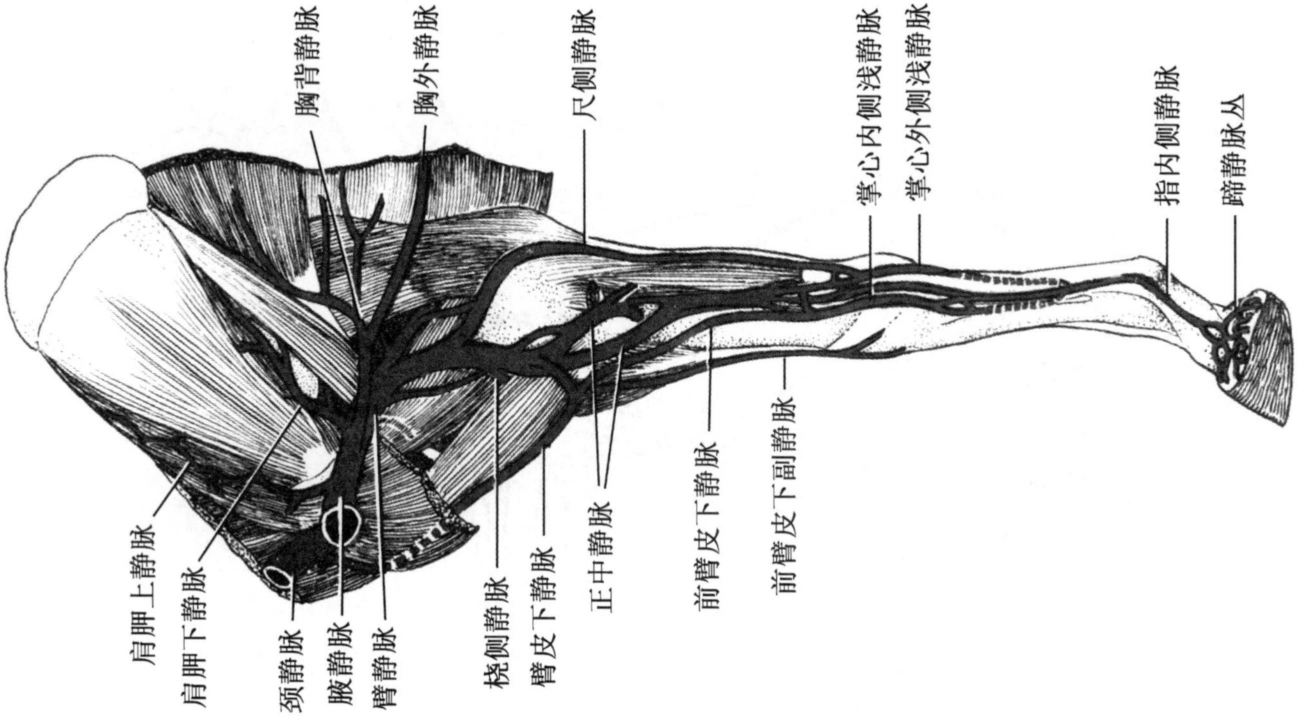

图 12-13 马右前肢静脉

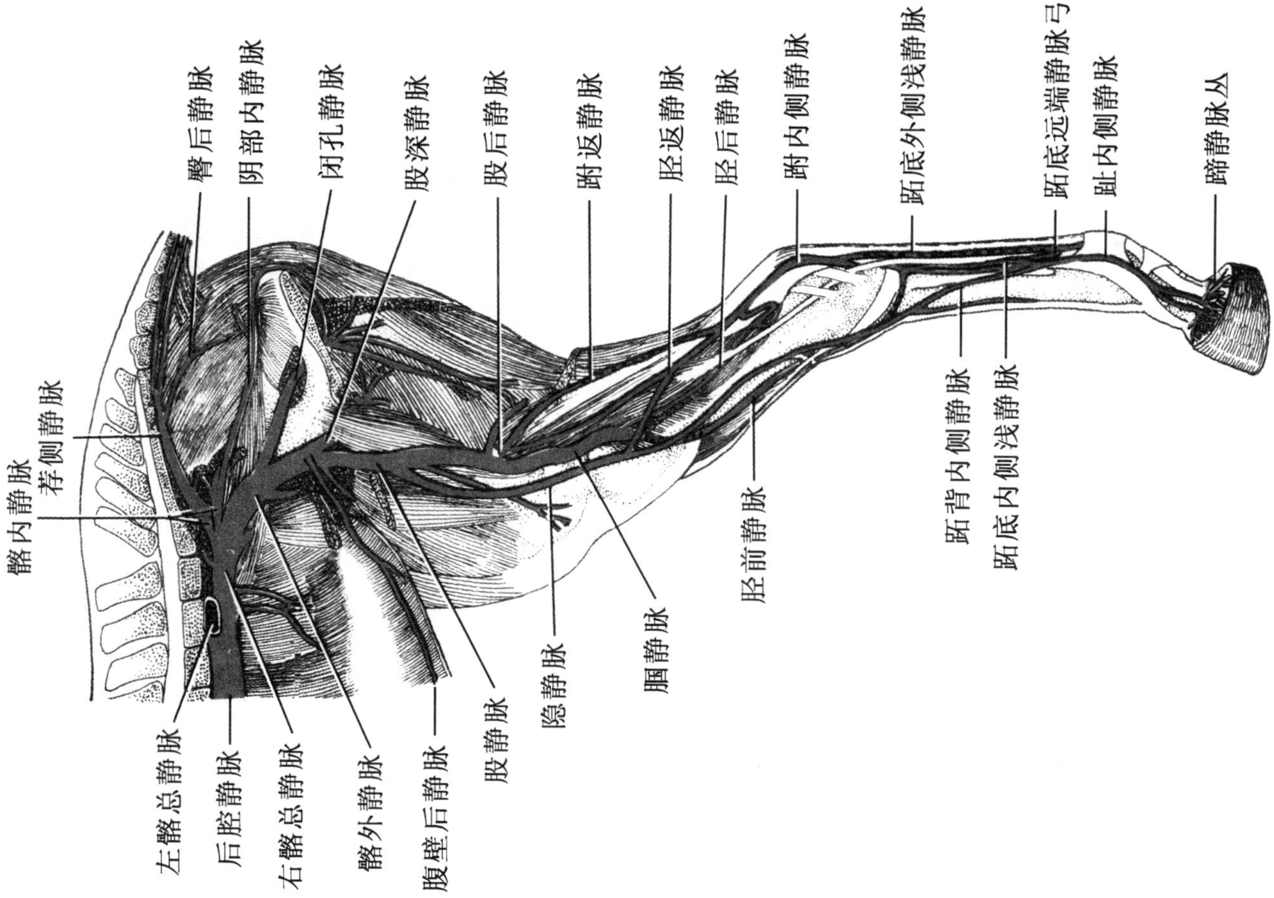

图 12-14　马右后肢静脉

实验十三　淋 巴 器 官

【实验目的和要求】

了解胸腺的位置和形态,掌握牛、羊、猪和马脾的形态,掌握家畜主要浅在淋巴结和深层淋巴结的名称和位置。

【实验仪器和材料】

牛胸腺标本,牛、羊、猪和马的脾标本,牛、猪和马全身淋巴结标本,猪内脏淋巴结标本。

【实验内容和方法】

(一)胸腺

胸腺位于胸腔前部纵隔内及颈部气管的两侧,分颈、胸两部。胸腺开始退化的年龄在不同动物分别为:牛 4～5 岁,羊 1～2 岁,猪 1 岁,马 2～3 岁。图 13-1 为犊牛的胸腺分布。

(二)淋巴结

1.浅在的主要淋巴结

(1)下颌淋巴结。位于下颌间隙内。牛位于血管切迹的后方;猪位于下颌骨的后缘,颌下腺的前方;马位于血管切迹相对处。

(2)颈浅淋巴结。又称肩前淋巴结。牛位于肩关节前方,肩胛横突肌的深面;猪的颈浅背侧淋巴结相当于其家畜的颈浅淋巴结,位于肩关节前上方,被颈斜方肌和肩胛横突肌所覆盖;马位于肩关节前方,大部分被臂头肌覆盖。

(3)股前淋巴结。又称膝上淋巴结,位于膝关节的前上方、阔筋膜张肌前缘膝褶中。

(4)腹股沟浅淋巴结。位于腹底壁皮下,大腿内侧,腹股沟管皮下环附近。公畜在阴茎背侧的精索后上方,称阴茎背侧淋巴结;母畜在乳房基底部后上方两侧,称乳房上淋巴结。母猪的在倒数第二对乳头的外侧。

2.深层的主要淋巴结

(1)髂内侧淋巴结。位于髂外动脉起始部附近。

(2)髂外侧淋巴结。位于旋髂深动脉前、后分叉处附近。

(3)腹股沟深淋巴结。位于股骨上端前内侧,在耻骨肌和缝匠肌之间,股动脉起始部附近。

(4)腘淋巴结。位于膝关节后方,臀股二头肌与半腱肌之间,腓肠肌外侧头近端的表面脂肪内。

图 13-2、图 13-3、图 13-4 分别为牛、猪、马的浅在淋巴结分布,图 13-5 为马的全身淋巴结分布,图 13-6 为猪的内脏淋巴结分布。

(三)脾

1.牛脾　呈长而扁的椭圆形,蓝紫色,质比较硬。

2.羊脾　扁平略呈钝三角形,紫红色,质地较软。

3.猪脾　长而狭窄,呈紫红色,质地较软。

4.马脾　呈扁平镰刀状,上宽下窄,蓝红色或铁青色。

图 13-7 为牛、羊、猪和马的脾结构。

【思考题】

猪屠宰后检疫,检查的浅在主要淋巴结有哪些,位置如何?

【绘图】

猪的浅在主要淋巴结。

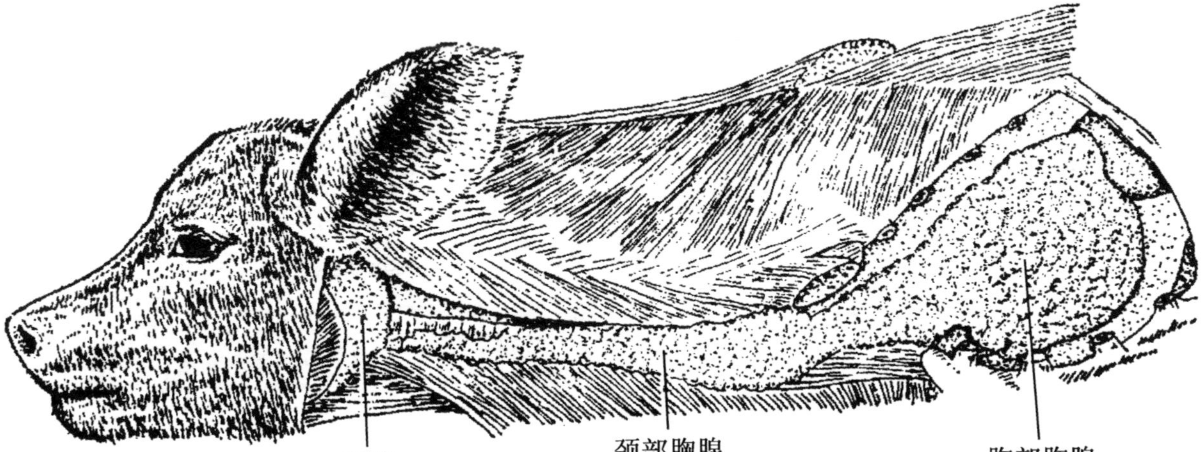

图 13-1　犊牛的胸腺

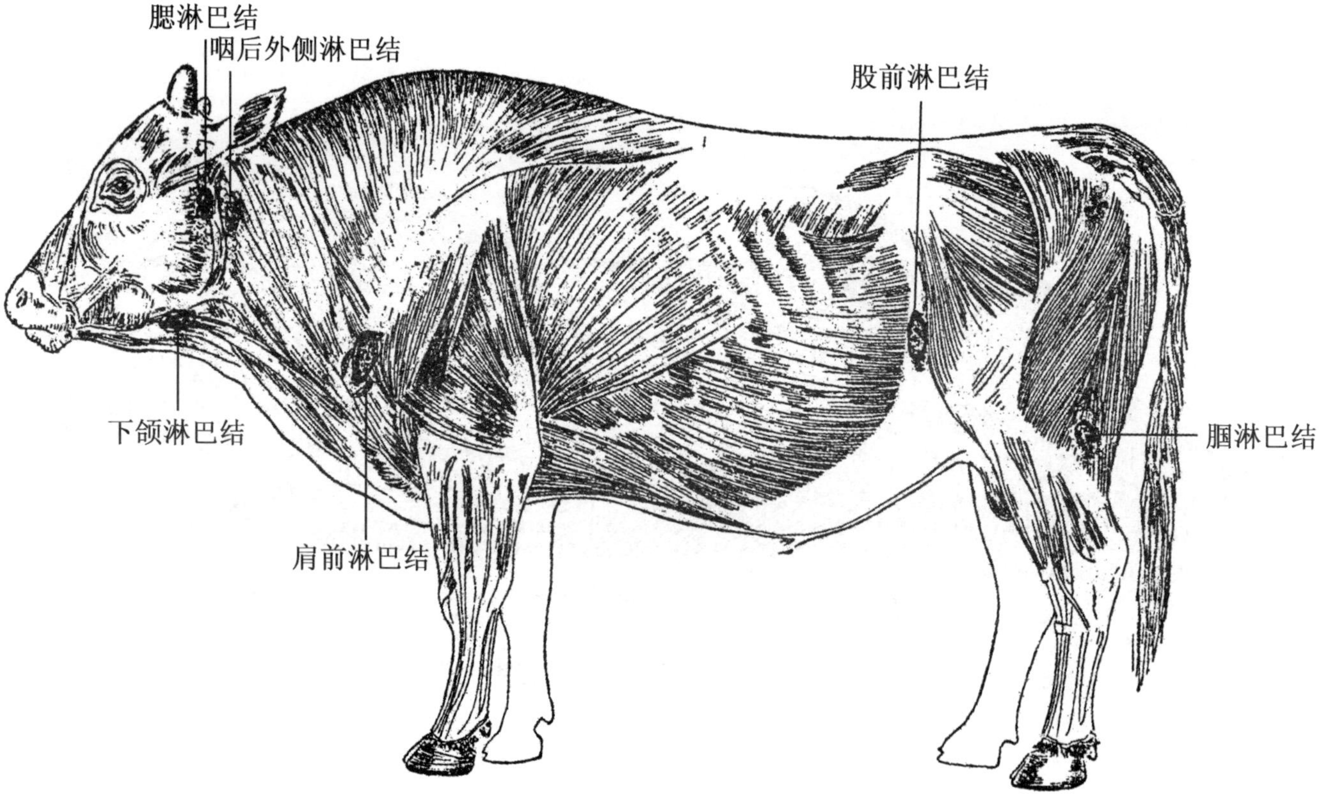

图 13-2　牛的浅在淋巴结

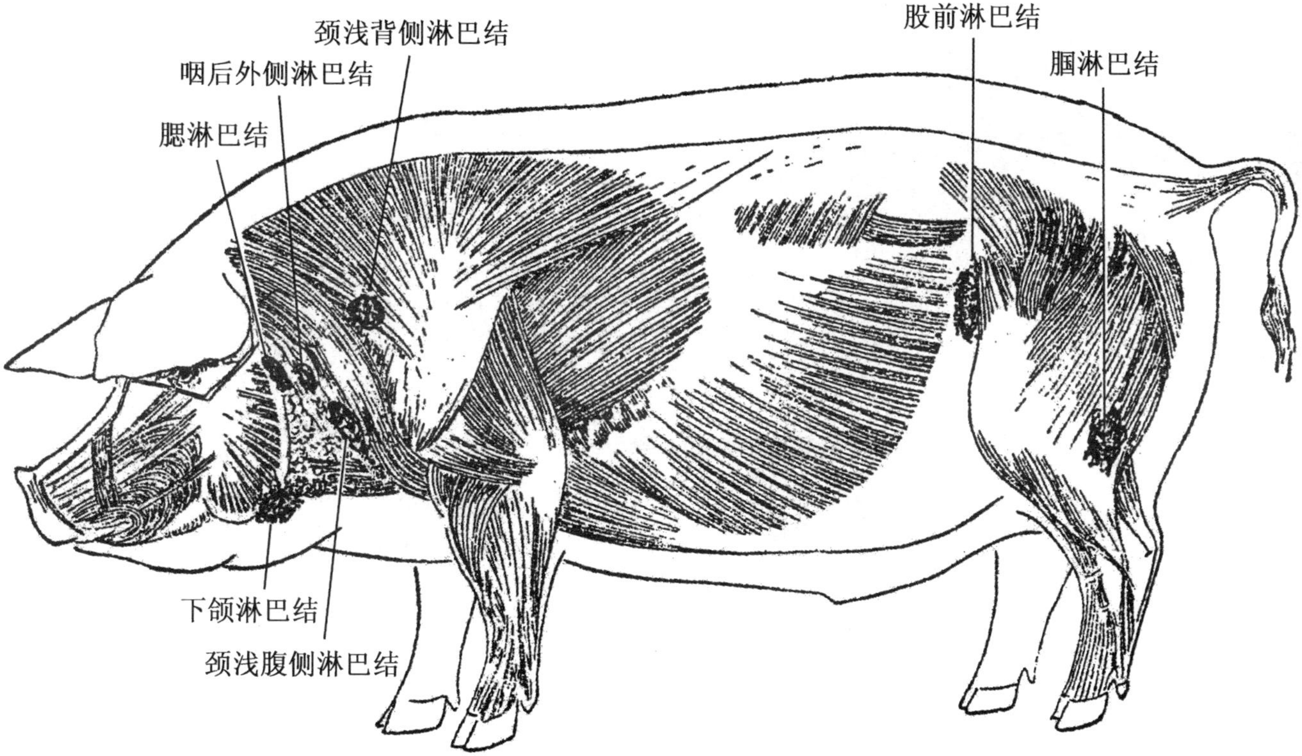

图 13-3　猪的浅在淋巴结

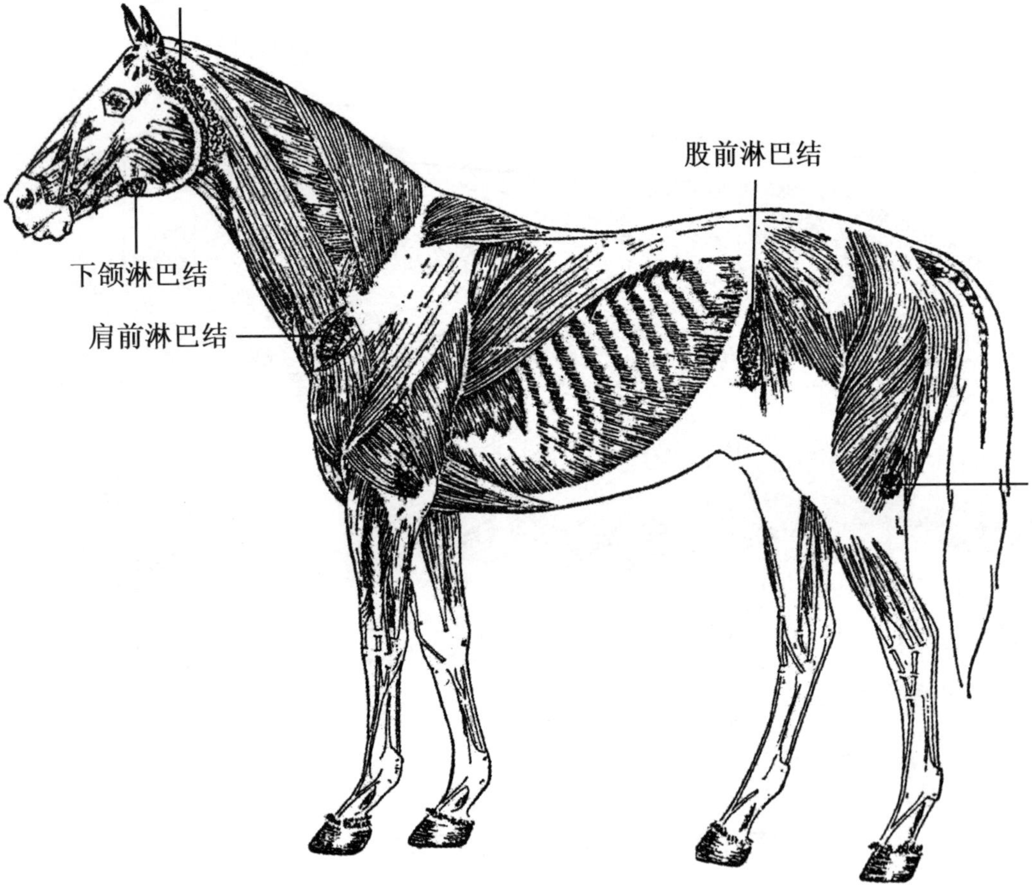

图 13-4　马的浅在淋巴结

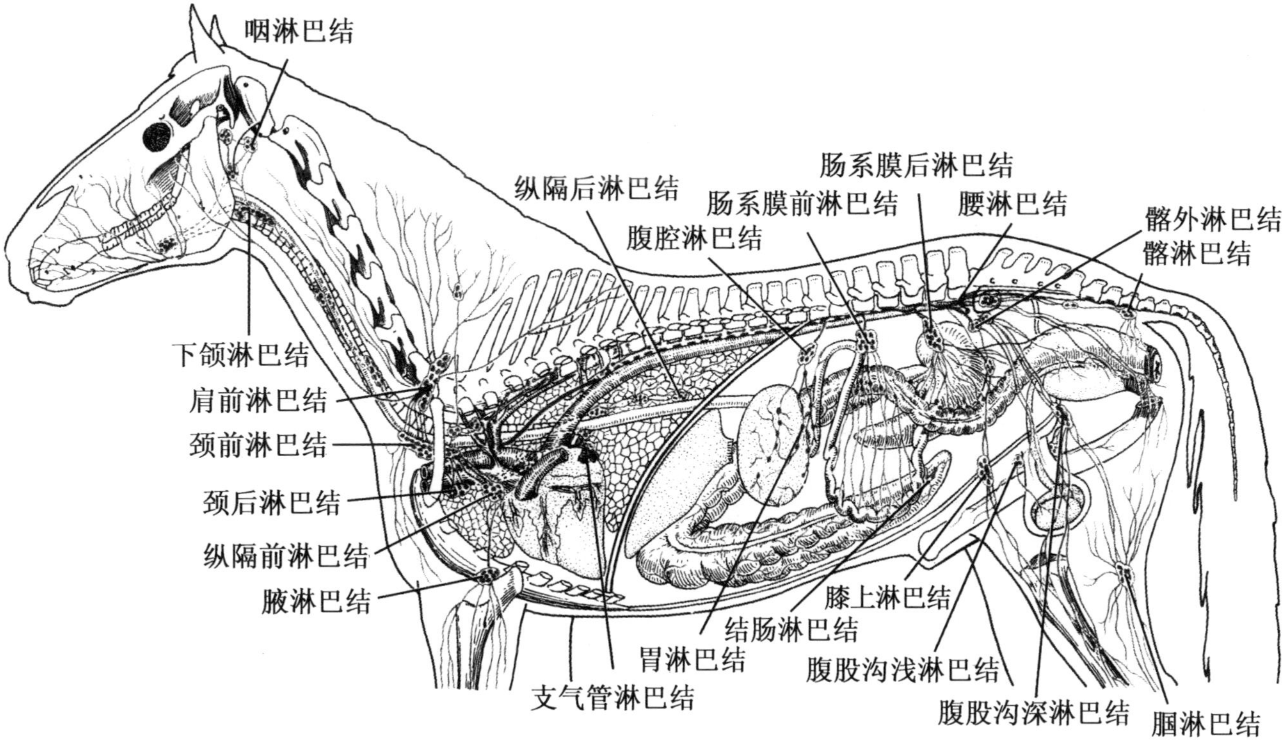

图 13-5　马的全身淋巴结

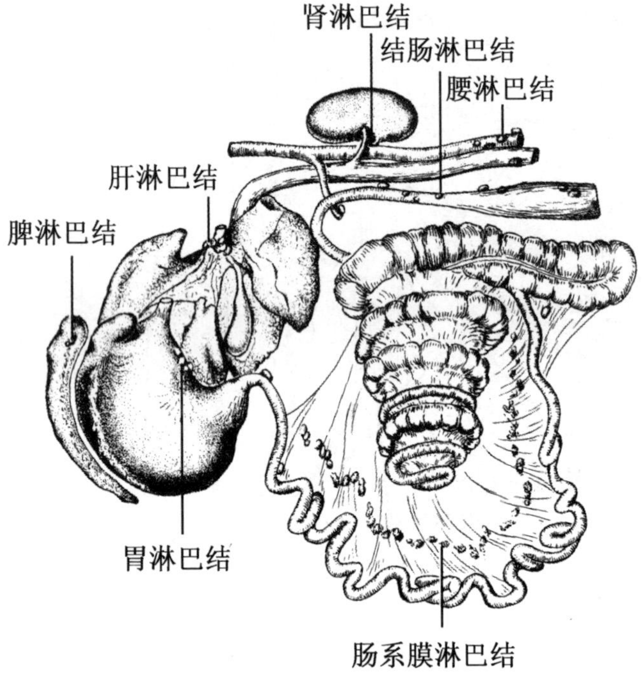

图 13-6　猪的内脏淋巴结

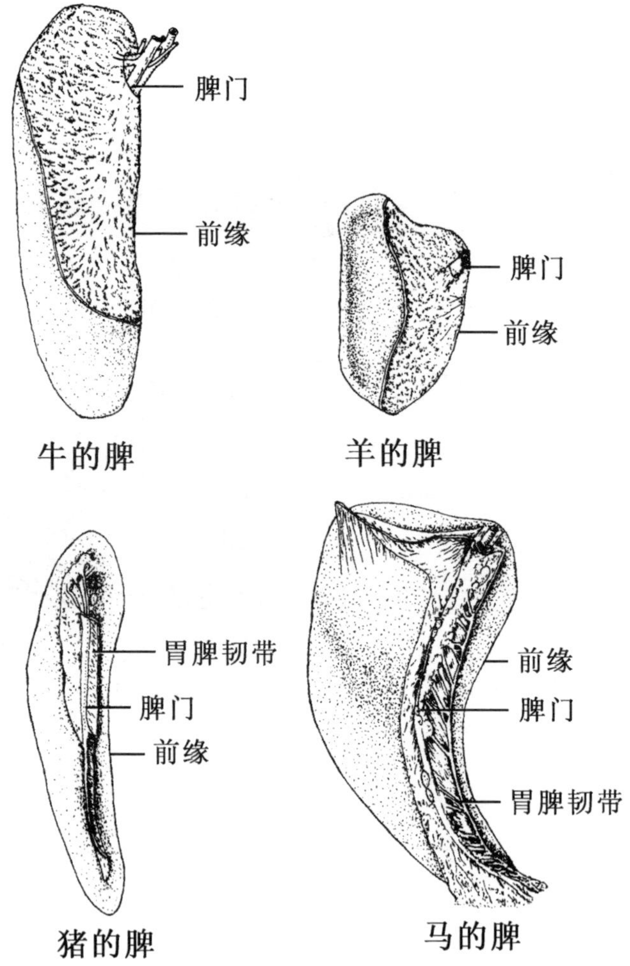

图 13-7　脾

实验十四　脑和脊髓

【实验目的和要求】

掌握脑和脊髓的位置、形态和构造。

【实验仪器和材料】

脑和脊髓的标本和模型。

【实验内容和方法】

一、脊髓

(一)脊髓的位置和形态

1. **位置**　脊髓位于椎管内，前端在枕骨大孔处与延髓相连，后端达荐骨中部。

2. **形态**　呈背腹略扁的圆柱形，按所在部位分为颈、胸、腰和荐部4段。形成颈膨大、腰膨大和脊髓圆锥。有终丝和马尾。脊髓表面有背正中沟和腹正中裂。

(二)脊髓的构造

脊髓分为被膜和实质。

1. **被膜**　分为硬膜、蛛网膜和软膜。形成硬膜外腔，硬膜下腔和蛛网膜下腔。

2. **实质**　由灰质和白质构成。

(1)灰质。在中央，横断面呈“蝴蝶”形，由神经元胞体及其树突和外来轴突终末构成。有灰质联合，脊髓中央管。分为背侧角、侧角和腹侧角，背侧角是感觉神经元所在地；侧角是植物性神经元所在地；腹侧角是运动神经元所在地。

(2)白质。在外周，主要由纵行的神经纤维束组成，有白质连合。分为背侧索、侧索和腹侧索。

(3)脊神经根。脊髓与脊神经的背侧根(或感觉根)和腹侧根(或运动根)相连。背侧根有脊神经节。背侧根和腹侧根在椎间孔附近合并为脊神经。

图14-1为脊髓的构造。

二、脑

(一)大脑

大脑或称端脑，位于脑干前方，后端以大脑横裂与小脑分开，背侧被大脑纵裂分为左、右两个大脑半球，大脑纵裂底部有胼胝体将两半球联系在一起。每侧大脑半球包括大脑皮质、白质、嗅脑、基底核和侧脑室。

1. **大脑皮质**　有脑沟和脑回。大脑皮质可分为5个叶，额叶是运动区；枕叶是视觉区；顶叶是一般感觉区；颞叶是听觉区；边缘叶与内脏活动有关。

2. **白质**　大脑皮质的深面是白质，由大量的神经纤维构成。

3. **嗅脑**　包括嗅球、嗅束、嗅三角、梨状叶和海马等。

4. **基底核**　主要包括尾状核和豆状核等。尾状核、内囊和豆状核在横切面上呈灰白质相间的条纹状，称纹状体。

5. **侧脑室**　顶壁为胼胝体；底壁称穹隆，有尾状核，脉络丛和海马；两个侧脑室之间为透明中隔。

(二)小脑

小脑分为中间的蚓部和两侧的小脑半球，表面有许多沟和回。小脑的表层为灰质，内部为白质。白质呈树枝状伸向小脑皮质，形成髓树。髓质内有顶核、栓核和齿状核。构成第四脑室顶壁。

(三)脑干

由后向前顺次为延髓、脑桥和中脑。

1.延髓 腹侧面有腹正中裂，正中裂的两侧有锥体。大部分纤维左、右交叉，形成锥体交叉。有第6～12对脑神经根。构成第4脑室底壁的后部。

2.脑桥 腹侧面呈横行的隆起，构成第4脑室底壁的前部。在腹侧有粗大的三叉神经根。

3.中脑 有大脑脚、中脑导水管和四叠体。四叠体分为前丘和后丘。有动眼神经根和滑车神经根。

(四)间脑

间脑分为丘脑和丘脑下部。

1.丘脑 左、右丘脑是1对卵圆形的灰质团块，左、右丘脑的内侧部相连，断面呈圆形，称丘脑中间块，周围的环形间隙称第三脑室。有松果体。

2.丘脑下部 有视交叉、视束、灰结节、漏斗、垂体和乳头体。有视上核和室旁核。

图14-2为马脑的背侧与腹侧组织结构，图14-3为马脑正中矢状面结构，图14-4为马的脑室结构。

【思考题】

1. 大脑皮质如何分叶，各叶作用如何？
2. 脊髓灰质内各部分细胞构成有何不同？

【绘图】

1. 脑背侧。
2. 脊髓横断面。

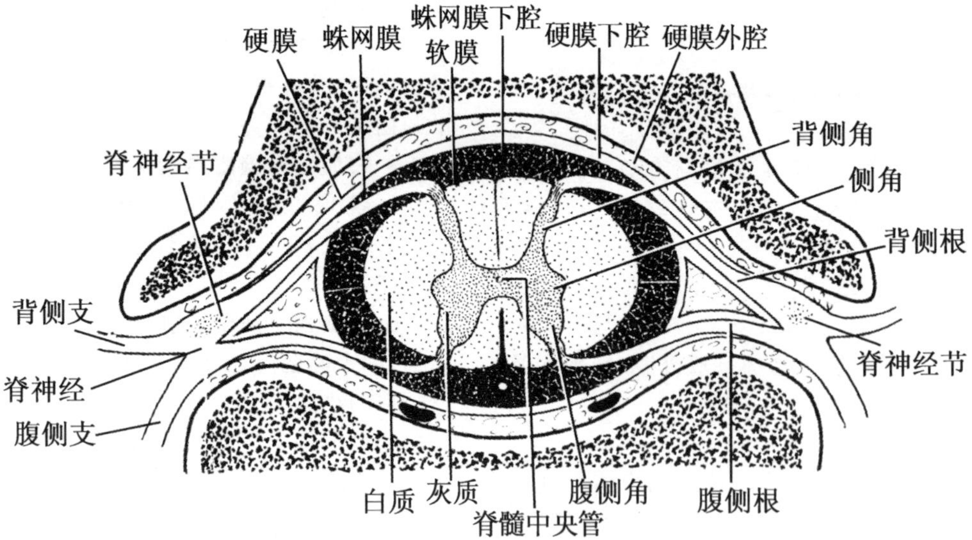

图14-1 脊髓的构造

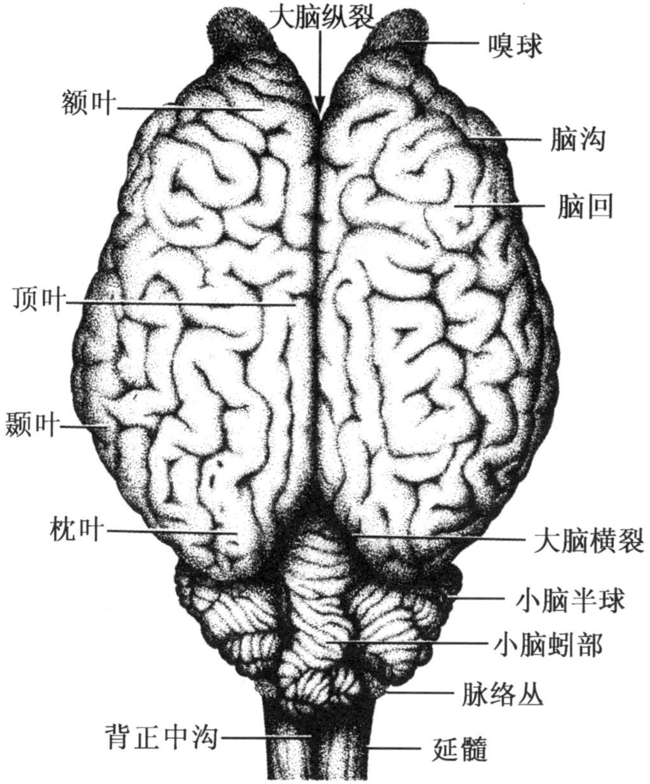
大脑纵裂
嗅球
额叶
脑沟
脑回
顶叶
颞叶
枕叶
大脑横裂
小脑半球
小脑蚓部
脉络丛
背正中沟
延髓
背侧

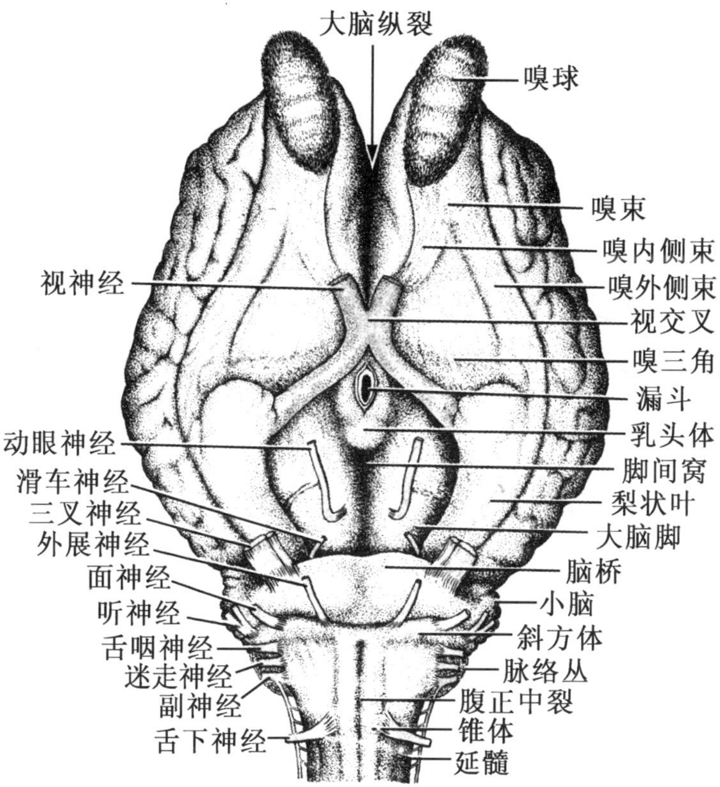
大脑纵裂
嗅球
嗅束
嗅内侧束
视神经
嗅外侧束
视交叉
嗅三角
漏斗
动眼神经
乳头体
脚间窝
滑车神经
梨状叶
三叉神经
大脑脚
外展神经
脑桥
面神经
小脑
听神经
斜方体
舌咽神经
脉络丛
迷走神经
腹正中裂
副神经
锥体
舌下神经
延髓
腹侧

图 14-2　马的脑

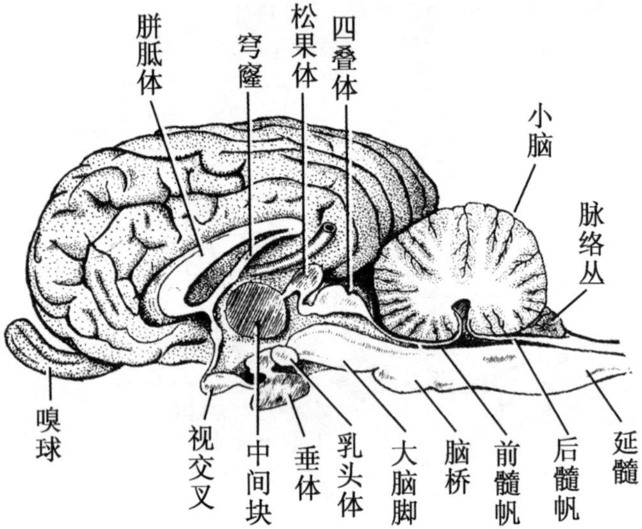

图 14-3 马脑正中矢状面

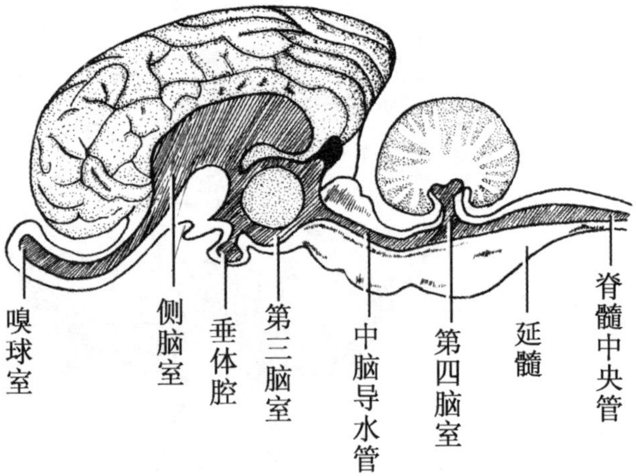

图 14-4 马的脑室

实验十五　周围神经

【实验目的和要求】

掌握主要脊神经的组成、分支和分布，掌握植物性神经的概念和分类，了解植物性神经的组成。

【实验仪器和材料】

牛、猪和马四肢神经标本，牛、猪和马全身脊神经标本，牛、猪和马全身植物性神经标本。

【实验内容和方法】

一、脊神经

脊神经分为颈神经、胸神经、腰神经、荐神经和尾神经。

(一)膈神经

膈神经由第5、第6、第7颈神经的腹侧支合成，经胸前口入胸腔，在纵隔内后行，分布于膈。

(二)臂神经丛

臂神经丛由第6、第7、第8颈神经的腹侧支和第1、第2胸神经的腹侧支合成，位于肩关节的内侧。发出的主要神经有：肩胛上神经、肩胛下神经、腋神经、桡神经、尺神经和正中神经。分布到前肢肌肉和皮肤。

(三)肋间神经

每一胸神经的腹侧支形成肋间神经，沿肋骨后缘下行，分布于肋间肌、腹肌和皮肤。最后肋间神经又称肋腹神经，在第1腰椎横突末端前下方分为深、浅两支，进入腹壁肌之间。分布于腹壁肌、腹部皮肤，以及阴囊皮肤、包皮或乳房。

(四)腰神经

1.髂腹下神经　第1腰神经的腹侧支，经腰方肌与腰大肌之间向后下方伸延，在第2腰椎横突末端的腹侧，分为浅、深两支，进入腹壁肌之间。分布于腹壁肌和腹壁的皮肤。

2.髂腹股沟神经　第2腰神经的腹侧支，从腰方肌和腰大肌之间穿出，牛经第4(马经第3)腰椎横突末端的下方向后伸延，分为浅、深两支，进入腹壁肌之间。分布于腹壁肌、腹壁和股内侧皮肤。

(五)腰荐神经丛

腰荐神经丛由第4、第5、第6腰神经的腹侧支和第1、第2荐神经的腹侧支合成。发出的神经主要有：股神经、坐骨神经、闭孔神经、臀前神经和臀后神经。分布到后肢肌肉和皮肤。

图15-1为牛全身脊神经的分布，图15-2为牛的腹壁神经分布，图15-3、图15-4分别为牛左右前肢神经(内侧)分布，图15-5为马右前肢神经(内侧)分布，图15-6为牛左后肢神经(外侧)分布，图15-7、图15-8为马右后肢神经内侧无肌肉和有肌肉分布。

二、植物性神经

(一)植物性神经的概念和分类

1.植物性神经概念　内脏神经是分布于内脏器官、血管和皮肤平滑肌、心肌和腺体上的神经。内脏神经的传出纤维(运动纤维)称植物性神经。

2.植物性神经的分类　分为交感神经和副交感神经。

(1)交感神经。是由胸、腰段脊髓发出的植物性神经。

(2)副交感神经。是由脑和荐部脊髓发出的植物性神经。

(二)交感神经

1.颈部交感神经 包括颈部交感神经干、交感神经节和节后纤维。颈部交感神经干与迷走神经合并成迷走交感干。交感神经节有颈前神经节、颈中神经节和颈后神经节。

2.胸部交感神经 包括胸部交感神经干、交感神经节和节后纤维。交感神经干分支形成内脏大神经和内脏小神经;交感神经节为胸神经节,第1、第2胸神经节与颈中神经节和颈后神经节形成星状神经节,其他都位于胸部交感神经干上,形成交感神经链。

3.腰部交感神经 包括腰部交感神经干、交感神经节和节后纤维。交感神经节有腰神经节、腹腔肠系膜前神经节和肠系膜后神经节。

4.荐、尾部交感神经 包括交感神经干、交感神经节和节后纤维。有荐神经节和尾神经节。

图15-9为牛的植物性神经分布,图15-10为马的植物性神经分布,图15-11为交感神经的组成。

(三)副交感神经

(1)颅部副交感神经。节前纤维由中脑和延髓发出,随动眼神经、面神经、舌咽神经和迷走神经伸延。

(2)荐部副交感神经。节前纤维由荐部脊髓发出,形成1~2条盆神经。

【思考题】

1.牛腰旁神经干传导麻醉的3条神经名称,每条神经走向如何?

2.臂神经丛和腰荐神经丛是怎样构成的,有哪些主要分支?

【绘图】

牛最后肋间神经、髂腹下神经和髂腹股沟神经。

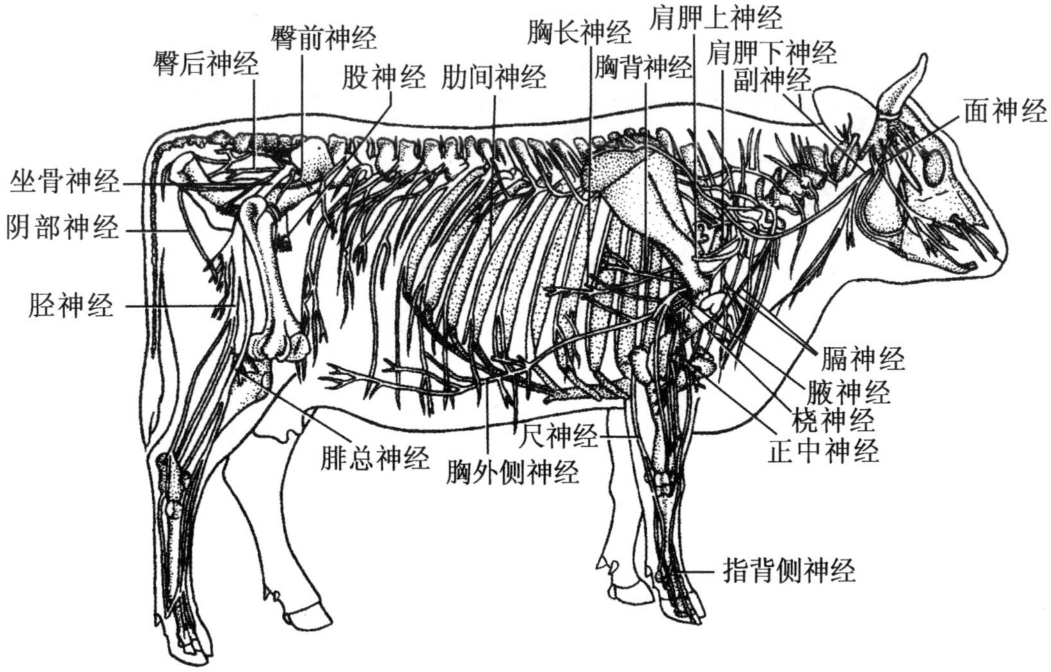
臀前神经
臀后神经
股神经
肋间神经
胸长神经
肩胛上神经
胸背神经
肩胛下神经
副神经
面神经
坐骨神经
阴部神经
胫神经
膈神经
腋神经
桡神经
尺神经
正中神经
腓总神经
胸外侧神经
指背侧神经

图 15-1　牛全身脊神经

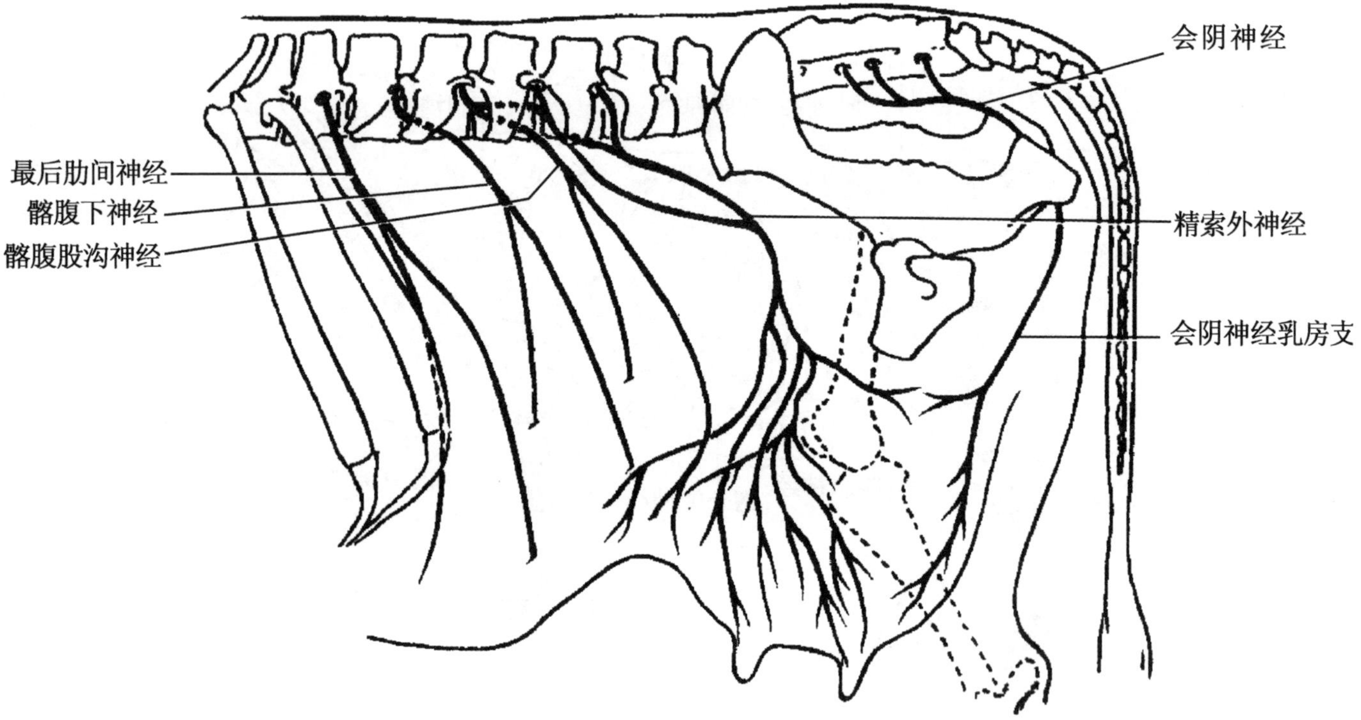

图 15-2　牛的腹壁神经

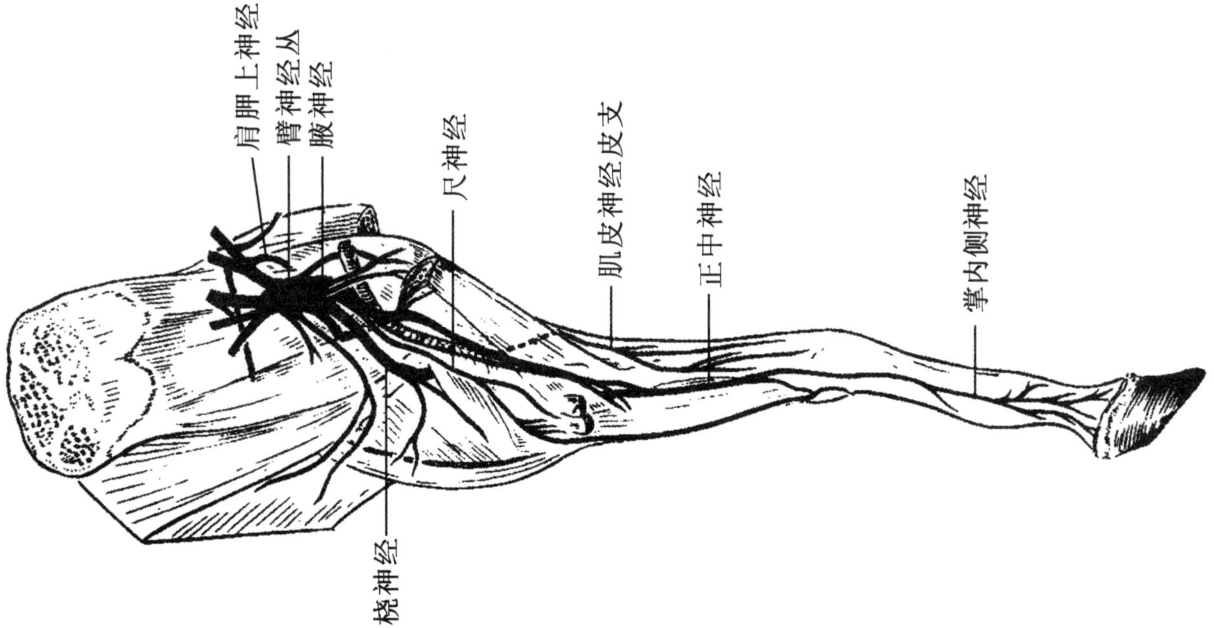

图 15-3　牛左前肢神经(内侧)

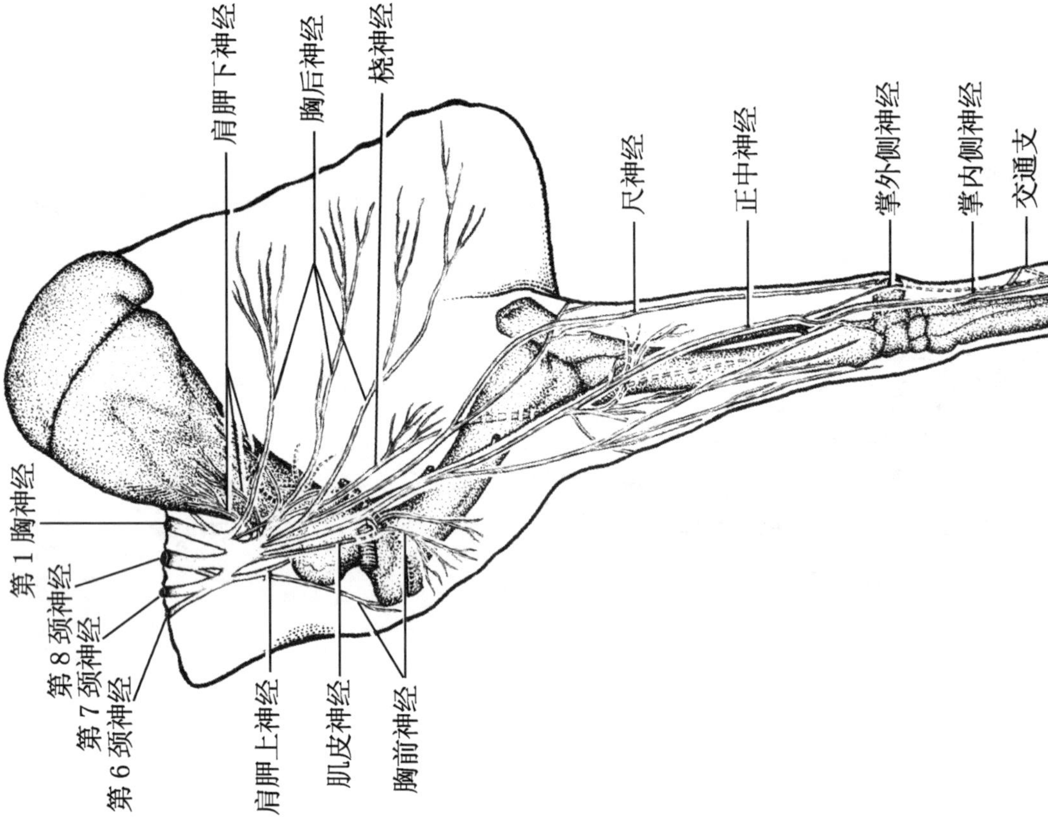

图 15-4 牛右前肢神经(内侧)

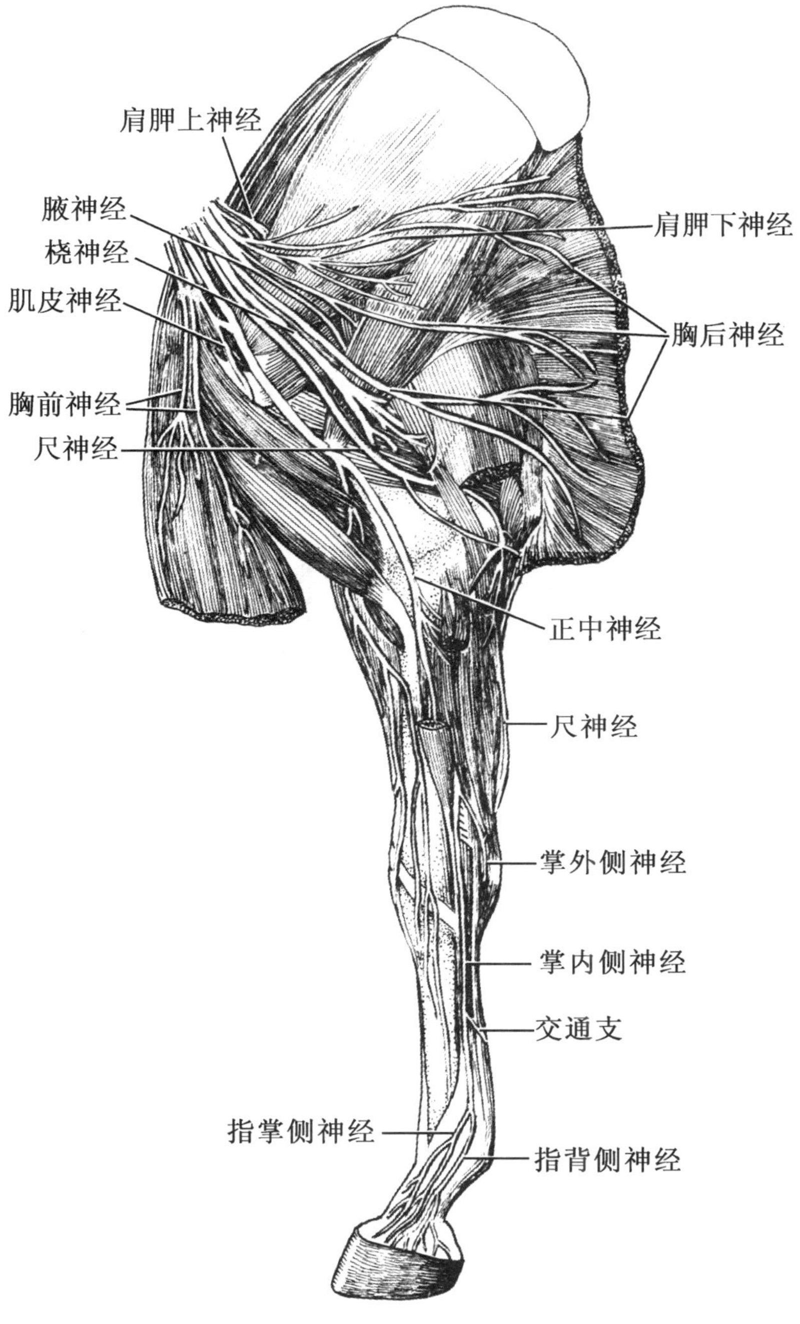

图 15-5 马右前肢神经(内侧)

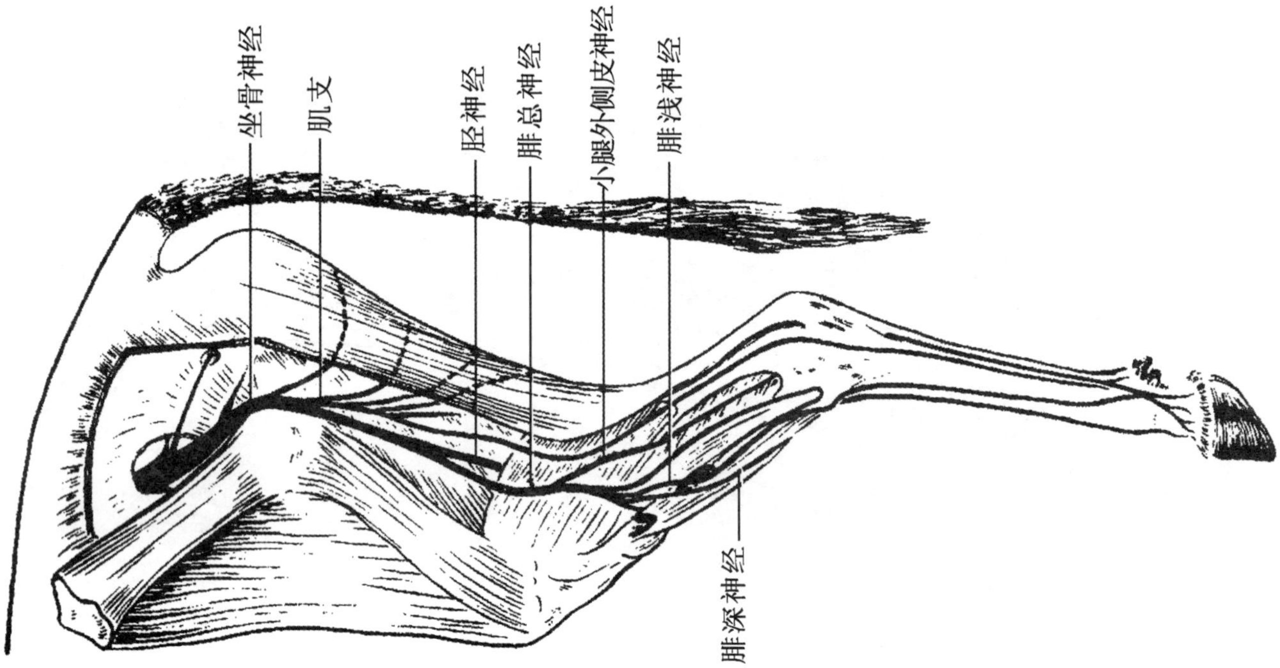

图 15-6 牛左后肢神经(外侧)

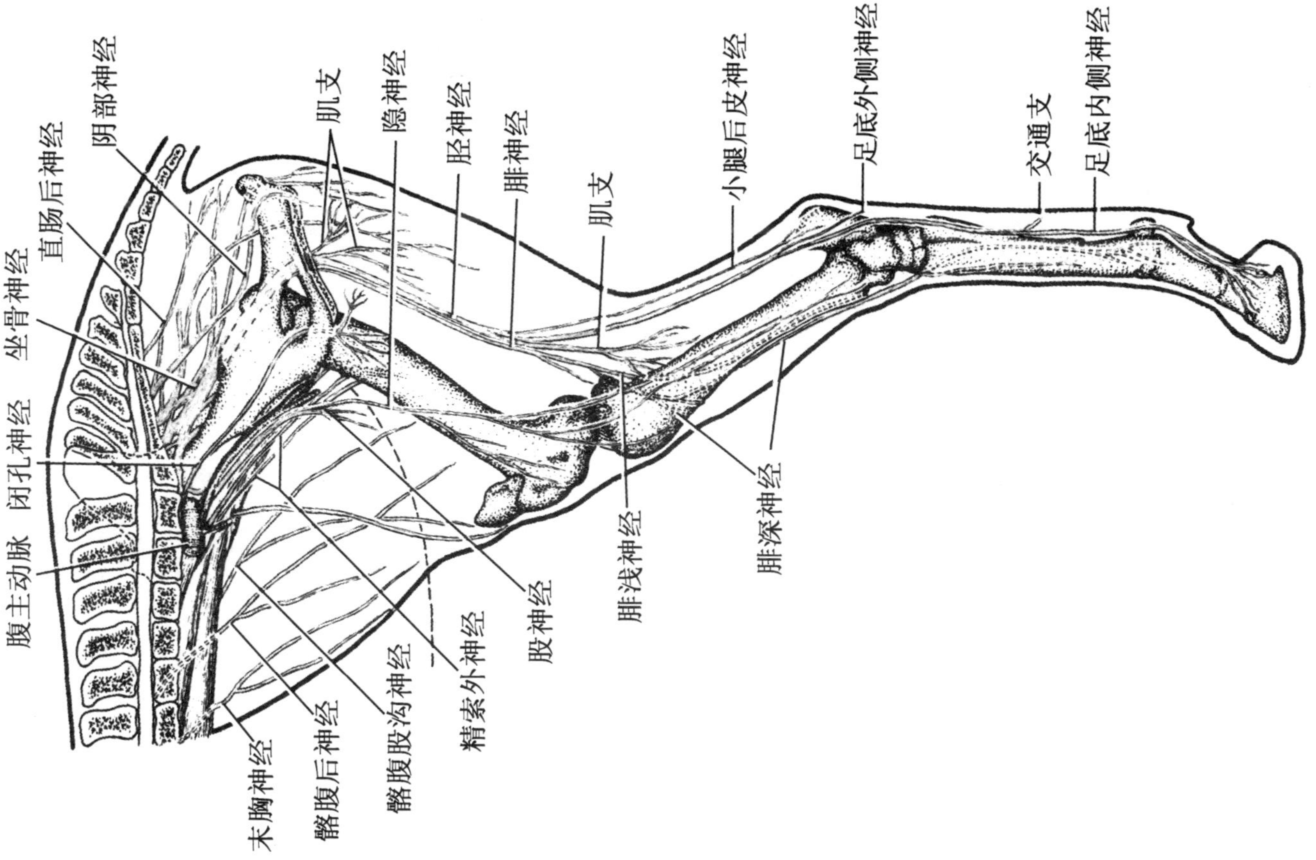

图 15-7　马右后肢神经（内侧、无肌肉）

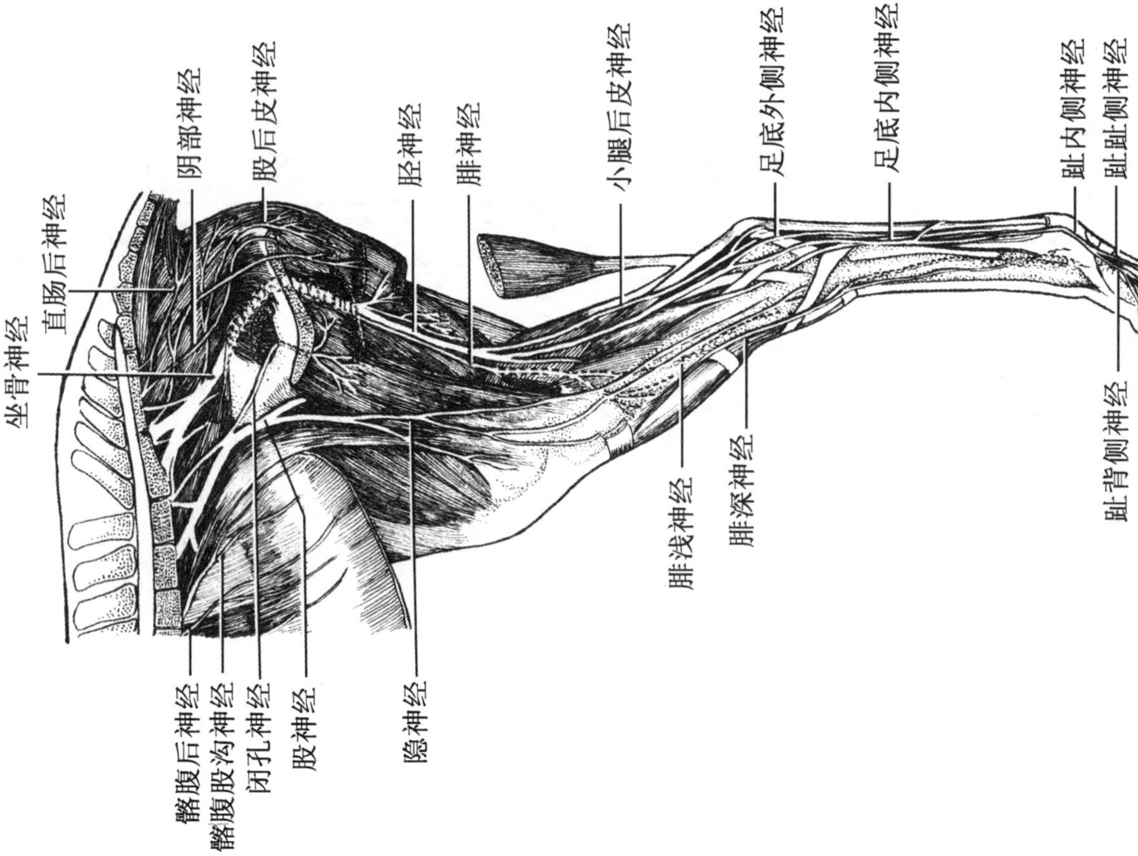

图 15-8 马右后肢神经(内侧、有肌肉)

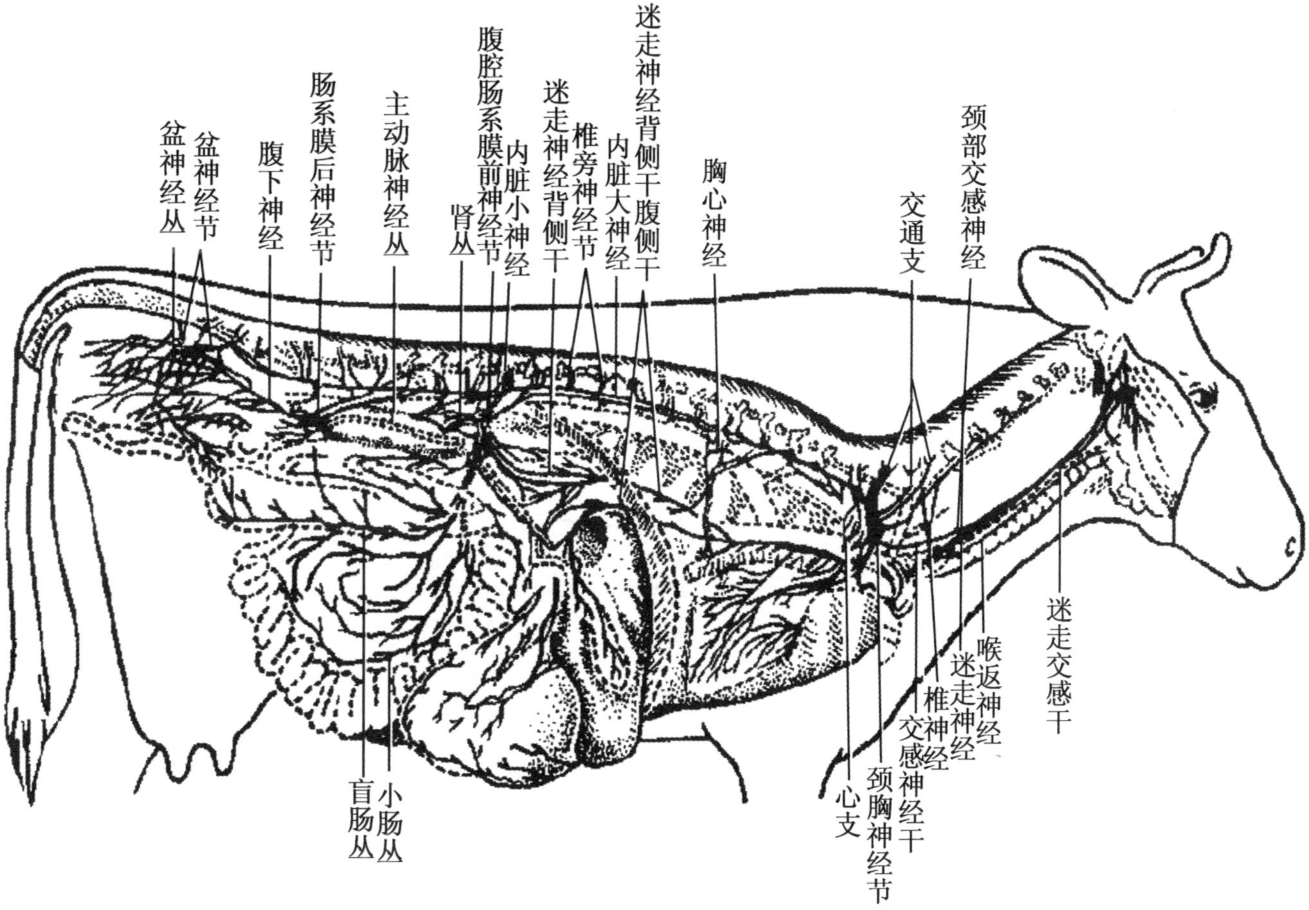

图 15-9　牛的植物性神经

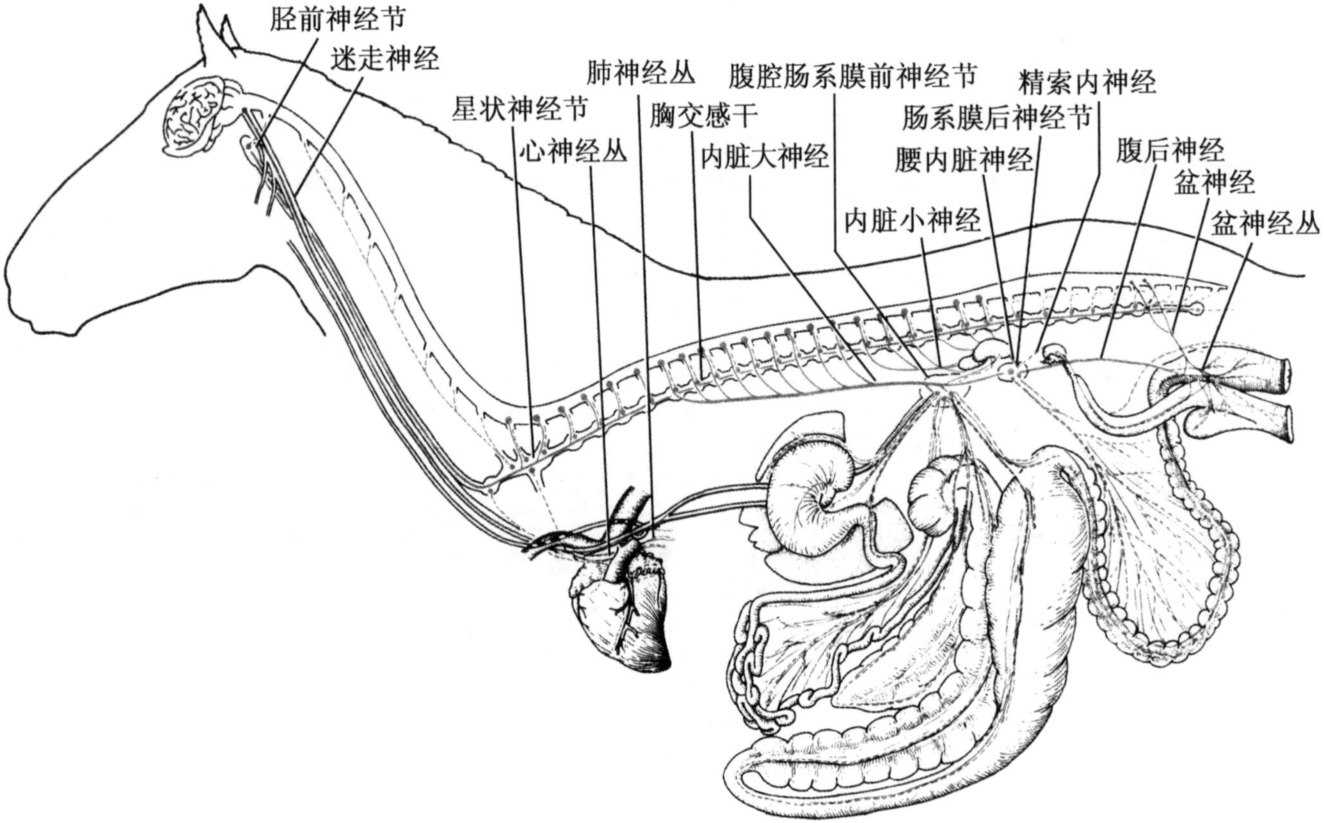

图 15-10 马的植物性神经

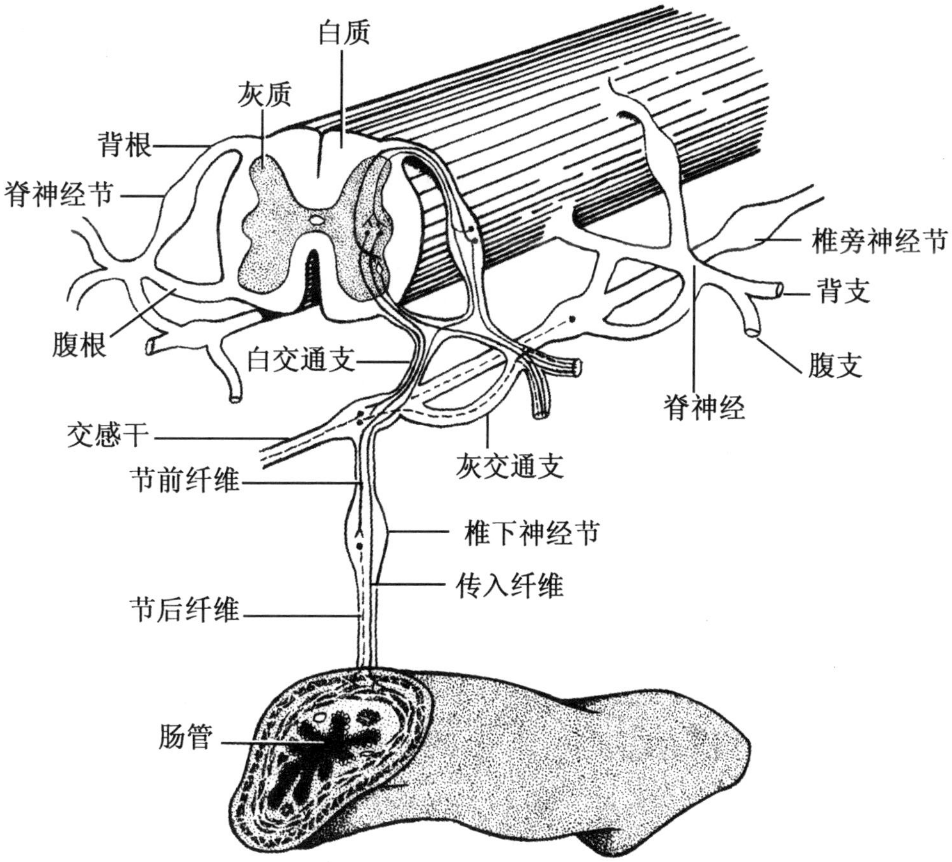

图 15-11　交感神经的组成

实验十六　内分泌器官

【实验目的和要求】

掌握垂体和甲状腺的位置、形态和结构。

【实验仪器和材料】

牛、猪和马的垂体和甲状腺标本。

【实验内容和方法】

(一)垂体

垂体为一扁圆形小体，位于脑的底面，蝶骨构成的垂体窝内，借漏斗连于下丘脑。垂体可分为腺垂体和神经垂体两大部分。垂体包括结节部、远侧部、中间部和神经部。结节部、远侧部、中间部合称神经垂体；神经部称为神经垂体。通常又将远侧部和结节部称前叶，而把中间部和神经部称后叶。

图 16-1 为牛、猪、马的垂体组织结构。

(二)甲状腺

甲状腺是最大的内分泌腺，位于喉的后方，前 2～3 个气管软骨环的两侧和腹侧面。由左、右两个侧叶和连接两个侧叶的腺峡组成。

牛的甲状腺侧叶呈不规则的三角形，腺峡较发达；猪的甲状腺左、右侧叶与腺峡结合为一整体；马的甲状腺右侧叶呈卵圆形，腺峡不发达。

图 16-2 为牛、猪、马的甲状腺形状。

【思考题】

牛、猪和马甲状腺的形态有何不同?

【绘图】

牛、猪和马甲状腺的形态。

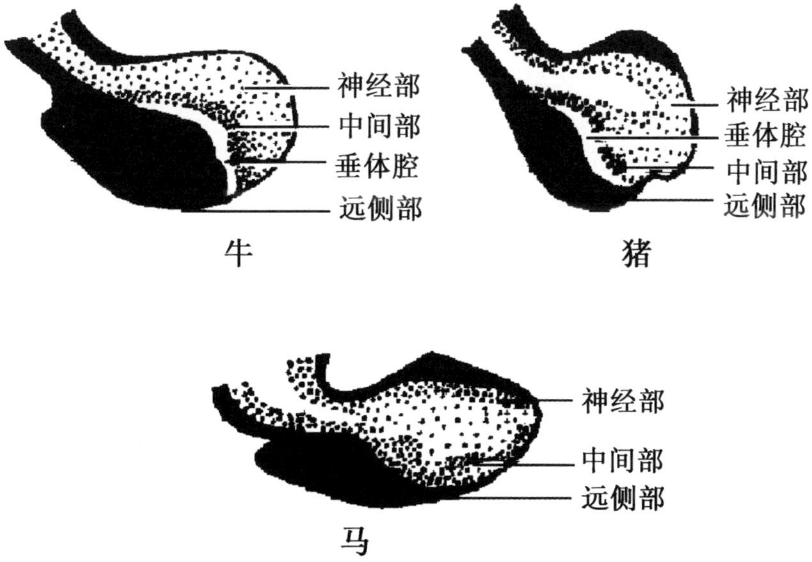

图 16-1　垂体

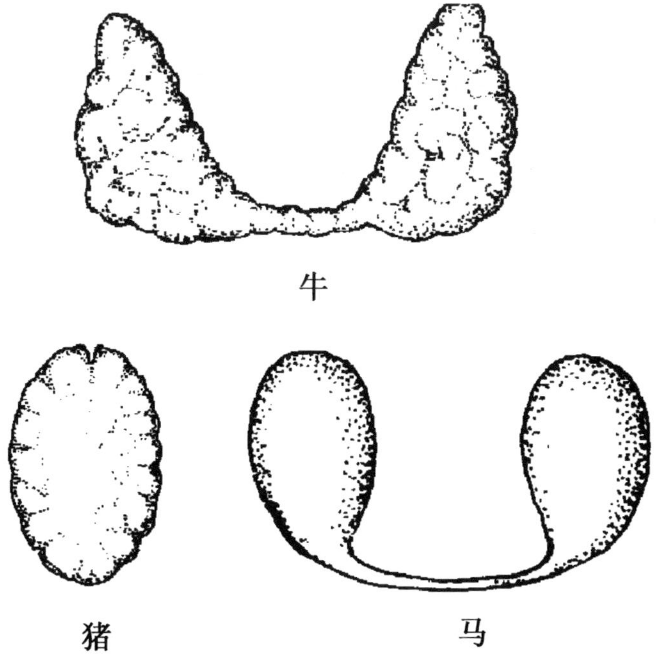

图 16-2　甲状腺

实验十七　感觉器官

【实验目的和要求】

掌握眼的形态和构造，了解耳的形态和构造。

【实验仪器和材料】

牛、猪和马的耳和眼的标本和模型。

【实验内容和方法】

一、耳

(一)外耳

1.耳廓　有舟状窝和耳褶。

2.外耳道　是从耳廓基部到鼓膜的管道，外侧部是软骨管，内侧部是骨管，内表面衬有皮肤，在软骨管部的皮肤含有皮脂腺和特殊的耵聍腺，分泌耳蜡，又叫耵聍。

3.鼓膜　是构成外耳道底的一片圆形纤维膜。

(二)中耳

1.鼓室　为位于岩颞骨内的一个含气小腔，内面衬有黏膜，外侧壁为鼓膜，内侧壁上有前庭窗和蜗窗。

2.听小骨　位于鼓室内，共有3块，由外向内依次为锤骨、砧骨和蹬骨。

3.咽鼓管　又称耳咽管，是连接咽腔与鼓室的管道。

(三)内耳

1.骨迷路　骨迷路包括前庭、骨半规管和耳蜗。

2.膜迷路　是套在骨迷路内的膜性管和囊，包括椭圆囊、球囊、膜半规管和耳蜗管。

图17-1为马的外耳、中耳和内耳结构。

二、眼

(一)眼球

眼球位于眼眶内，呈蒜头形，由眼球壁和眼球内容物两部分组成(图17-2)。

1.眼球壁　由3层构成，由外向内依次为纤维膜、血管膜和视网膜。

(1)纤维膜。由致密结缔组织构成，厚而坚韧，形成眼球的外壳，有维持眼球形态和保护眼球内部结构的作用。

角膜：占纤维膜的前1/5，无色透明。角膜内无血管和淋巴管，有丰富的感觉神经末梢，再生能力强。

巩膜：占纤维膜的后4/5，不透明，含有色素。

(2)血管膜。含有丰富的血管和色素细胞。分为虹膜、睫状体和脉络膜。虹膜位于角膜与晶状体之间，是一环形薄膜，有瞳孔；睫状体是血管膜的增厚部分，分泌眼房水；脉络膜约占血管膜的后2/3。

(3)视网膜。分为盲部和视部。盲部衬于虹膜后面和睫状体的内面，无感光作用；视部贴附于脉络膜的内面，有感光作用。

2.眼球内容物　包括眼房水、晶状体和玻璃体。

(1)眼房水。为无色透明液体，充满于眼房内。

(2)晶状体。呈双凸透镜状,无色透明而富有弹性。周缘借睫状小带连于睫状体上。

(3)玻璃体。为无色透明的胶状物质,充满于晶状体与视网膜之间。

(二)眼球的辅助结构

眼球的辅助结构包括眼睑、结膜、泪器、眼球肌和眶骨膜(图17-3和图17-4)

1.眼睑　分为上眼睑和下眼睑。

2.结膜　分为睑结膜、球结膜和第三眼睑。睑结膜覆盖在眼睑内表面;睑结膜折转覆盖于巩膜前部为球结膜,睑结膜与球结膜之间的裂隙为结膜囊;第三眼睑又称瞬膜,是位于眼内角的结膜褶,略呈半月形,常见色素,内有一软骨。

3.泪器　包括泪腺和泪道。

(1)泪腺。位于眼球背外侧,腺导管开口于上眼睑结膜囊内。

(2)泪道。包括泪小管、泪囊和鼻泪管。泪小管有两条,位于眼内侧角,汇注于泪囊。泪囊为漏斗状的膜性囊,位于泪骨的泪囊窝内,连鼻泪管。

4.眼球肌　为眼球的运动装置,包括4块眼球直肌,2块眼球斜肌和1块眼球退缩肌。

5.眶骨膜　为圆锥形坚韧的纤维膜,有眶内和眶外脂肪。

【思考题】

眼的哪些结构是无色透明的?

【绘图】

眼球壁和眼球内含物。

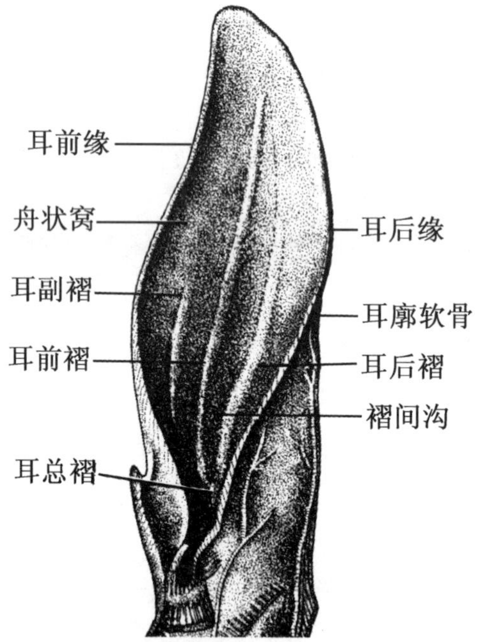

外耳

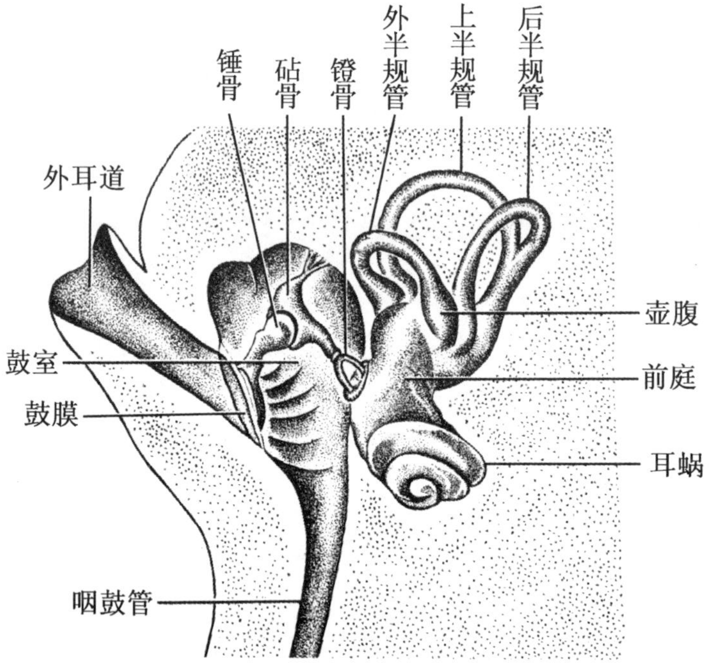

中耳和内耳

图 17-1　马的耳

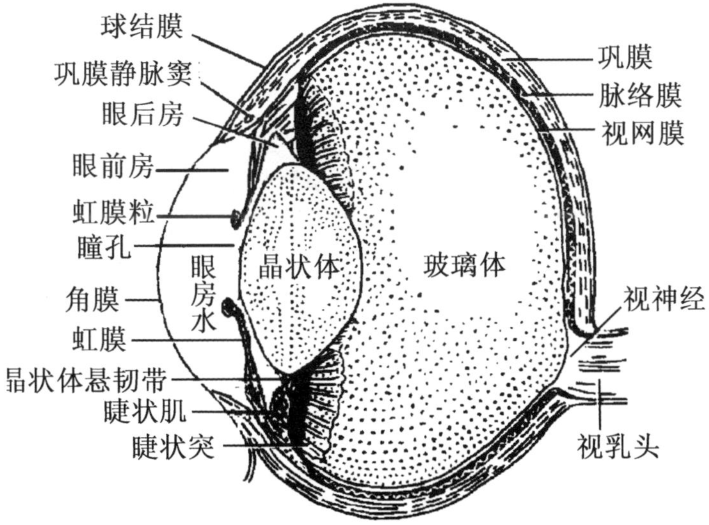

眼球纵切面模式图

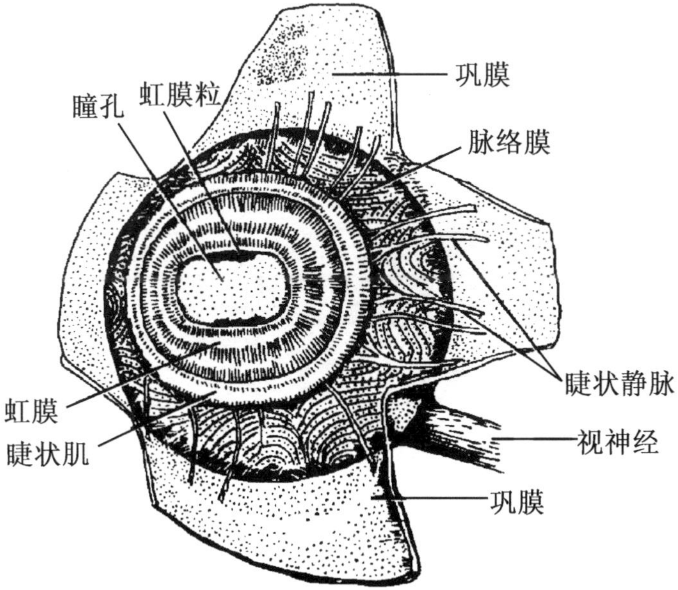

眼球血管膜前部（角膜切除巩膜翻开）

图 17-2　眼球

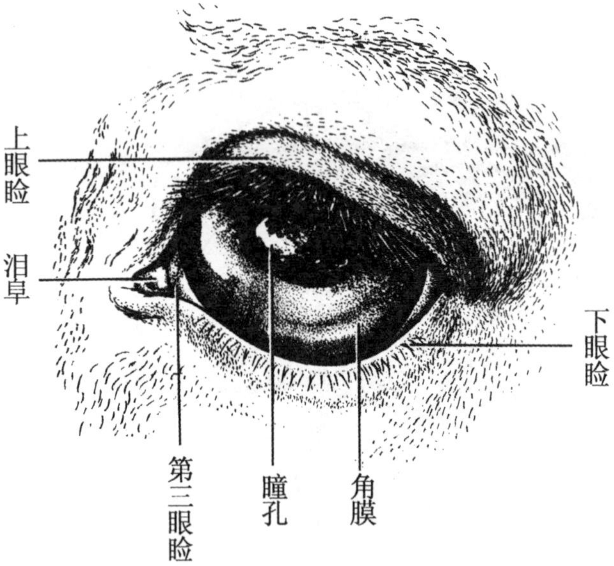

图 17-3 马的左眼(前面)

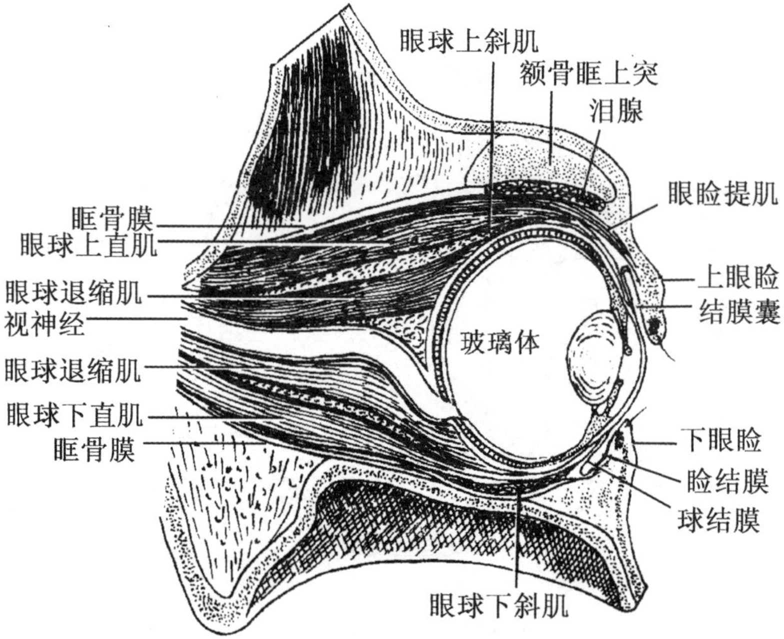

图 17-4 马的左眼(纵切面)

实验十八　皮肤及皮肤衍生物

【实验目的和要求】

掌握皮肤的构造，了解蹄的构造。

【实验仪器和材料】

牛、猪和马的皮肤和蹄标本，光学显微镜，皮肤切片。

【实验内容和方法】

一、皮肤

皮肤包括表皮、真皮和皮下组织（图 18-1）。

1. **表皮**　表皮位于皮肤的最表层，由复层扁平上皮构成，表层细胞角化，称角质层。

2. **真皮**　真皮位于表皮下面，是皮肤最厚的一层，为致密结缔组织，含有多量胶原纤维和弹性纤维，坚韧而富有弹性。真皮内有毛囊、竖毛肌、汗腺、皮脂腺以及丰富的血管、淋巴管和神经分布。

3. **皮下组织**　皮下组织位于皮肤的最深层，由疏松结缔组织构成，含有大量的脂肪组织。

二、蹄

（一）牛蹄的构造

每指（趾）端有 4 个蹄，由内向外分别称第 2、第 3、第 4、第 5 指（趾）蹄。第 3、第 4 指（趾）端蹄称主蹄。第 2、第 5 指（趾）端蹄很小，不着地，称悬蹄。主蹄呈锥状，由蹄匣（蹄表皮）、肉蹄（蹄真皮）和蹄的皮下组织构成（图 18-2）。

1. **蹄匣**　由表皮衍生而成，可分为角质壁、角质底和角质球。

（1）角质壁。分为蹄尖壁、蹄侧壁和蹄踵壁。有轴面和远轴面。角质壁近端与皮肤直接连接的部分称蹄缘，蹄缘的下方为蹄冠，其内面凹陷成沟。

角质壁的结构分为釉层、冠状层和小叶层。小叶层有许多平行排列的角质小叶。

（2）角质底。位于蹄匣底面的前部，与角质壁底缘之间有蹄白带。

（3）角质球。位于蹄匣底面的后部，呈球状隆起，由较柔软的角质构成。

2. **肉蹄**　由真皮衍生而成，富含血管和神经，颜色鲜红，套于蹄匣内面，可分肉壁、肉底和肉球。

（1）肉壁。分肉缘、肉冠和肉叶。肉叶表面有许多平行排列的肉小叶，嵌入蹄壁角质小叶之间。

（2）肉底。与角质底相适应，表面有小而密的乳头，插入角质底的小孔中。

（3）肉球。位于角质球的深层，表面有细而长的乳头。

3. **蹄的皮下组织**　蹄缘和蹄冠的皮下组织薄，蹄壁和蹄底无皮下组织，蹄球下的皮下组织发达。

（二）猪蹄

猪属于偶蹄动物，与牛不同之处是蹄底较小，蹄球较大，蹄球与蹄底之间的界限清楚，悬蹄内有指（趾）骨。

(三)马蹄

马属动物为单蹄动物,只有发达的第3指(趾)着地。因此马属动物的蹄没有主蹄和悬蹄之分(图18-3)。

【思考题】

皮下注射和皮内注射分别将药物注入皮肤的哪个部位?

【绘图】

皮肤的组织结构(低倍)。

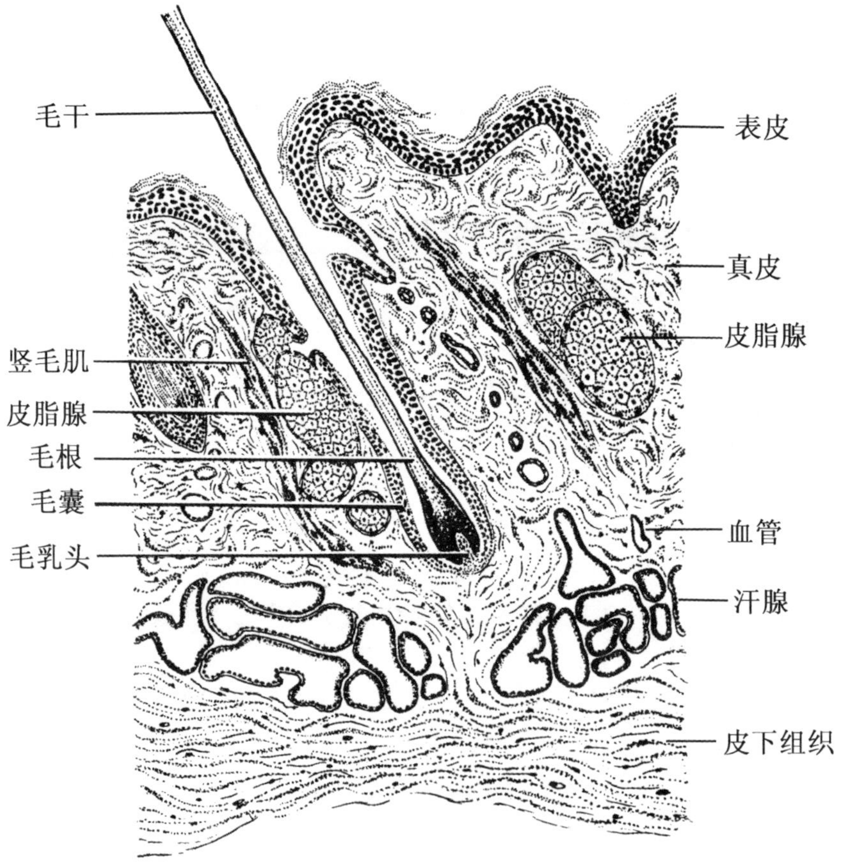

图18-1 皮肤的构造

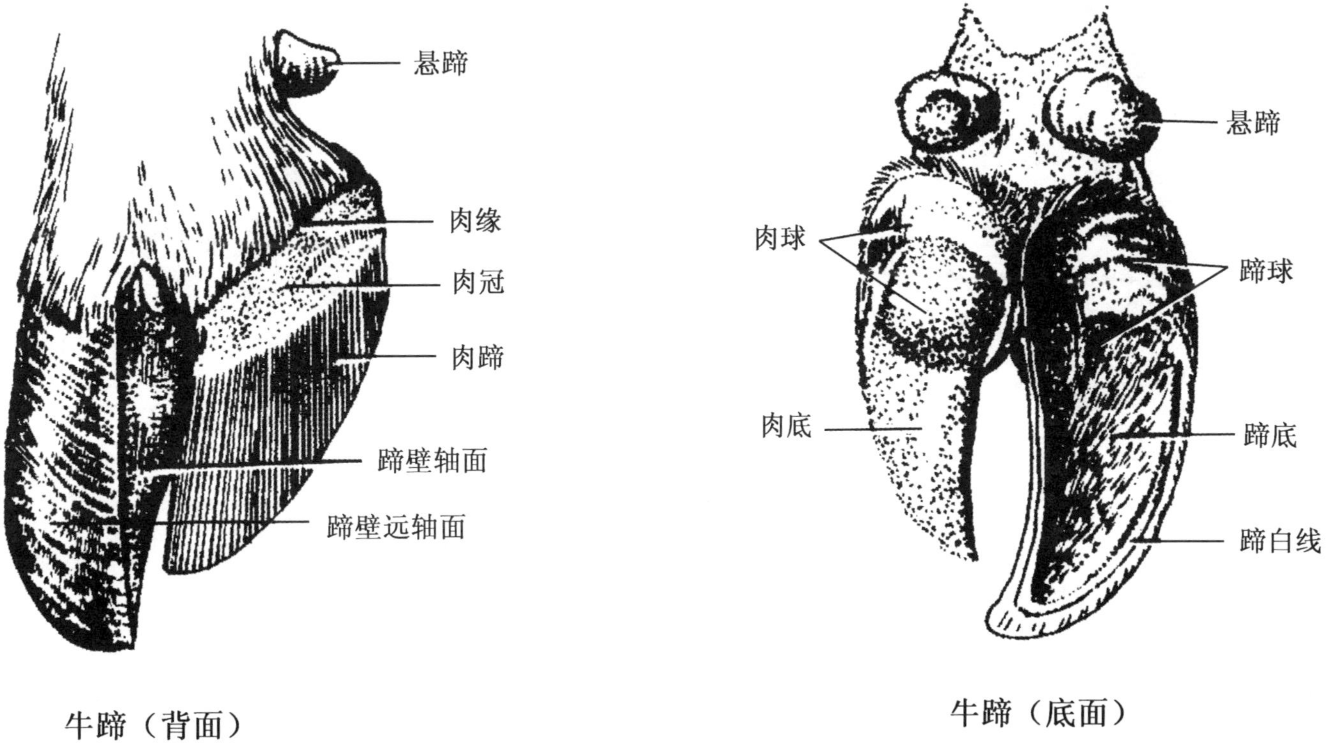

图 18-2　牛蹄

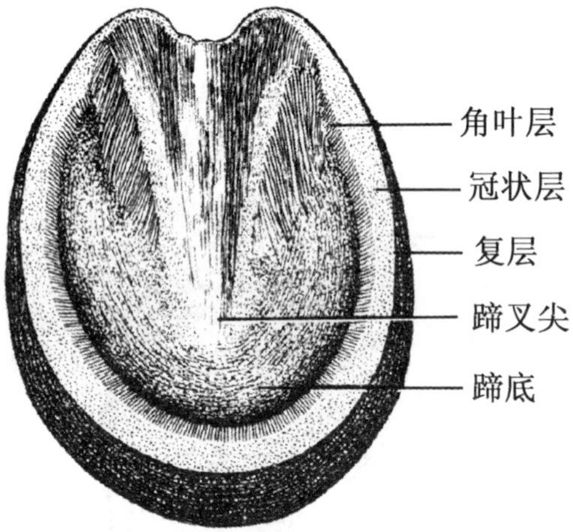

马蹄匣（横断面）

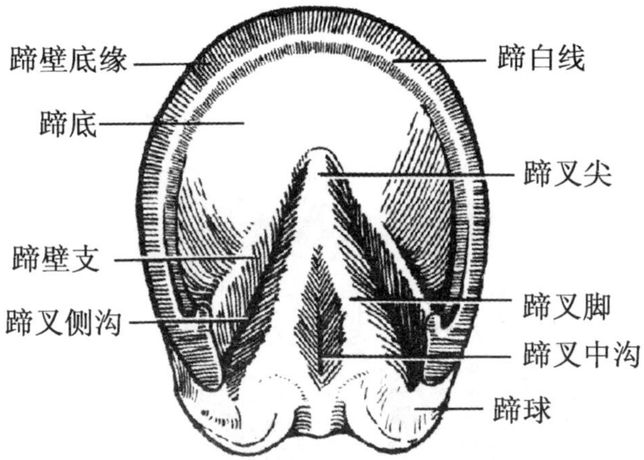

马蹄匣（底面）

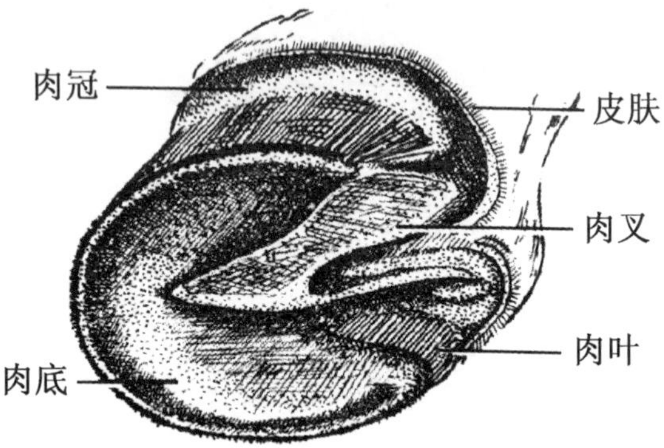

马肉蹄（底面）

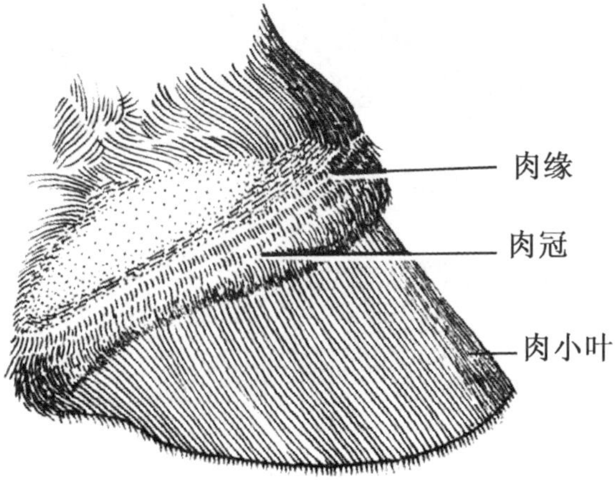

马肉蹄（侧面）

图 18-3　马蹄

实验十九　鸡运动系统

【实验目的和要求】

掌握鸡全身骨骼的组成，了解鸡全身肌肉的特点。

【实验仪器和材料】

鸡全身骨骼标本，鸡全身肌肉标本。

【实验内容和方法】

(一)全身骨骼

1.头部骨骼　头骨呈圆锥形，以眼眶为界分为颅骨和面骨，在颞下颌关节之间多一块方骨。

2.躯干骨

(1)椎骨。包括颈椎、胸椎、腰椎、荐椎和尾椎。

颈椎：14枚，连接成"乙"字形弯曲，运动灵活。

胸椎：7枚，第2～5胸椎愈合成一整体叫背骨，第7胸椎与综荐骨愈合。

腰椎、荐椎和前几枚尾椎：第7胸椎及全部腰椎、荐椎和第1尾椎在发育早期愈合而在一起称综荐骨。

尾椎：有5～6枚，最后1块叫综尾骨。

(2)肋。第1、第2、第7对肋为浮肋。第2～7对肋分为椎肋骨和胸肋骨，互相连接形成直角。除第1对和最后2对肋均有斜向后上方的钩突。

(3)胸骨。又称龙骨。腹侧正中有一纵行的胸骨嵴。

3.前肢骨骼　肩带部包括肩胛骨、乌喙骨和锁骨；游离部包括臂骨、前臂骨、腕骨、掌骨和指骨。有第2、第3、第4指，分别有第2、第2、第1指节骨。

4.后肢骨骼　盆带部包括髂骨、坐骨和耻骨，结合成髋骨，形成开放性的骨盆；游离部包括股骨、膝盖骨、小腿骨、跖骨和趾骨组成。有第1、第2、第3、第4趾，分别有第2、第3、第4、第5趾节骨，末节为爪骨。

图19-1为鸡的全身骨骼结构。

(二)全身肌肉

胸肌特别发达；后肢肌肉发达，趾关节肌肉的腱在跖部骨化；皮肌发达；膈肌不发达，为一薄层腱膜。

图19-2为鸡的全身肌肉结构。

【思考题】

鸡全身骨骼与家畜比较有哪些特点？

【绘图】

鸡的胸廓。

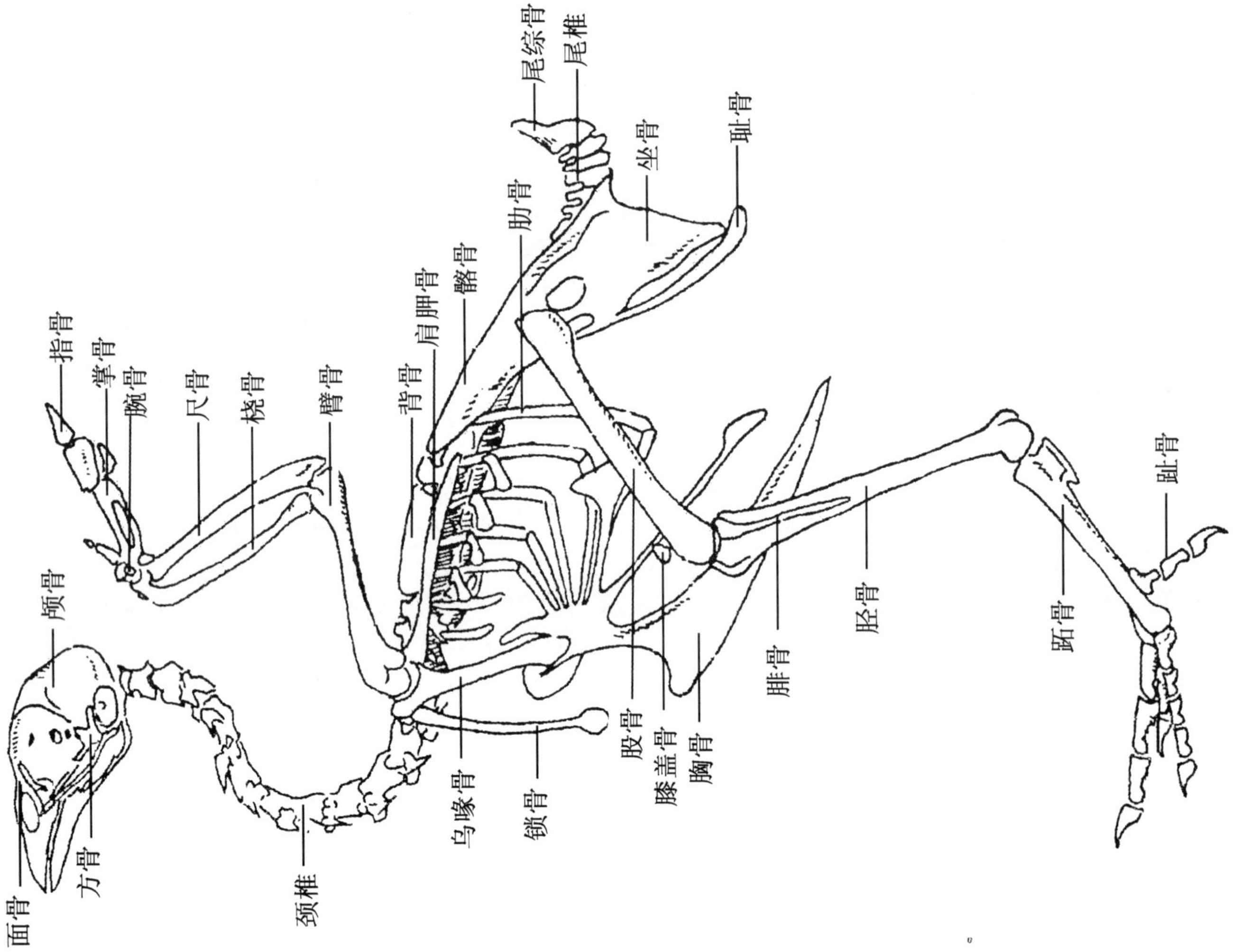
指骨
掌骨
腕骨
尺骨
桡骨
臂骨
背骨
肩胛骨
髂骨
肋骨
尾综骨
尾椎
坐骨
耻骨
颅骨
面骨
方骨
颈椎
乌喙骨
锁骨
股骨
膝盖骨
胸骨
腓骨
胫骨
跖骨
趾骨

图 19-1 鸡的全身骨骼

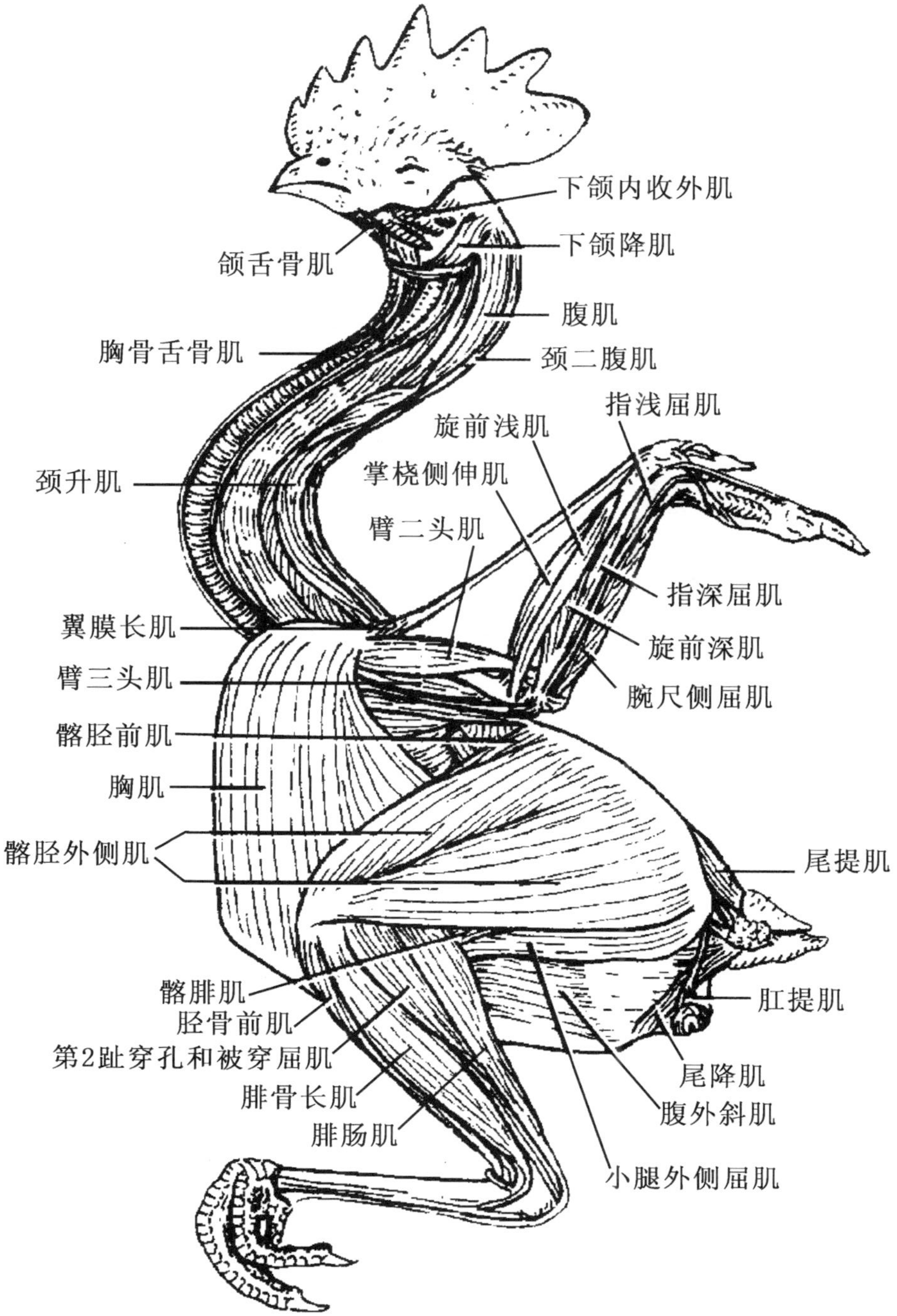
下颌内收外肌
颌舌骨肌
下颌降肌
腹肌
胸骨舌骨肌
颈二腹肌
指浅屈肌
旋前浅肌
掌桡侧伸肌
颈升肌
臂二头肌
指深屈肌
翼膜长肌
旋前深肌
臂三头肌
腕尺侧屈肌
髂胫前肌
胸肌
髂胫外侧肌
尾提肌
髂腓肌
肛提肌
胫骨前肌
第2趾穿孔和被穿屈肌
尾降肌
腓骨长肌
腹外斜肌
腓肠肌
小腿外侧屈肌

图 19-2 鸡的全身肌肉

实验二十　鸡的解剖

【实验目的和要求】

掌握鸡内脏器官的位置、形态和构造。

【实验仪器和材料】

活鸡，解剖盘，手术器械。

【实验内容和方法】

一、活鸡致死

将鸡头向一侧扭转，在下颌骨后方切开皮肤，切断颈总动脉放血。

二、体表观察

肉冠、肉髯、耳垂、喙、羽毛（正羽、纤羽和绒羽）、鳞片、距、爪和眶下窦。

三、剖检术式

（1）将鸡仰卧在解剖盘中。

（2）从喙到肛门之间将腹正中线皮肤切开，然后将皮肤剥离到两侧，暴露出颈部器官，胸部和腹部肌肉。

（3）从胸骨的末端到肛门之间将腹壁肌肉切开，暴露出腹气囊，观察气囊的形态。

（4）沿胸骨两侧切开腹壁，向前经胸骨肋和椎骨肋连接处切开至肩关节，将胸骨翻向头侧，暴露出胸腔和腹腔器官。

四、各器官的观察

（一）消化系统

1. **口咽**　无唇、无颊、无齿，上、下颌上有角质的喙。无软腭，口腔与咽直接相通。

2. **食管**　食管薄而宽大，易扩张，可分颈段和胸段。颈段和胸段之间形成嗉囊，作用是储存食物和软化食物。

3. **胃**　分为腺胃和肌胃。

（1）腺胃。腺胃呈纺锤形，黏膜表面分布有许多乳头，是胃腺的开口处。腺胃的作用是进行化学性消化。

（2）肌胃。为扁的球形，肌胃的肌层很发达。肌胃的作用是进行机械性消化。其分泌物加上黏膜上皮的分泌物及脱落的上皮细胞一起在酸性环境中硬化而形成一层厚的类角质膜，称胃角质层，俗称肫皮，中药名“鸡内金”，起保护膜的作用。

4. **小肠**　分为十二指肠、空肠和回肠。

（1）十二指肠。形成U字形，分为降袢和升袢。

（2）空肠。形成许多肠袢，大约在空场的中部有一小突起，叫卵黄囊憩室，是胚胎期卵黄囊柄的遗迹。

（3）回肠。短而直，以回盲韧带盲肠相连。

5. **大肠**　分为盲肠和结直肠。

（1）盲肠。有两条，盲肠分为盲肠基、盲肠体和盲肠尖。盲肠基的壁内分布有丰富的淋巴组织，常称盲肠扁桃体。

（2）结直肠。没有明显的结肠，只有一短的直肠，因此也称结直肠。

6. **泄殖腔**　分为粪道、泄殖道和肛道。

（1）粪道。与直肠相连。

（2）泄殖道。与输尿管、输精管（公禽）或输卵管（母禽）相通。

（3）肛道。与外界相通。

7. **肝** 分为左、右两叶，右叶略大。肝的两叶各有一肝门，右叶有胆囊。

8. **胰** 胰位于十二指肠袢内，呈淡黄色或淡红色，长条形，可分为背叶、腹叶和很小的脾叶。

图 20-1 为母鸡的消化器官结构，图 20-2 为鸡胃的结构，图 20-3 为鸡泄殖腔的结构。

(二)呼吸系统

家禽呼吸系统包括鼻腔、咽、喉、气管、鸣管、支气管、肺和气囊。

1. **喉** 喉软骨仅有环状软骨和杓状软骨，喉口呈纵行裂缝。喉腔内无声带。

2. **鸣管** 是禽类的发音器官，其支架为几个气管环和支气管环以及 1 块鸣骨。有内、外鸣膜。两鸣膜形成一对狭缝，当禽呼吸时，空气振动鸣膜而发声。鸭鸣管主要由支气管构成；公鸭鸣管在左侧形成一个膨大的骨质鸣管泡，无鸣膜，故发声嘶哑。

3. **肺** 肺比较小，略呈扁平四边形，不分叶，背侧面有椎肋骨嵌入，形成几条肋沟。

4. **气囊** 是初级支气管或次级支气管的黏膜突出肺的表面形成的黏膜囊，无色透明。有 9 个气囊：1 对颈气囊，1 个锁骨气囊、1 对胸前气囊、1 对胸后气囊和 1 对腹气囊。

图 20-4 为鸡、鸭鸣管的结构，图 20-5 为鸡肺的结构，图 20-6 为鸡气囊的结构。

(三)泌尿系统

由肾和输尿管组成。肾位于腰荐肾窝内，质地软而脆。分为前叶、中叶和后叶。没有肾门，血管、神经和输尿管直接从表面进出。

(四)生殖系统

1. **公鸡生殖系统** 包括睾丸、附睾、输精管和交配器。睾丸位于腹腔内，以短的系膜悬挂在肾前部的腹侧。

2. **母鸡生殖系统** 包括卵巢和输卵管，只有左侧，右侧已经退化。

(1)卵巢。以短的系膜附着在左肾前部及肾上腺的腹侧。雏禽卵巢为扁平椭圆形，表面呈颗粒状，成年鸡卵巢呈葡萄状。

(2)输卵管。分为漏斗部、卵白分泌部、峡部、子宫和阴道。

漏斗部：是受精的部位。

蛋白分泌部：又称膨大部，分泌物形成蛋白。

峡部：分泌物是一种角蛋白，形成软壳膜。

子宫：分泌物为碳酸钙和碳酸镁，形成硬壳膜。

阴道：呈 S 状弯曲，开口于泄殖道的左侧。形成壳角质，防止病原微生物进入。

图 20-7、图 20-8 为母鸡生殖器官结构，图 20-9 为公鸡的泌尿和生殖器官。

(五)淋巴系统

1. **胸腺** 位于颈部皮下两侧，每侧分 7 个叶。性成熟前发育至最大，以后逐渐萎缩，但常保留一些遗迹。

2. **脾** 位于腺胃右侧，呈圆形或三角形。

3. **盲肠扁桃体** 位于盲肠基的壁内丰富的淋巴组织。

4. **腔上囊** 又称法式囊，位于泄殖腔的背侧，圆形囊状，开口于肛道。4 月龄最发达，以后开始退化，1 年完全消失。

【思考题】

1. 鸡内脏器官与家畜比较有哪些特点？
2. 鸡特有的淋巴器官有哪些，缺少哪种淋巴器官？

【绘图】

鸡消化系统的组成。

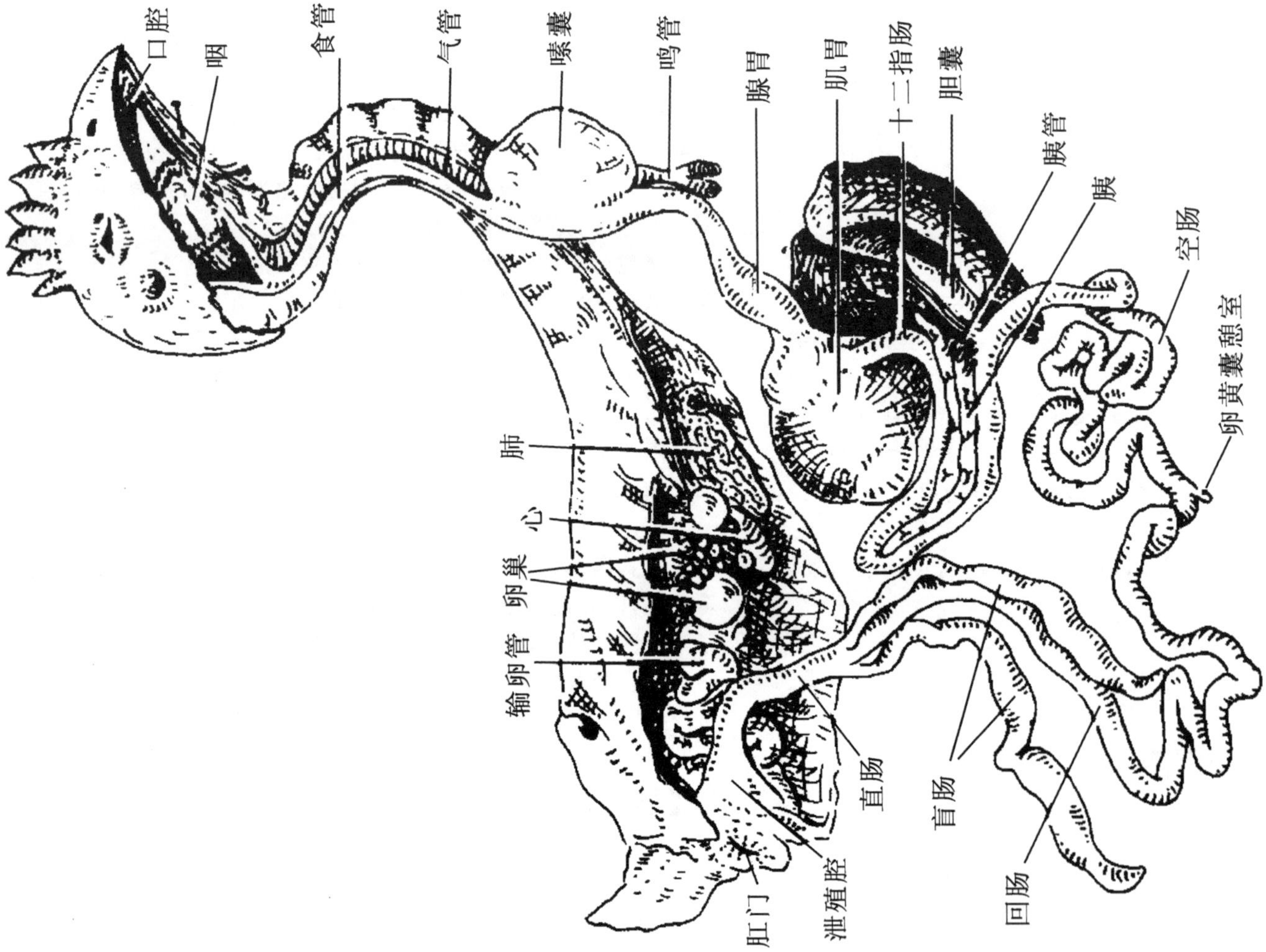

图 20-1 母鸡的消化器官

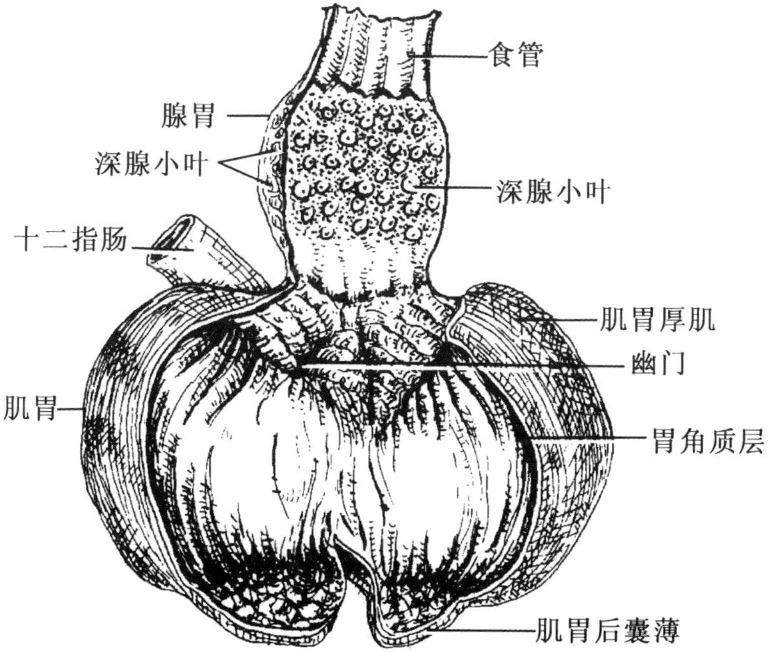

图 20-2　鸡的胃

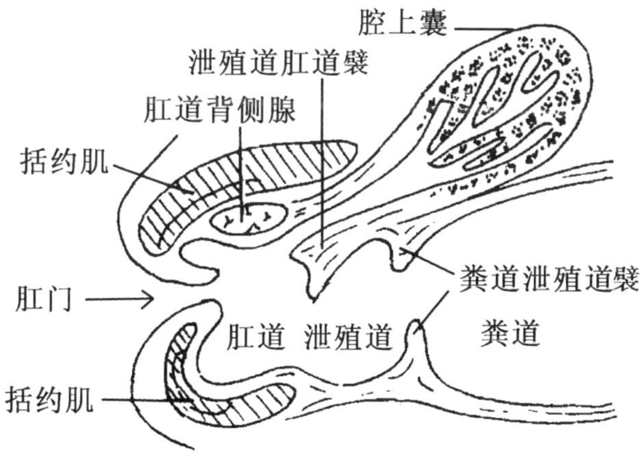

图 20-3　鸡的泄殖腔

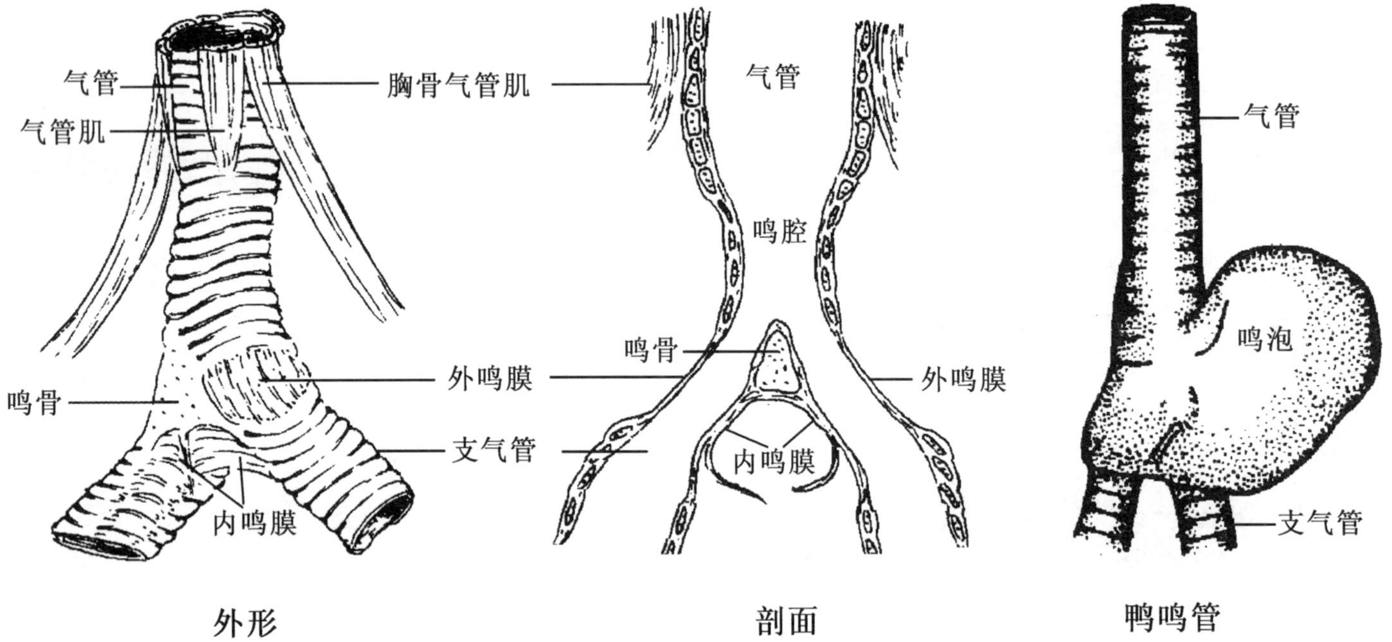

图 20-4 鸡和鸭的鸣管

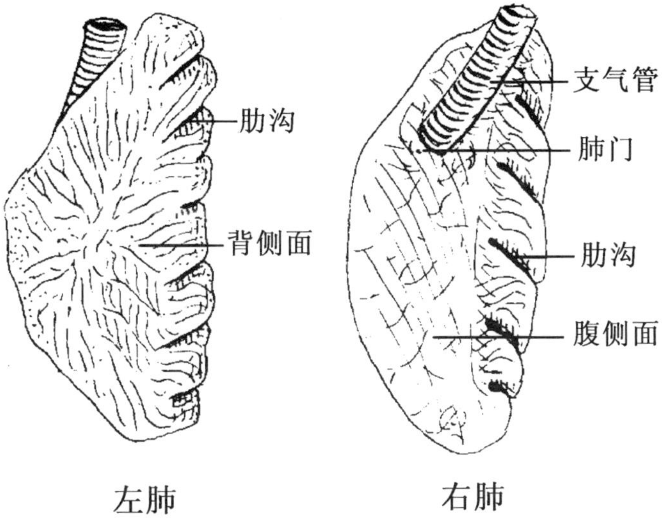

图 20-5 鸡的肺

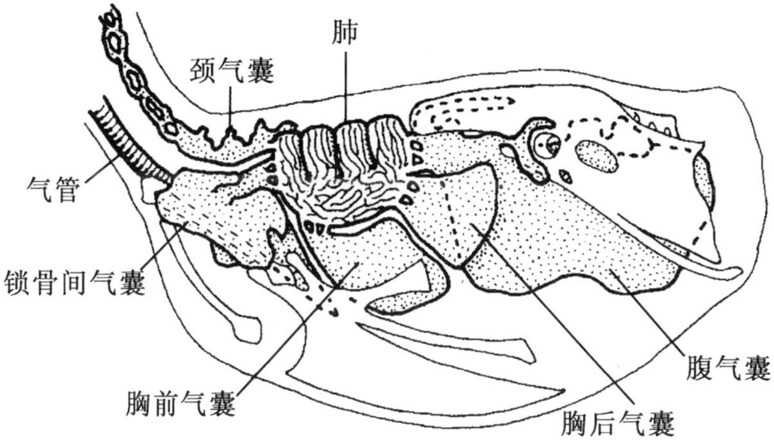

图 20-6 鸡的气囊

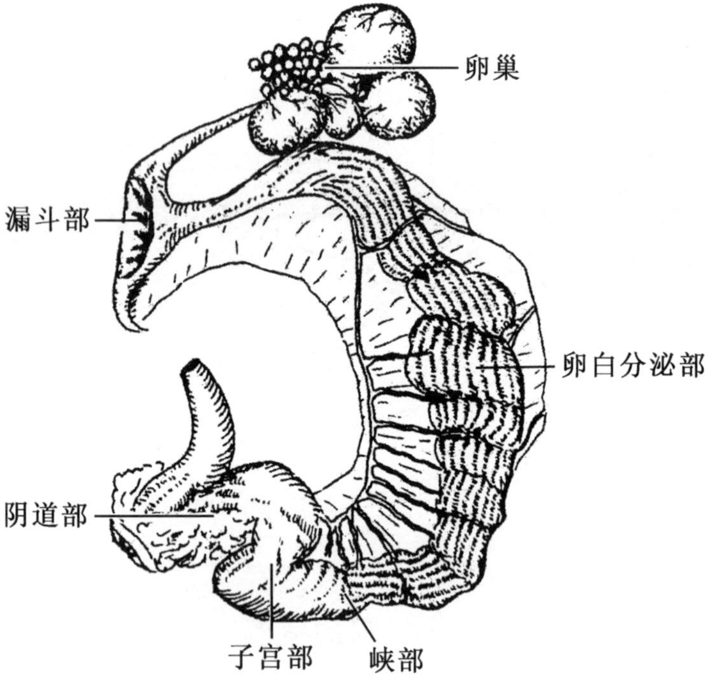

图 20-7　母鸡的生殖器官(展开)

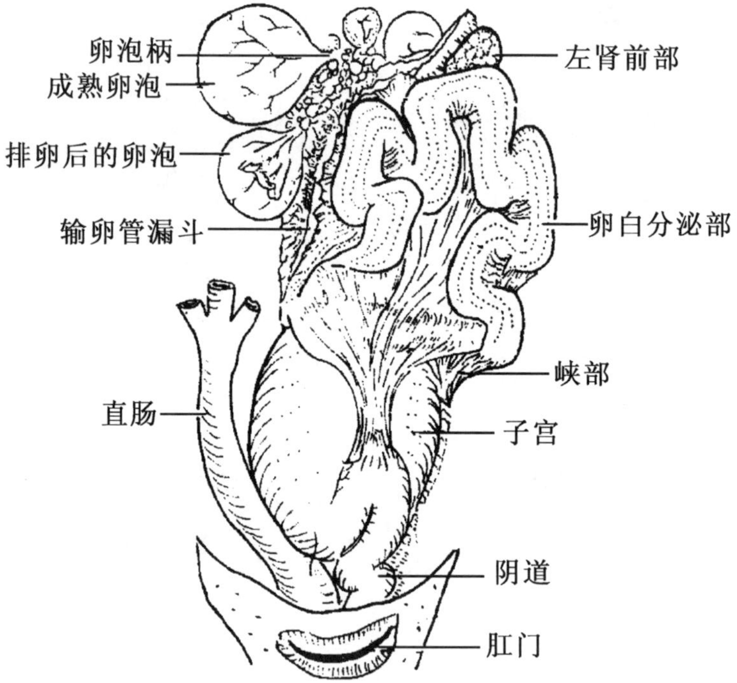

图 20-8　母鸡的生殖器官

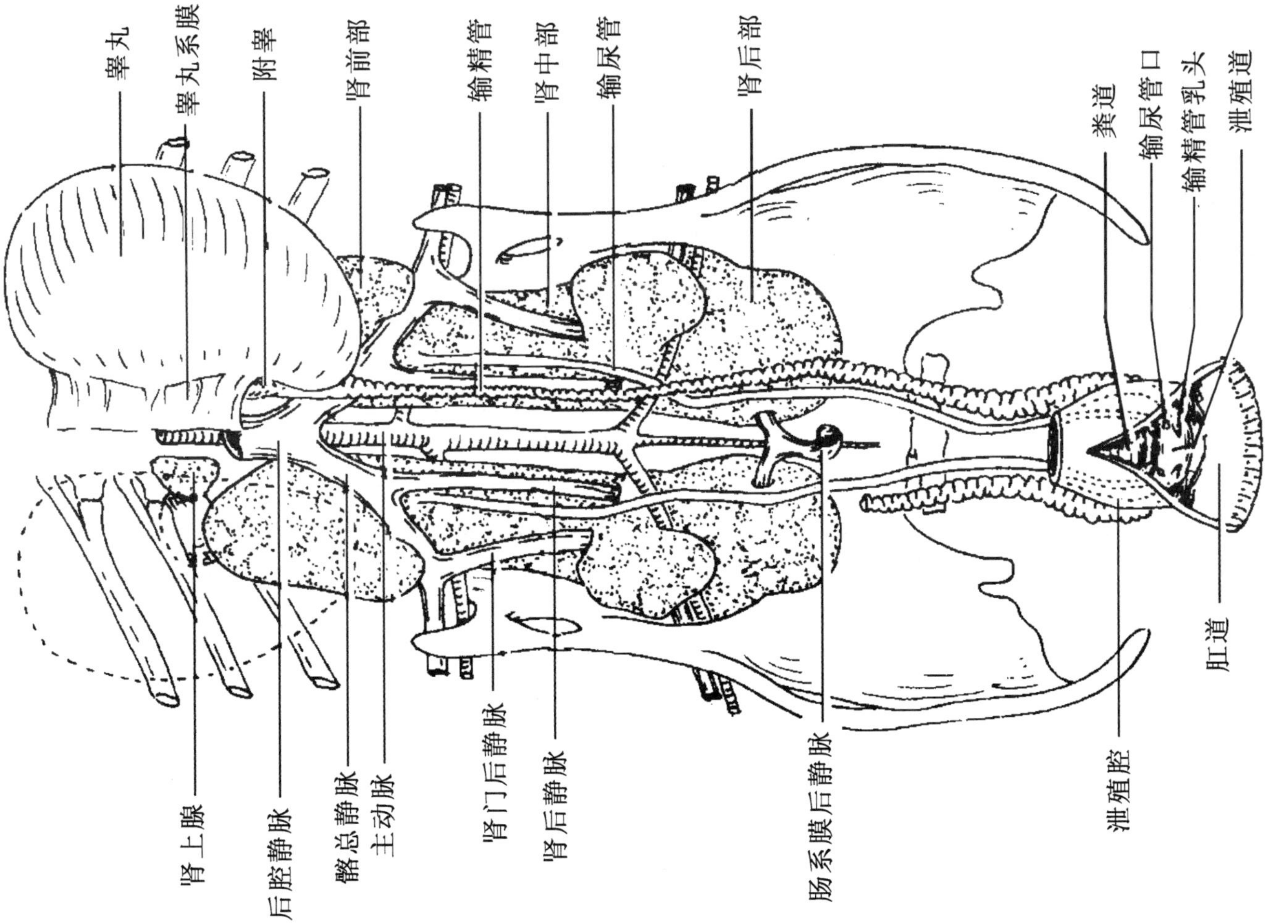

图 20-9　公鸡的泌尿和生殖器官

实验二十一　细胞的形态、大小和结构

【实验目的和要求】

了解细胞的形态和大小，掌握细胞的结构。

【实验仪器和材料】

电子显微镜，光学显微镜，四大基础组织切片。

【实验内容和方法】

一、细胞的形态和大小

用光学显微镜进行观察。细胞的形态多种多样，有圆形、卵圆形、柱状、立方形、扁平形、梭形、星形和多突起等(图 21-1)。多数细胞直径为 10～30 μm，最小的细胞是小脑颗粒细胞，直径只有 4 μm；最大的细胞是成熟的卵细胞，直径可达 200 μm 左右，但鸟类的卵细胞特别大，直径可达数厘米；最长的细胞是神经细胞，其突起可长达 1 m 左右。

二、细胞的结构

用电子显微镜进行观察。细胞由细胞膜、细胞质和细胞核构成。

(一)细胞膜

细胞膜是细胞表面的一层薄膜，又称质膜。在高倍率的电镜下细胞膜可呈现出 3 层结构：内、外两层色暗，电子密度高；中间层明亮，电子致密度低。通常将具有这种 3 层结构的膜为单位膜。

细胞膜的化学成分主要包括蛋白质、脂质和少量多糖。关于细胞膜的分子结构，目前普遍认为是液态镶嵌模型学说。该学说认为：细胞膜是液态的脂质双分子层中镶嵌着可移动的球状蛋白构成。每个脂质分子均由一个头部和两个尾部构成。头部亲水称亲水端。尾部疏水称疏水端。头部分别朝向膜内、外两面，尾部则朝向膜的内部。蛋白质分子有的镶嵌在脂质分子之间，称为嵌入蛋白；有的附着在脂质分子的内外表面，主要在内表面，称为表在蛋白。少量多糖与部分表在蛋白质或脂质分子结合形成糖蛋白和糖脂。

图 21-2 为细胞膜的结构。

(二)细胞质

细胞质由基质、细胞器和内含物组成。

1.细胞器　是具有一定形态结构和执行一定功能的小器官，包括线粒体、核蛋白体、内质网、高尔基复合体、溶酶体、过氧化体、中心体、微丝和微管。

(1)线粒体。在电镜下，线粒体是由内外两层单位膜围成的大小不等的圆形或椭圆形小体。外膜光滑，内膜向内折转形成线粒体嵴。在内膜和嵴的基质面上分布有带柄的球形颗粒，称为基粒。

(2)核蛋白体。又称核糖体，在电镜下，呈颗粒状，其化学成分是由核糖体核糖核酸(rRNA)与蛋白质构成。由大、小两个亚基构成。有的核蛋白体附着在内质网膜的表面，称为膜旁核蛋白体；有的游离在细胞质中，称为游离核蛋白体。

(3)内质网。由单位膜构成相互连通的小管、小泡或扁囊状结构。分为粗面内质网和滑面内质网。

(4)高尔基复合体。在电镜下，高尔基复合体是由单位膜构成的扁囊、大泡和小泡，它们可与内质网相通。

(5)溶酶体。在电镜下，呈大小不等的囊泡状，散在细胞质中。

(6)过氧化体。又称微体，是由单位膜构成的球形或卵圆形小泡。

(7)中心体。在电镜下，中心体由两个互相垂直的中心粒构成，中心粒呈圆筒状，筒壁由九组纵行的微管束很有秩序地排列而成。每一组微管束都包含3条紧密排列的细管称三联微管。

(8)微丝和微管。微丝是直径为5～7 nm的细丝；微管是直径为18～25 nm的细管。

2. 内含物　存在于细胞内的营养物质或新陈代谢产物，包括类脂糖原、蛋白质和一些色素等。

3. 基质　呈均匀透明而无定形的胶状，内含蛋白质、糖类、脂类、水和无机盐等。

(三)细胞核

细胞核由核膜、核仁、染色质与染色体和核基质构成。

1. 核膜　在电镜下，由内外两层单位膜构成。两层膜之间的间隙为核周隙，核膜上有核孔。

2. 核仁　呈球形，核仁的化学成分主要是蛋白质、RNA和DNA。

3. 核基质　是细胞核内无色透明的胶状物质，内含水、无机盐和酶类等。

4. 染色质与染色体　染色质由DNA、RNA、组蛋白和非组蛋白构成，在高倍电镜下，呈纤维状。在细胞分裂时，染色质复制加倍，高度卷曲折叠而变粗变短，形成棒状的染色体。

图21-3为细胞结构，图21-4为线粒体结构，图21-5为内质网结构，图21-6为高尔基复合体的结构，图21-7为中心粒的结构，图21-8为细胞核的结构。

【思考题】

细胞有哪些构造？

【绘图】

细胞的形态。

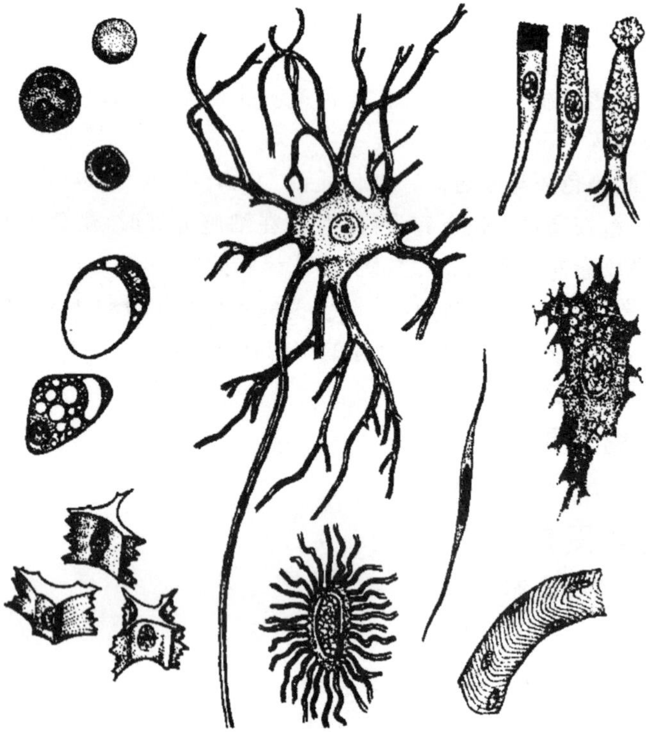

图 21-1 细胞的形态

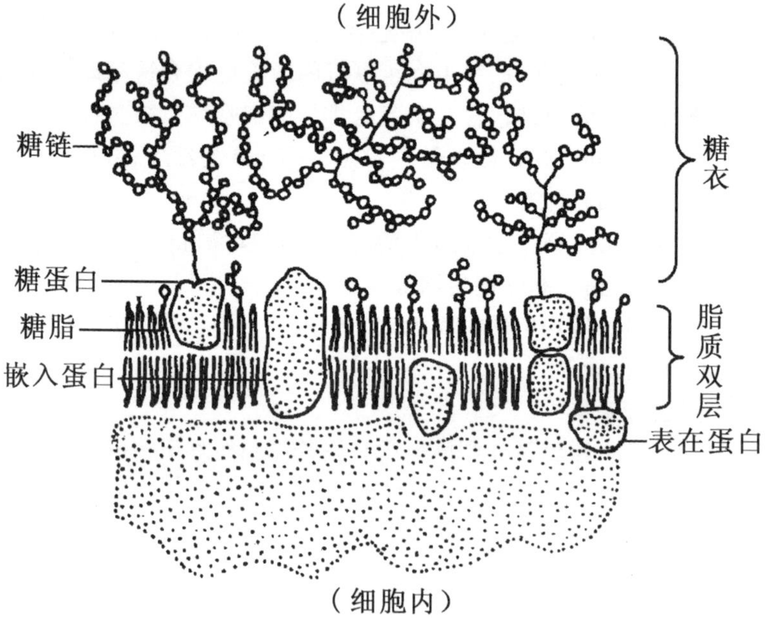

图 21-2 细胞膜的结构

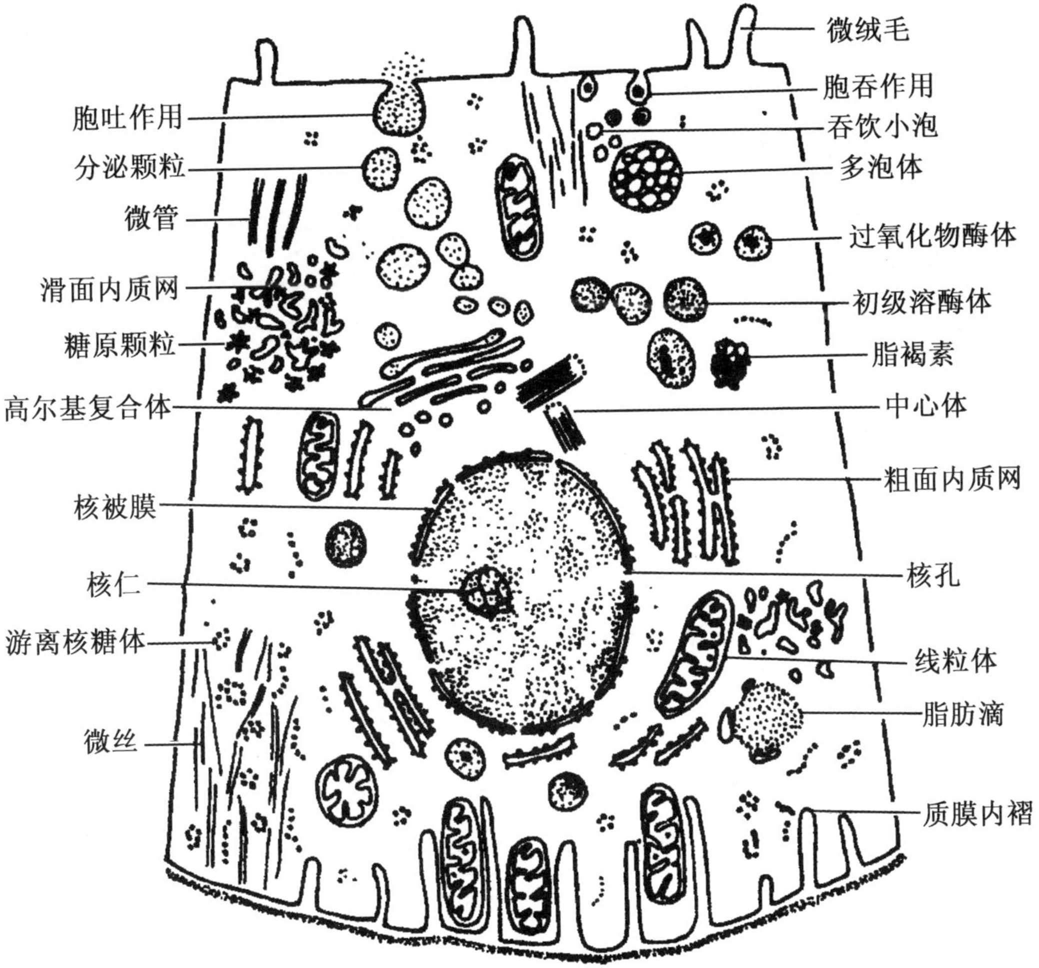
微绒毛
胞吞作用
吞饮小泡
多泡体
过氧化物酶体
初级溶酶体
脂褐素
中心体
粗面内质网
核孔
线粒体
脂肪滴
质膜内褶
胞吐作用
分泌颗粒
微管
滑面内质网
糖原颗粒
高尔基复合体
核被膜
核仁
游离核糖体
微丝

图 21-3　细胞的结构

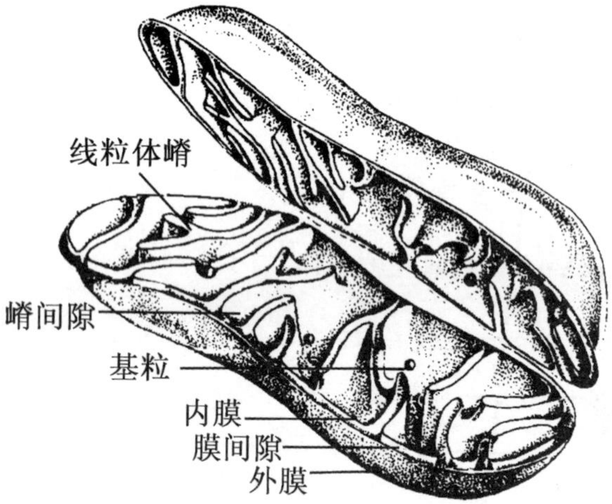

图 21-4　线粒体的结构

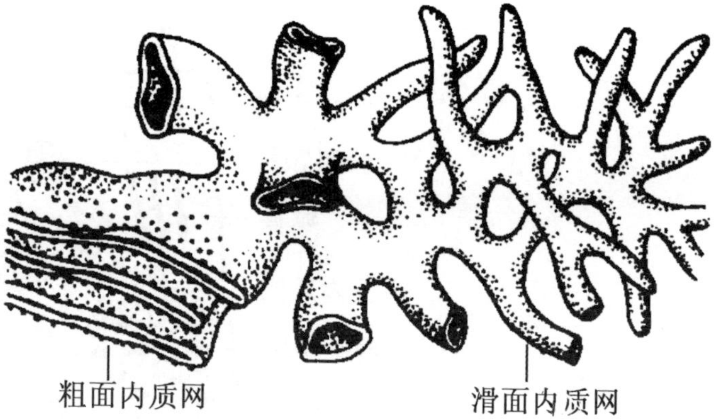

图 21-5　内质网的结构

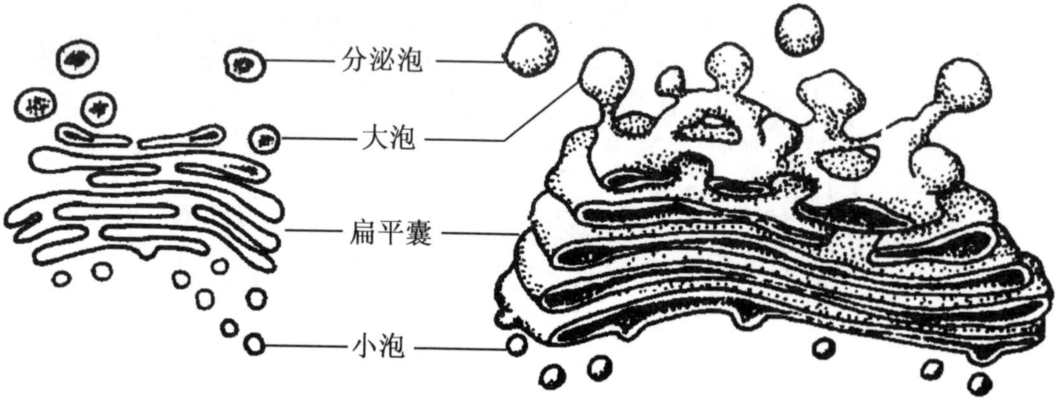

图 21-6　高尔基复合体的结构

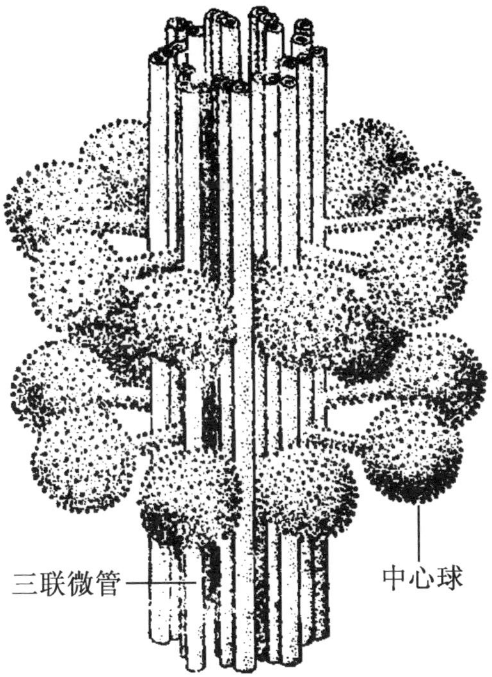

图 21-7　中心粒的结构

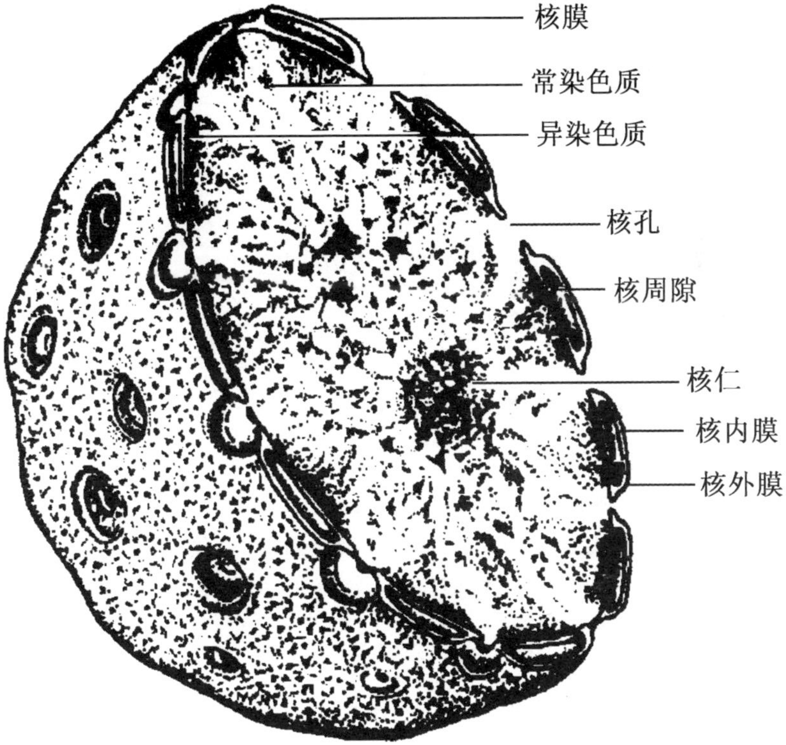

图 21-8　细胞核的结构

实验二十二　被覆上皮

【实验目的和要求】

掌握被覆上皮的分类及每种被覆上皮的结构。

【实验仪器和材料】

光学显微镜,被覆上皮切片。

【实验内容和方法】

(一)单层扁平上皮

由一层扁平细胞构成。表面观,细胞呈不规则形或多边形,细胞核呈椭圆形,位于细胞中央。侧面观,细胞呈梭形。单层扁平上皮衬贴在心、血管和淋巴管腔面称内皮,分布在胸膜、腹膜和心包膜表面称间皮(图 22-1)。

(二)单层立方上皮

由一层立方形细胞构成。表面观,细胞呈六角形或多角形;侧面观,细胞呈立方形,细胞核圆形,位于中央。分布于肾小管、甲状腺滤泡等处(图 22-2)。

(三)单层柱状上皮

由一层高柱状细胞构成。表面观,细胞呈六角形或多角形;侧面观,细胞呈柱状,细胞核椭圆形,位于细胞基底部。分布于胃、肠黏膜,胆囊、子宫内膜及输卵管黏膜腔面(图 22-3)。

(四)假复层柱状纤毛上皮

由一层细胞构成。有柱状细胞、杯状细胞、梭形细胞和锥形细胞。柱状细胞游离面具有纤毛。每一个细胞都与基底膜相连,只有柱状细胞和杯状细胞的顶端伸到上皮游离面。分布在呼吸管道的腔面(图 22-4)。

(五)变移上皮

器官缩小时,细胞变厚,细胞层数较多。当器官扩张时,上皮变薄,细胞层数减少,细胞形状也变扁。分布在排尿管和膀胱腔面(图 22-5)。

(六)复层扁平上皮

由多层细胞组成,表面数层为扁平细胞;中间数层为多边形细胞;基底层为一层矮柱状或立方形细胞。分布于口腔、食管、阴道等的腔和皮肤表面(图 22-6)。

【思考题】

被覆上皮的分类,每一上皮的特点和分布?

【绘图】

1. 单层立方上皮。
2. 单层柱状上皮。

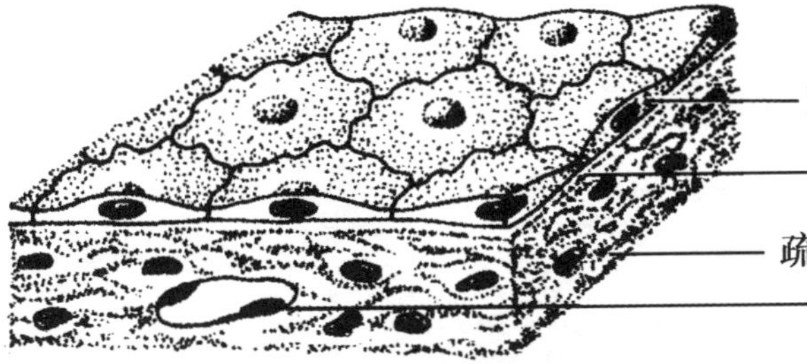

单层扁平上皮模式图

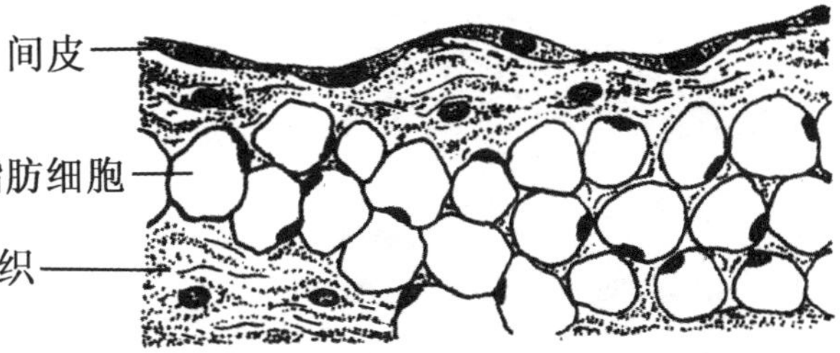

浆膜切面

图 22-1　单层扁平上皮

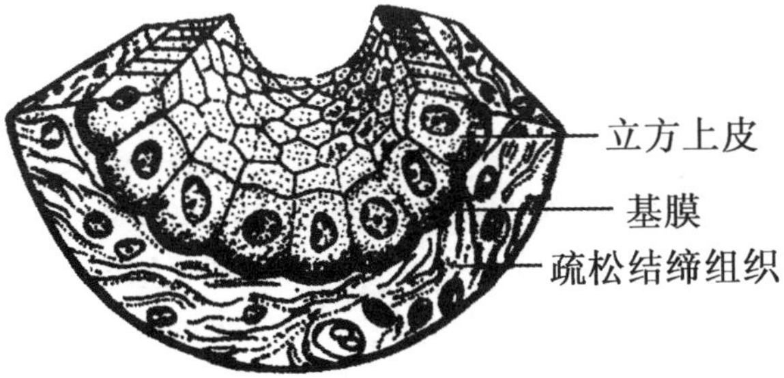

单层立方上皮模式图

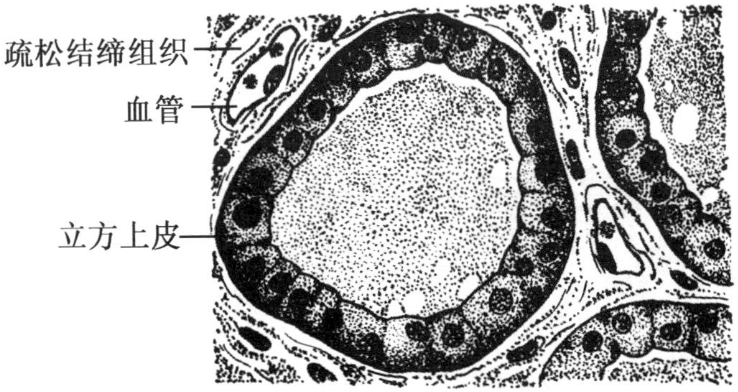

甲状腺切面

图 22-2　单层立方上皮

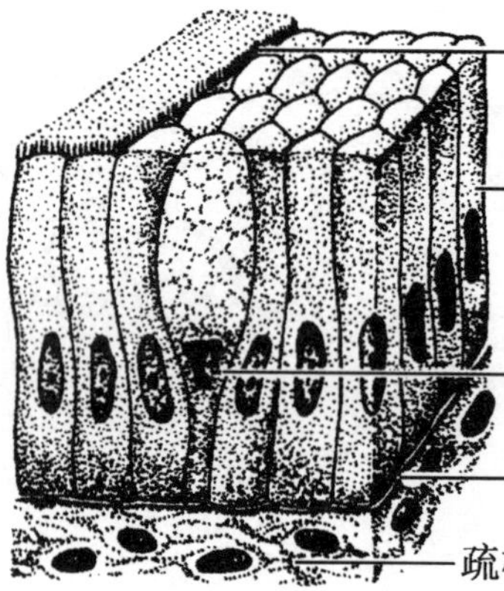

单层柱状上皮模式图

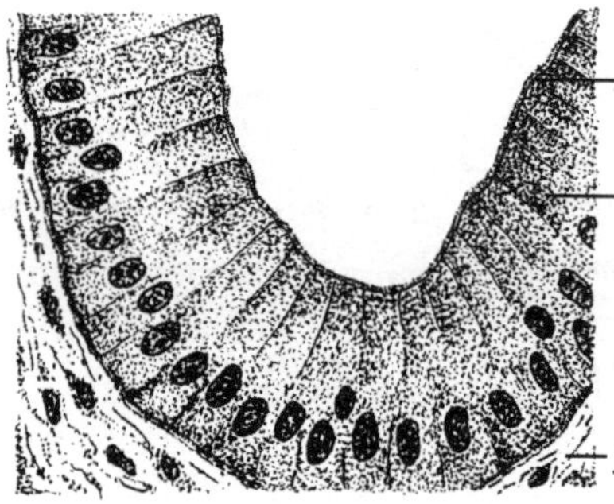

小肠黏膜上皮切面

图 22-3 单层柱状上皮

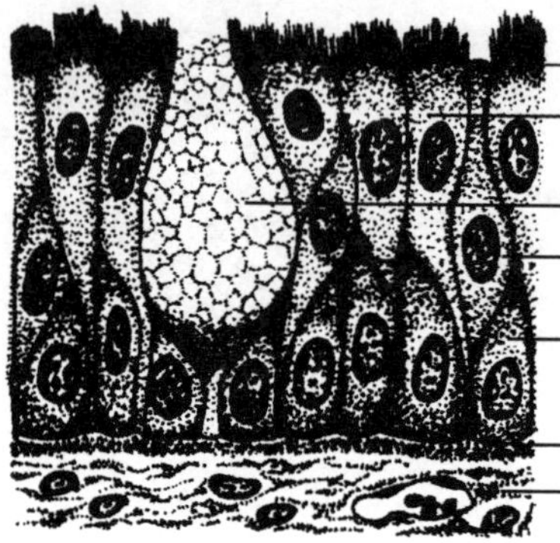

假复层柱状纤毛上皮模式图

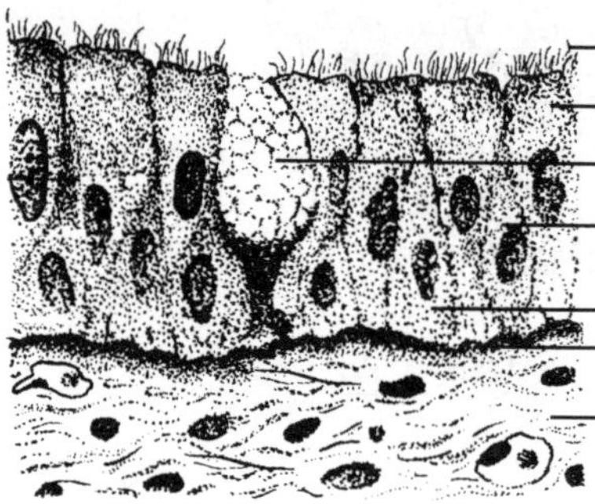

气管黏膜切面

图 22-4 假复层柱状纤毛上皮

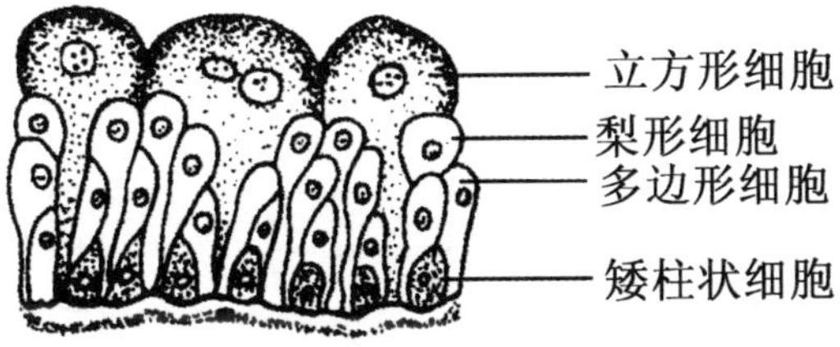

变移上皮收缩状态模式图

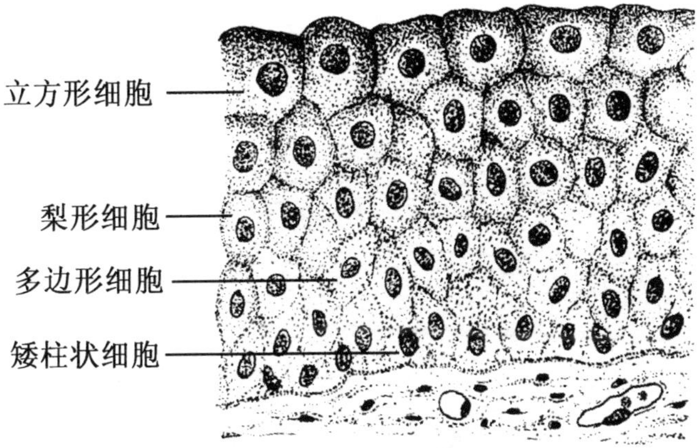

膀胱收缩状态切面

变移上皮舒张状态模式图

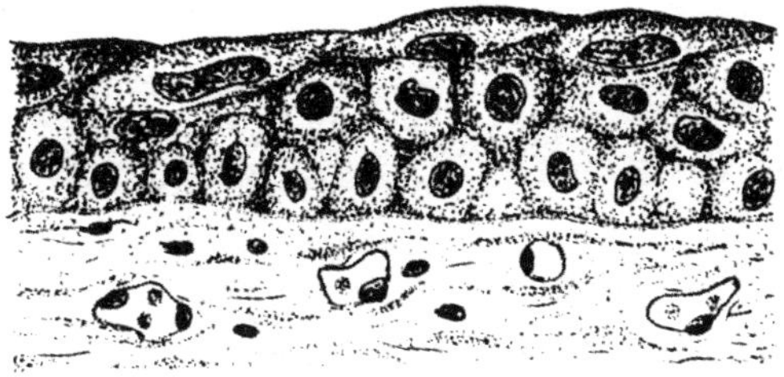

膀胱舒张状态切面

图 22-5　变移上皮

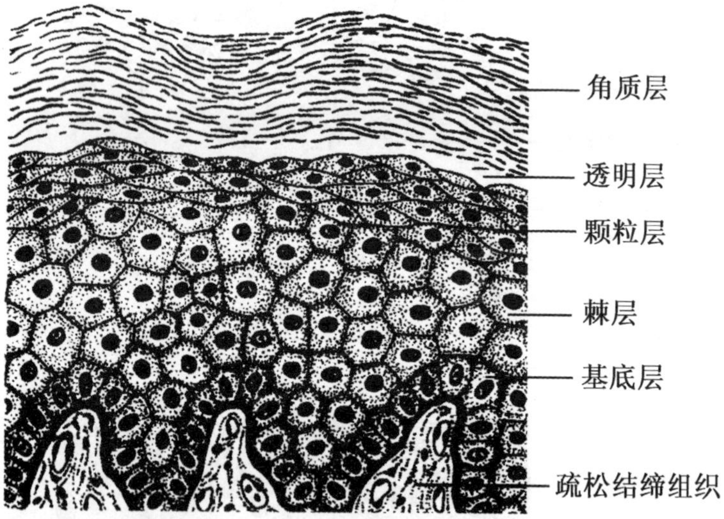

复层扁平上皮模式图

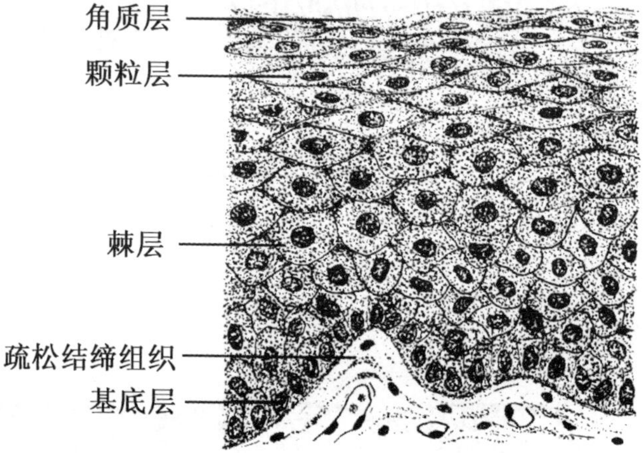

表皮切面

图 22-6　复层扁平上皮

实验二十三　结缔组织

【实验目的和要求】

掌握疏松结缔组织和血液的结构，了解致密结缔组织、脂肪组织和网状组织的结构。

【实验仪器和材料】

光学显微镜，疏松结缔组织、血液、致密结缔组织、脂肪组织和网状组织切片。

【实验内容和方法】

（一）疏松结缔组织

1.细胞　包括成纤维细胞、组织细胞、浆细胞、肥大细胞和脂肪细胞。

（1）成纤维细胞。是疏松结缔组织的主要细胞成分。数量最多，细胞体积大，呈扁平形，多突起，细胞轮廓不清楚。核较大，卵圆形，着色浅，核仁清楚。成纤维细胞作用能形成纤维和分泌基质。

（2）组织细胞。又称巨噬细胞，数量较多，分布广泛。细胞体积小，染色深，细胞形态多样，有圆形、椭圆形或不规则。细胞表面有短而钝的突起，称伪足。细胞核较小而圆，染色较深，核仁不明显。巨噬细胞具有趋化性和变形运动，吞噬和清除异物及衰老伤亡的细胞，分泌多种生物活性物质以及参与和调节免疫应答等功能。

（3）浆细胞。体积较小，多呈卵圆形，细胞核圆形，较小，常偏于细胞的一侧，染色质呈块状附于核膜上，呈辐射状分布。胞质嗜碱性，细胞核旁可见一淡染区。浆细胞具有合成和分泌免疫球蛋白，即参与体液免疫。

（4）肥大细胞。数量较多，分布很广，常沿小血管和小淋巴管分布。胞体较大，呈圆形或卵圆形，胞核小而圆，多位于中央。胞质内充满异染性颗粒，颗粒易溶于水。颗粒中含有肝素、组胺和白三烯，具有抗凝血、增加毛细血管通透性和促使血管扩张等作用。

（5）脂肪细胞。常单个或成群分布。细胞较大，呈球形，呈空泡状，核挤到一侧。脂肪细胞作用是合成、贮存脂肪和参与脂质代谢。

2.纤维　包括胶原纤维、弹性纤维和网状纤维。

（1）胶原纤维。是疏松结缔组织中的主要纤维成分，新鲜时呈白色，故又称白纤维。常集合成粗细不等的束，有分支。胶原纤维具有很强的韧性和抗拉力。

（2）弹性纤维。数量比胶原纤维少，新鲜时呈黄色，又称黄纤维。常单根存在，纤维较细，有分支。弹性纤维富于弹性而韧性差。

（3）网状纤维。很细、分支多互相连结成网。镀银染色时呈黑褐色，故又称嗜银纤维。网状纤维在疏松结缔组织较少见，主要分布在结缔组织与其他组织的交界处。

3.基质　是一种无色透明、均质状的胶态物质，没有一定的形态结构，充满于纤维和细胞之间。基质的主要化学成分是蛋白多糖、糖蛋白和水，蛋白多糖主要是透明质酸。基质有阻止细菌进入和异物扩散的作用。

图 23-1 为疏松结缔组织。

(二)血液

1. 有形成分 包括红细胞、白细胞和血小板。

(1)红细胞。大多数哺乳动物成熟的红细胞呈中央薄而周缘厚的双面凹的圆盘状,骆驼和鹿的为椭圆形,无细胞核和细胞器。禽类的红细胞呈椭圆形,细胞中央有一个椭圆形的核。

(2)白细胞。为无色有核的球形细胞,一般较红细胞体积大。在光镜下,根据白细胞胞质内有无特殊颗粒,可将其分为有粒白细胞和无粒白细胞两类。有粒白细胞又可根据颗粒的嗜色性,分为中性粒细胞、嗜酸性粒细胞和嗜碱性粒细胞;无粒白细胞分为单核细胞和淋巴细胞。

中性粒细胞:平均直径为 7～15 μm。核的形态多样,有杆状核和分叶形。在一般的血液涂片中,以 2～3 叶的核居多,核的分叶越多,表明越近衰老。胞质内含淡紫色或淡红色的细小颗粒。

嗜酸性粒细胞:直径在 8～20 μm 之间,核常为 2 个叶,胞质内有较粗大橘红色的嗜酸性颗粒。

嗜碱性粒细胞:直径在 10～15 μm 之间,胞核分叶或“S”形或不规则,着色较浅,常被胞质颗粒掩盖。胞质内有蓝紫色大小不等嗜碱性颗粒。

单核细胞:是白细胞中体积最大的细胞,直径为 10～20 μm,核呈卵圆形、肾形、马蹄形或不规则形等。染色淡,胞质丰富,瑞氏染色呈均质的浅灰色,其中可见到散在的嗜天青颗粒。

淋巴细胞:直径在 5～20 μm 之间,依体积大小分为大、中、小 3 种类型,小淋巴细胞直径为 5～8 μm,中淋巴细胞直径为 9～12 μm,大淋巴细胞直径为 13～20 μm。在正常的血液中只有小淋巴和中淋巴细胞,大淋巴细胞见于骨脾和淋巴结的生发中心,小淋巴细胞数量占血液淋巴细胞总数的 90%,核大而圆,染色深,几乎占据整个细胞,核一侧常有凹陷。细胞质很少,呈一窄带状,染成淡的蓝色。

(3)血小板。是骨髓巨核细胞脱落脱离下来的一些胞质的小片,单个的血小板呈圆形、椭圆形或有小突起,直径在 2～4 μm,表面有完整的细胞膜,无细胞核,有细胞器,中央部分含紫色颗粒,周围部均质弱嗜碱性染色。血液涂片上,往往十几个乃至几十个聚集在一起,故血小板常无明显的轮廓。

2. 无形成分 即血浆,是血液中的液体成分。

图 23-2、图 23-3、图 23-4、图 23-5 分别为牛、猪、马和鸡的血液组织结构。

(三)致密结缔组织

由大量紧密排列的纤维成分和少量的细胞成分构成,基质含量少,形态固定。包括以下两种:

1. 不规则致密结缔组织 以胶原纤维为主,纤维排列方向不规则,互相交错,构成坚固的纤维膜(图 23-6)。

2. 规则致密结缔组织 有的以胶原纤维为主,如肌腱;有的以弹性纤维为主,如项韧带。纤维排列十分规则而致密,具有弹性和抗引力作用(图 23-7)。

(四)脂肪组织

由大量脂肪细胞聚集而成,细胞表面包绕着致密而纤细的网状纤维,基质含量极少。少量疏松结缔组织和小血管伸入脂肪组织中,将其分隔成许多小叶。脂肪细胞呈球形、卵圆形或多角形。细胞内充满脂滴,细胞质和细胞核被挤到细胞的外围,呈一狭窄的指环状带。在HE切片中，由于脂肪滴被溶解，细胞呈大空泡状（图23-8）。

（五）网状组织

由网状细胞、网状纤维、基质和少量巨噬细胞构成。网状细胞的突起彼此相互联结；网状纤维有分支，互相交织成网，紧贴在网状细胞的表面。网孔内充满淋巴液或组织液（图23-9）。

【思考题】

1. 疏松结缔组织由哪些结构组成的，每种结构的作用如何？

2. 如何区分血液中中性粒细胞、嗜酸性粒细胞和嗜碱性粒细胞？

【绘图】

1. 疏松结缔组织的细胞和纤维。

2. 中性粒细胞、嗜酸性粒细胞、嗜碱性粒细胞、单核细胞和淋巴细胞。

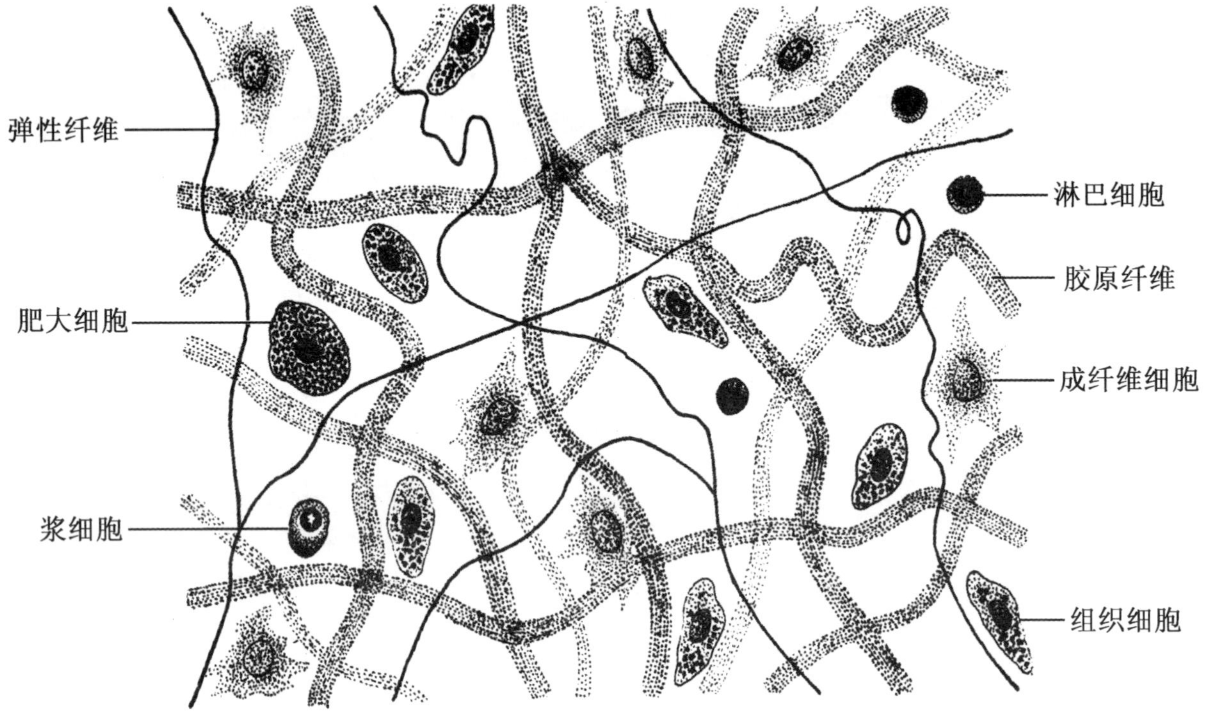

图 23-1　疏松结缔组织

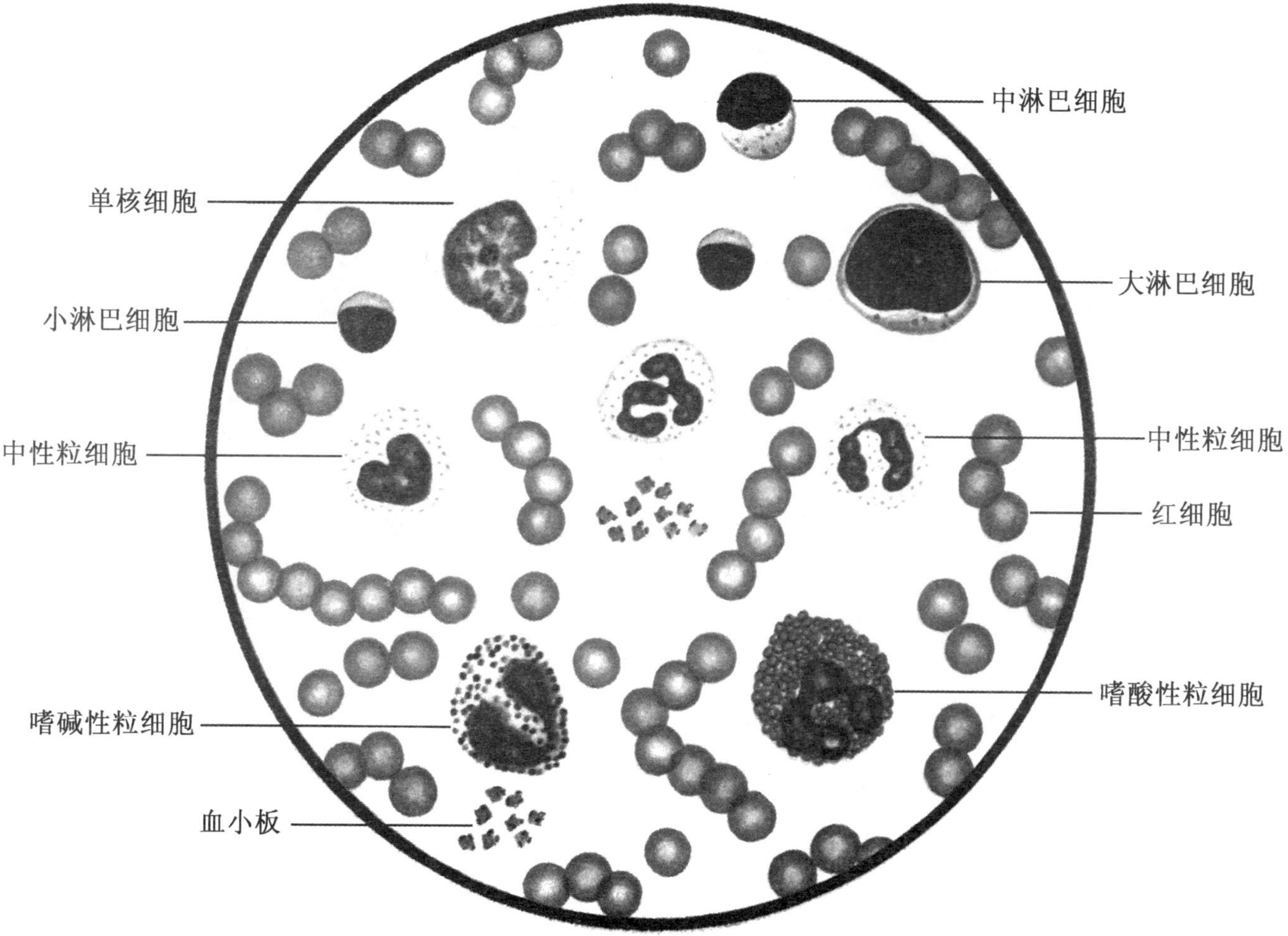

图 23-2　牛的血液

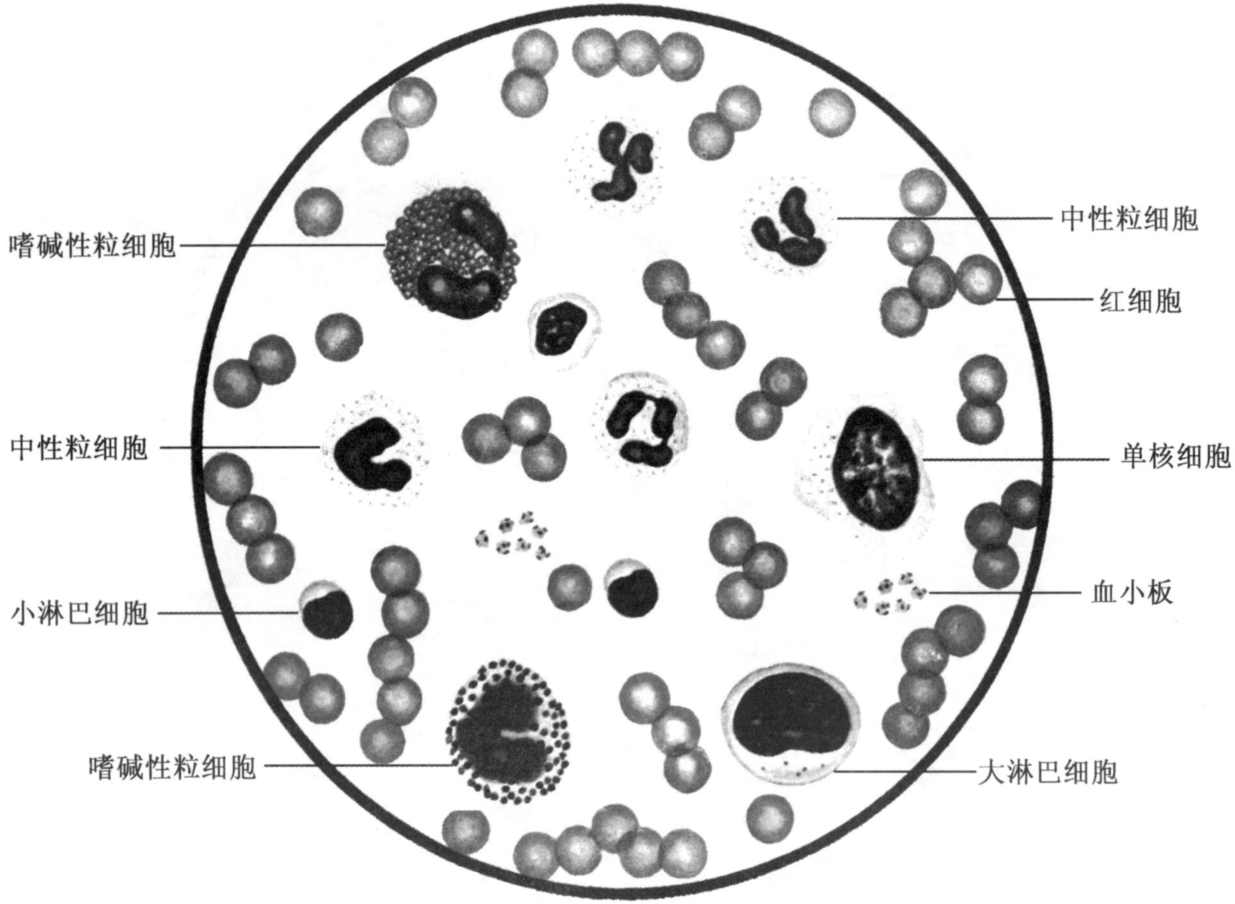

图 23-3　猪的血液

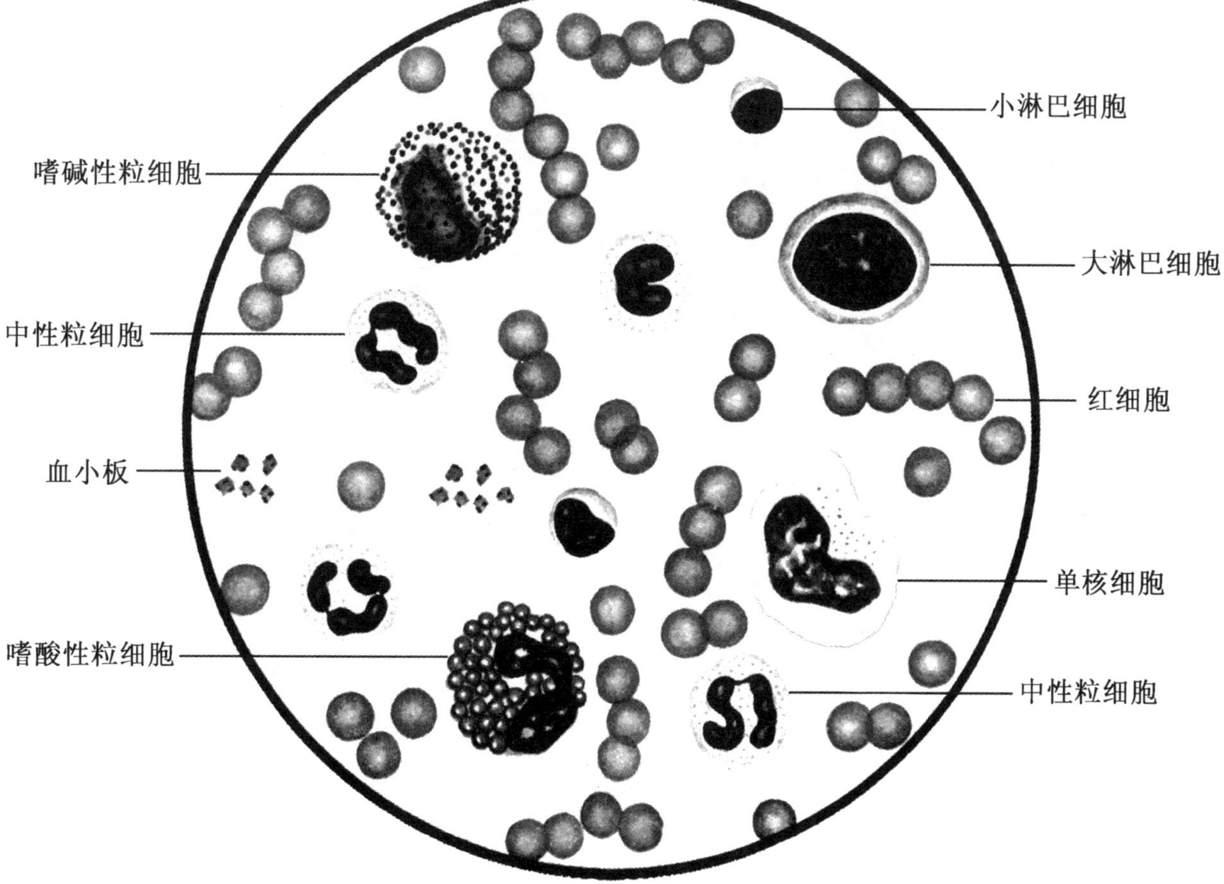

图 23-4 马的血液

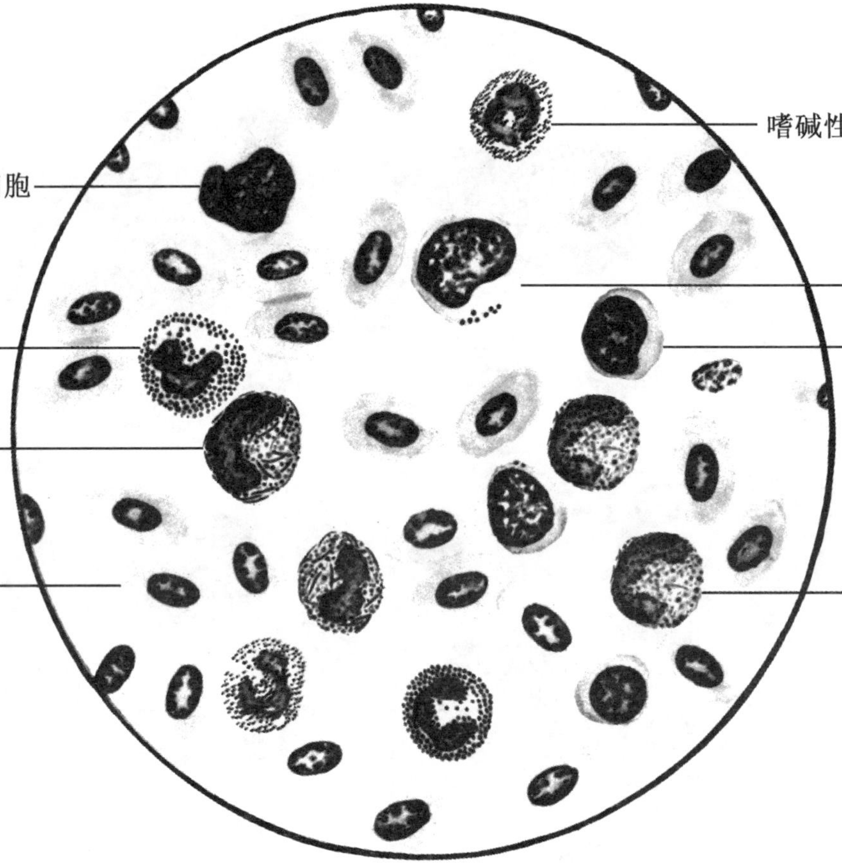

图 23-5　鸡的血液

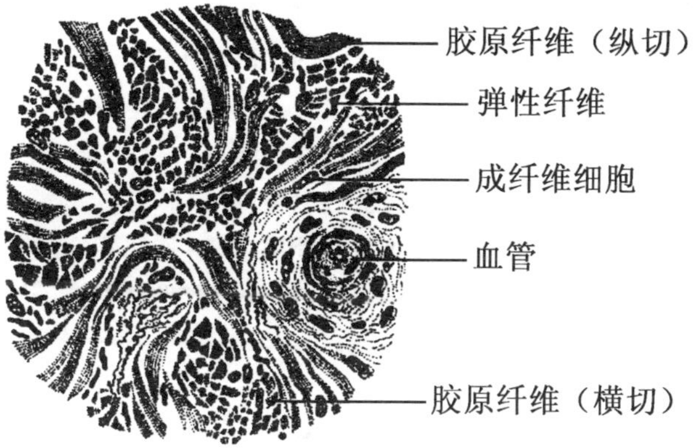

图 23-6　不规则致密结缔组织(真皮)

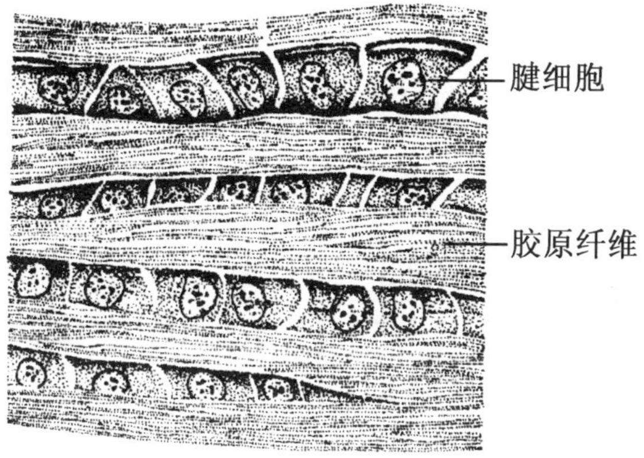

图 23-7　规则致密结缔组织(肌腱)

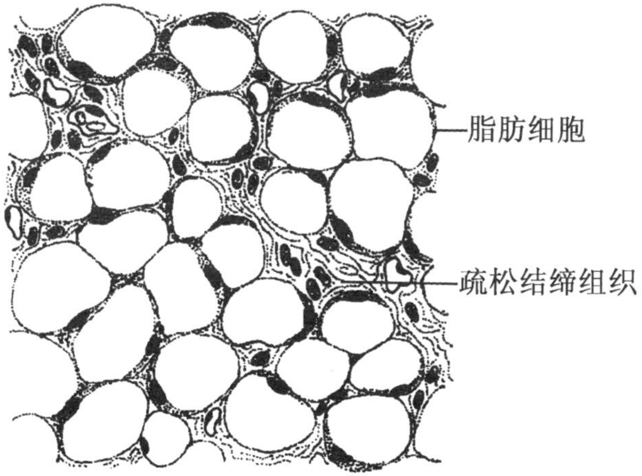

图 23-8　脂肪组织

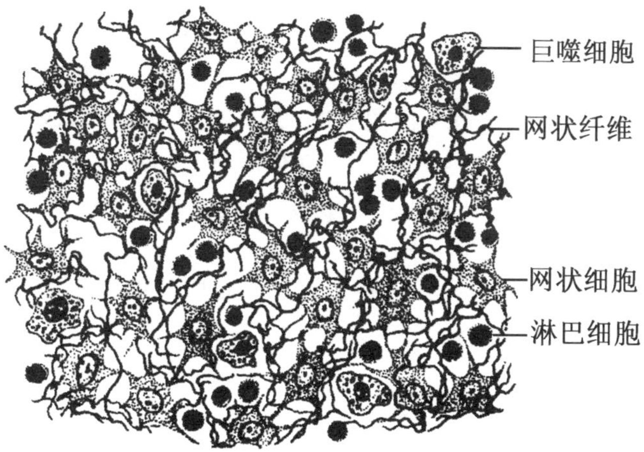

图 23-9　网状组织

实验二十四　肌组织和神经组织

【实验目的和要求】

掌握骨骼肌、心肌和平滑肌的结构。了解神经组织的结构。

【实验仪器和材料】

光学显微镜，骨骼肌、心肌和平滑肌切片，神经元切片。

【实验内容和方法】

(一)肌组织

1. **骨骼肌**　骨骼肌由骨骼肌纤维组成。骨骼肌纤维为长圆柱形，核呈扁椭圆形，有几十个甚至几百个细胞核，位于细胞周围近肌膜处。肌浆内含许多与细胞长轴平行排列的肌原纤维。每条肌原纤维上都可见折光性不同的明带、暗带，所有肌原纤维的明带与暗带都整齐地排列在同一平面上，在肌纤维上形成明暗相间的横纹，故称横纹肌。其收缩有力，受意识支配，又称随意肌(图 24-1)。

2. **心肌**　心肌是由心肌纤维组成，分布于心壁。心肌纤维呈短柱状，多数有分支，相互连接成网状。心肌纤维的连接处称闰盘。心肌纤维有 1～2 个椭圆形的核，位居中央。心肌纤维有明暗相间的横纹，也属横纹肌。其心肌收缩力强而有节律，不受意识支配，是不随意肌(图 24-2)。

3. **平滑肌**　平滑肌由平滑肌细胞构成，排列整齐。主要分布到胃肠道、呼吸道、泌尿生殖道以及血管和淋巴管的管壁，又称内脏肌。平滑肌纤维呈长梭形，平滑肌只有一个核，呈棒状或椭圆形，位于细胞中央。平滑肌纤维无横纹。其收缩启动缓慢，不受意识支配，属于不随意肌(图 23-3)。

(二)神经组织

神经组织主要由神经细胞和神经胶质细胞构成。神经细胞由胞体和突起构成，突起分轴突和树突，轴突只有一根，细长，树突有多个，比较短呈树枝状分支。神经胶质细胞体积比神经细胞小，数目比神经细胞多，有星形胶质细胞，少突胶质细胞、小胶质细胞、室管膜细胞和脉络丛上皮细胞(图 24-4)。

【思考题】

如何区分骨骼肌、心肌和平滑肌？

【绘图】

骨骼肌、心肌和平滑肌。

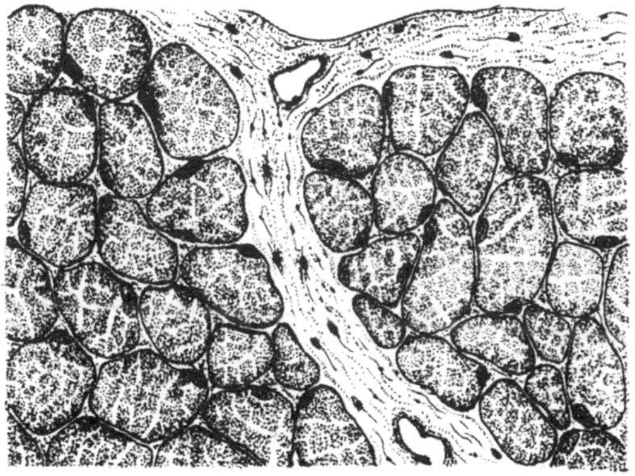

骨骼肌横切面

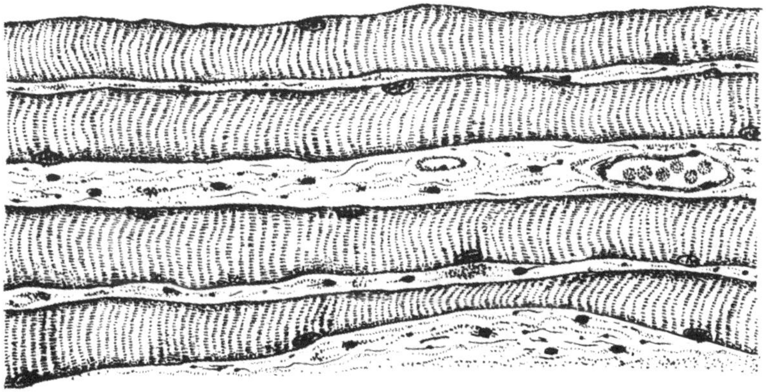

骨骼肌纵切面

图 24-1　骨骼肌

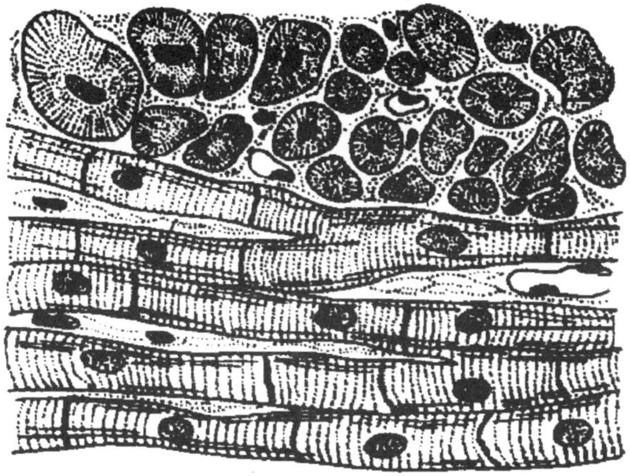

图 24-2　心肌

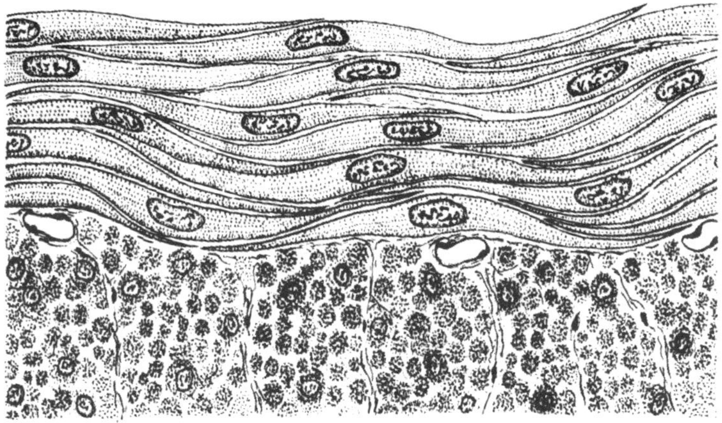

图 24-3　平滑肌

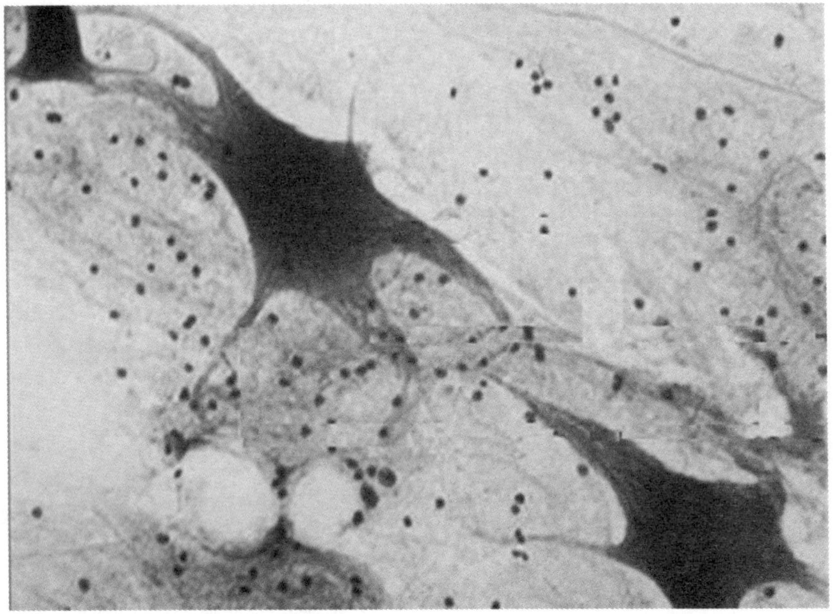

光镜下

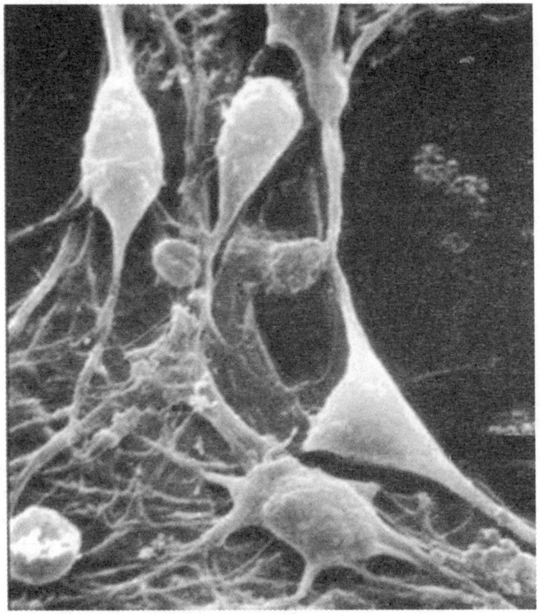

电镜下

图 24-4　神经组织

实验二十五　消化器官组织结构

【实验目的和要求】

掌握单室胃、小肠、肝的组织结构，了解胰的组织结构。

【实验仪器和材料】

光学显微镜，单室胃、小肠、肝和胰切片。

【实验内容和方法】

(一)单室胃的组织结构

当胃排空时，腔面可见许多纵横交错的皱襞，当充满食物时皱襞变小或消失。胃壁由内向外分为黏膜、黏膜下层、肌层和外膜。

1. 黏膜　由黏膜上皮、固有层和黏膜肌层组成。

(1)黏膜上皮。无腺区为复层扁平上皮；有腺区为单层柱状上皮，上皮细胞之间有少量的内分泌细胞。黏膜上皮凹陷到固有层形成胃小凹，是胃腺的开口处。

(2)固有层。由富含网状纤维的疏松结缔组织构成，有丰富的毛细血管和散在的平滑肌纤维，有胃腺。猪含有大量浸润的白细胞和淋巴小结。

胃腺分为贲门腺、幽门腺和胃底腺。胃底腺为分支管状腺或单管状腺。腺体可分为颈、体和底部。管壁由主细胞、壁细胞、颈黏液细胞和内分泌细胞构成。①主细胞又称胃酶细胞，多成堆分布于腺的体部和底部。细胞呈柱状或锥体形，胞核圆，位于细胞的基部。主细胞作用分泌胃蛋白酶原，在幼畜还分泌凝乳酶原。②壁细胞又称泌酸细胞，细胞体积较大，多散在分布于腺的颈部和体部。细胞呈圆形或锥体形，核圆而深染，居细胞的中央。壁细胞作用合成和分泌盐酸。③颈黏液细胞，多位于腺颈部，但猪分布于腺体各部，以底部最多。细胞呈立方形或矮柱状，胞核扁圆，位于细胞基部。颈黏液细胞作用主要分泌黏液。④ 内分泌细胞，存在上皮细胞之间。

(3)黏膜肌层。由内环、外纵两层平滑肌组成。

2. 黏膜下层　由疏松结缔组织构成。猪胃的黏膜下层有淋巴小结。

3. 肌层　分为3层：内层为斜行肌，仅分布无腺区，形成贲门括约肌；中层为环形肌，形成幽门括约肌；外层为纵行肌，分布在胃的大弯和小弯处。

4. 外膜　是一层浆膜。

图25-1为胃壁切面低倍结构，图25-2为胃底腺高倍结构。

(二)小肠的组织结构

小肠的管壁由黏膜、黏膜下层、肌层和外膜构成。

1. 黏膜　形成许多环行皱褶，肠黏膜表面有许多细小的指状突起，称肠绒毛。肠绒毛由黏膜上皮和固有层突入肠腔内形成。固有层内有一条粗大的毛细淋巴管，以盲端其始，称中央乳糜管。

(1)黏膜上皮。覆盖在黏膜和绒毛的表面，为单层柱状上皮，由柱状细胞、杯状细胞和少量的内分泌细胞组成。柱状细胞数量多，约占小肠上皮细胞的90%。细胞呈高柱状，胞核椭圆形，位于细胞基部。细胞游离面在光镜下可见明显的纹状缘。柱状细胞之间散在杯状细胞和内分泌细胞。

(2)固有层。由富含网状纤维的结缔组织构成，内含有大量肠腺、毛细血管、淋巴管、神经、巨噬细胞、淋巴细胞及淋巴组织。小肠腺为单管状腺，由柱状细胞、杯状细胞、潘氏细胞、未分化细胞和内分泌细胞构成。

(3)黏膜肌层。由内环和外纵两层平滑肌构成。

2.黏膜下层 由疏松结缔组织构成，内有淋巴小结、较大的血管、淋巴管和神经丛等。在十二指肠还有十二指肠腺。十二指肠腺是分支的管泡状腺，反刍兽为管状腺。腺细胞呈低柱状，细胞核为球形(如猪)或扁平形(如马)，位于细胞基部。

3.肌层 由内环、外纵的平滑肌构成，两层平滑肌之间有结缔组织、血管和神经丛。

4.外膜 是一层浆膜。

图 25-3 为十二指肠横切面低倍结构，图 25-4 为小肠绒毛横式图。

(三)肝的组织结构

肝的表面被覆一层富含弹性纤维的结缔组织被膜，被膜是一层浆膜，被膜中的结缔组织伸入实质，将实质分为许多肝小叶和小叶间结缔组织。

1.肝小叶 肝小叶呈的多边棱柱形。肝小叶由中央静脉、肝细胞、肝板、肝血窦和胆小管组成。

(1)中央静脉。位于肝小叶中央，由内皮和少量的结缔组织构成。有许多肝血窦的开口，故管壁不完整。

(2)肝细胞。呈多面体，胞体较大，界限清楚。细胞核圆而大，位于细胞中央，有的细胞可有 2 个细胞核。

(3)肝板。肝细胞以中央静脉为轴心呈放射状排列，切片上呈索状，称为肝细胞索。由于肝细胞呈单行排列，构成板状结构，成为肝板。

(4)肝血窦。是位于肝板之间，相互吻合的网状管道。窦壁由扁平内皮细胞和星状细胞(又叫枯否氏细胞)共同构成的。

(5)胆小管。是相邻的两个肝细胞间局部细胞膜凹陷成槽并相互对接形成的微细管道。胆小管以盲端起始于中央静脉周围的肝板内，并彼此交织成网。呈放射状走向肝小叶边缘与小叶内胆管(赫令氏管)相接。

2.门管区 是相邻几个肝小叶之间的结缔组织内的小叶间动脉、小叶间静脉和小叶间胆管所伴行分布的三角形区域。

图 25-5 为肝子叶结构横式图，图 25-6 为猪肝的组织结构，图 25-7 为肝细胞素和肝血窦结构。

(四)胰的组织结构

胰的表面被覆有薄层结缔组织被膜，结缔组织伸入实质，将脂质分成许多界限不明显的胰小叶。实质部分为外分泌部和内分泌部。

1.外分泌部 为复管泡状腺，分腺泡和导管两部分。

(1)腺泡。呈球状或管状，大小不一，腺腔很小，均由浆液性腺细胞组成。腺细胞呈锥体形，细胞核大而圆，位于基底部。在腺腔内常见到 1～2 个泡心细胞，该细胞为闰管的起始细胞。

(2)导管。为输送胰液至十二指肠的管道，包括闰管、小叶内导管、小叶间导管和胰管。腺泡以泡心细胞与闰管相连，闰管长而细，为单层扁平上皮。小叶内导管变粗，为单层立方上皮。在小叶间结缔组织内，若干小叶内导管汇成小叶间导管，最后形成 1～2 条胰管，管壁上皮由单层低柱状变为高柱状，并夹有散在的杯状细胞和内分泌细胞。

2.内分泌部 由内分泌细胞构成的圆形或卵圆形的细胞团，不规则地散在腺泡之间，形如岛屿，称胰岛。细胞有：①A 细胞：胞体较大，分布胰岛周围，占细胞总数 20%左右，能分泌胰高血糖素。②B 细胞：胞体略小，多分布胰岛中央部，占细胞总数 75%左右，能分泌胰岛素。③D 细胞：数量较少，多分散在 A、B 细胞之间，约占细胞总数 5%，能分泌生长抑素。④PP 细胞：数量很少，能分泌胰多肽。

图 25-8 胰的组织(高倍)结构。

【思考题】

1. 胃底腺中有哪些细胞，作用如何？
2. 单室胃和小肠的组织结构有何不同？

【绘图】

1. 猪肝的组织结构(低倍)。
2. 小肠组织结构(低倍)。

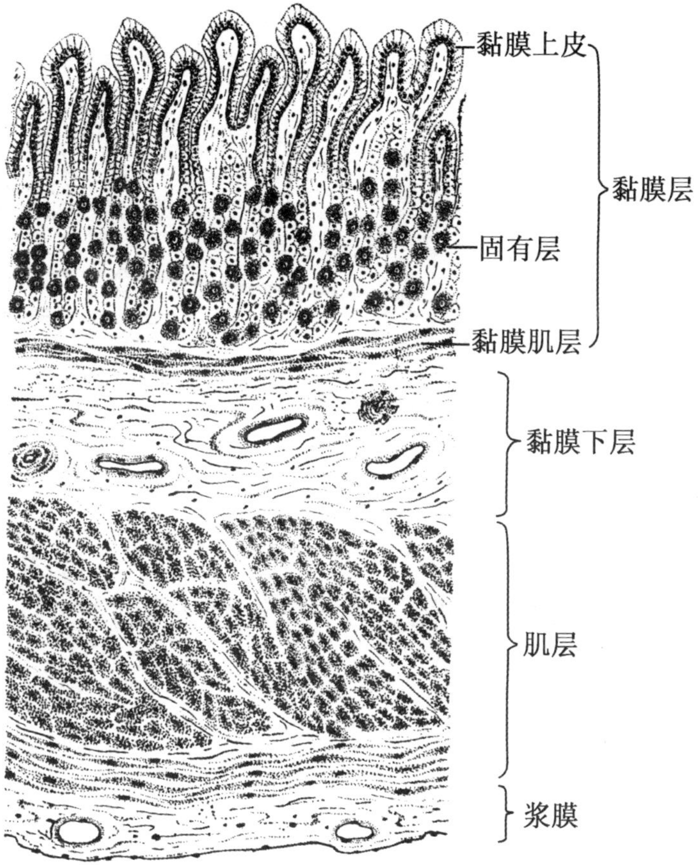

图 25-1　胃壁切面(低倍)

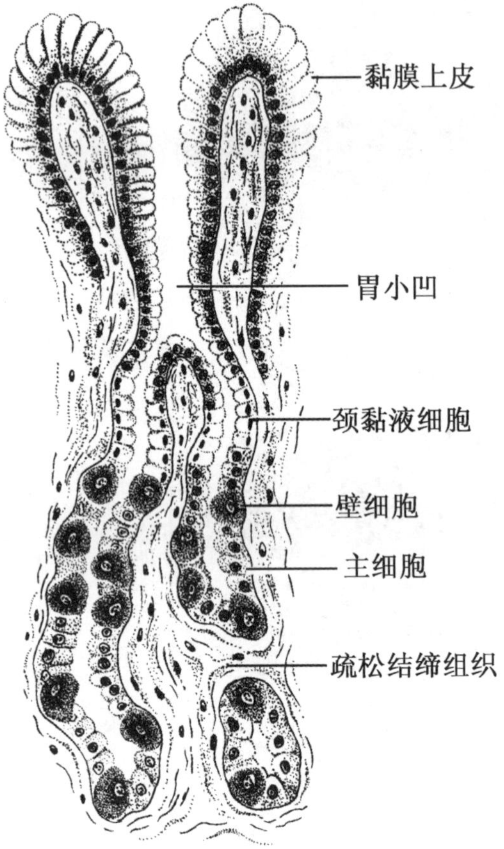

图 25-2 胃底腺(高倍)

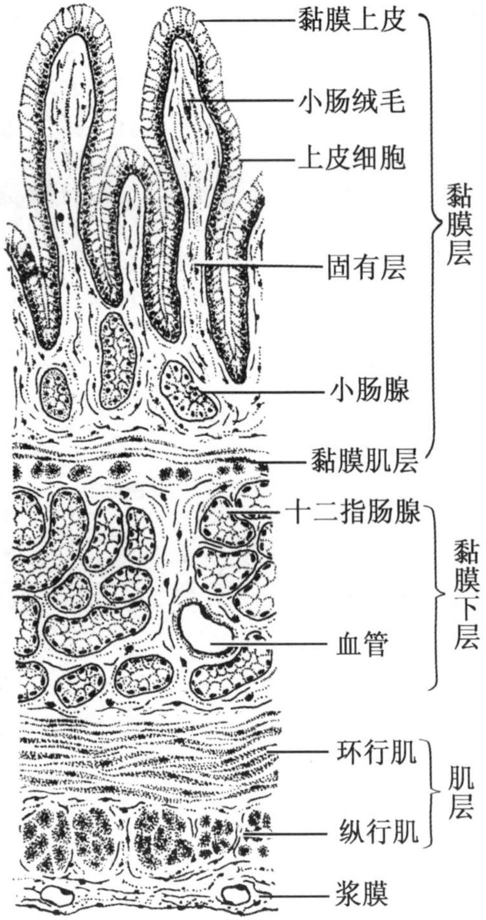

图 25-3 十二指肠横切面(低倍)

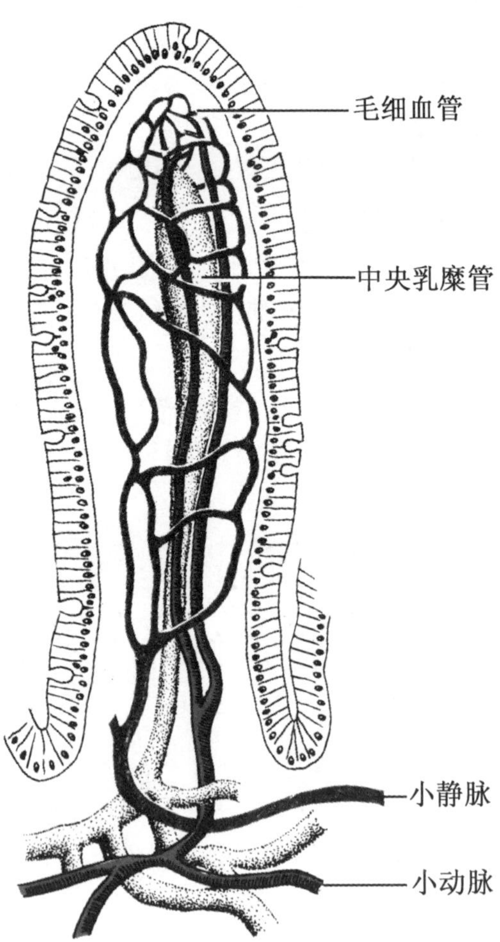

图 25-4 小肠绒毛模式图

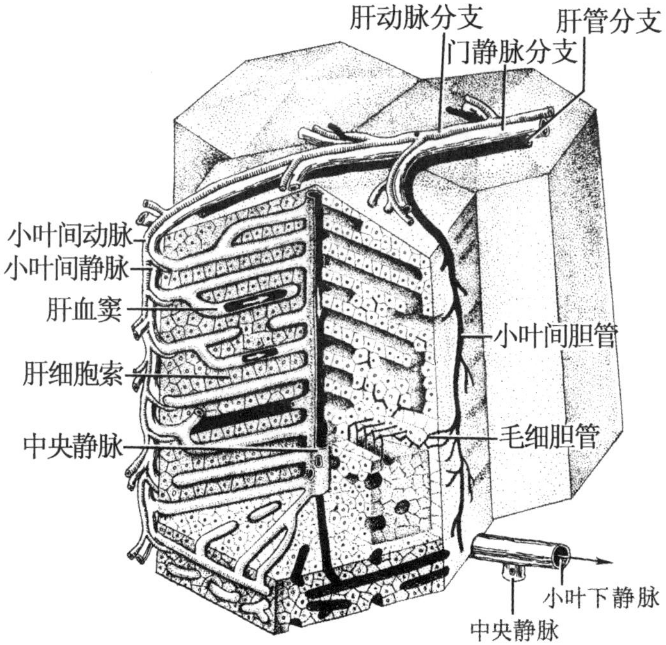

图 25-5　肝小叶结构模式图

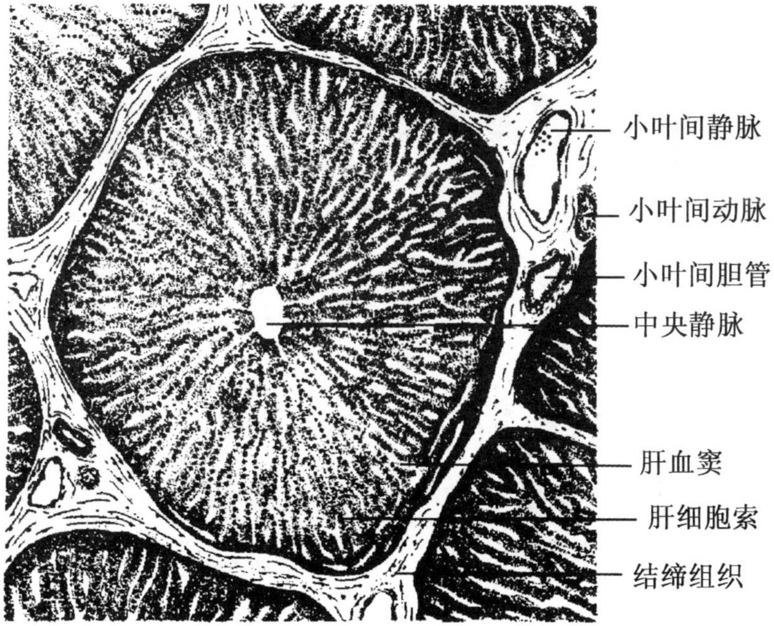

图 25-6　猪肝的组织结构(低倍)

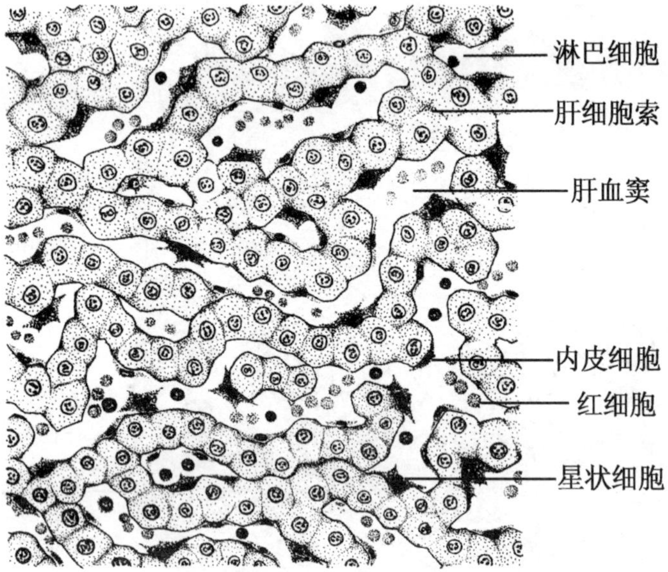

图 25-7　肝细胞索和肝血窦结构(高倍)

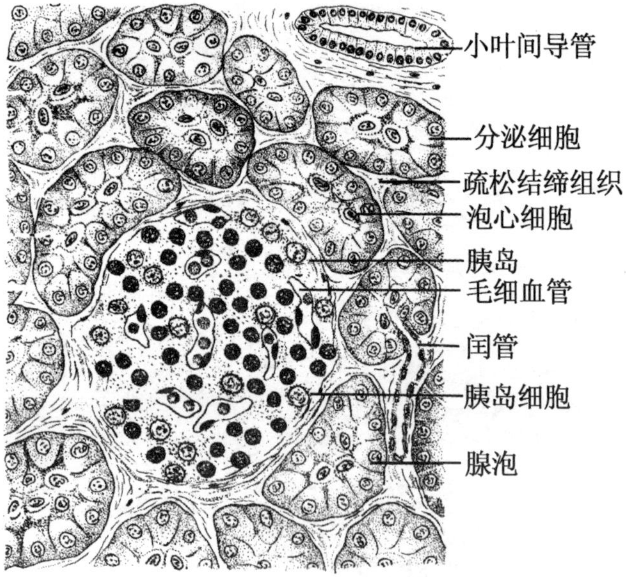

图 25-8　胰的组织结构(高倍)

实验二十六　呼吸器官组织结构

【实验目的和要求】

掌握气管和肺的组织结构。

【实验仪器和材料】

光学显微镜，气管和肺切片。

【实验内容和方法】

（一）气管的组织结构

1.黏膜层　包括黏膜上皮和固有层。

（1）黏膜上皮。是假复层柱状线毛上皮，基膜较厚，上皮细胞分为5种类型：即纤毛细胞、杯状细胞、基细胞、刷细胞和小颗粒细胞。

（2）固有层。为富含弹性纤维的疏松结缔组织，并分布较多的浆细胞和弥散淋巴组织，具有局部免疫功能，抑制病原微生物的繁殖和病毒的复制。

2.黏膜下层　为富含胶原纤维的疏松结缔组织，与固有层和外膜均无明显分界，含有血管、淋巴管、神经、淋巴组织和气管腺。

3.外膜　外膜最厚，由透明软骨环和致密结缔组织构成，又称软骨纤维膜。透明软骨环缺口处有平滑肌束。

（二）肺的结构

肺表面被覆一层浆膜，浆膜下的结缔组织伸入实质，将实质分成许多肺小叶和肺间质。肺小叶锥体形，锥底朝肺表面，锥尖朝肺门。肺小叶包括导管部和呼吸部，间质为结缔组织、血管、神经和淋巴管等。

1.导管部　包括叶支气管、段支气管、小支气管、细支气管和终末细支气管，称为支气管树。

（1）叶支气管至小支气管。管壁结构与支气管相似，由黏膜层、黏膜下层和外膜构成。上皮是假复层柱状线毛上皮，上皮之间有杯状细胞，其数量逐渐变少。固有层很薄，分布有弥散淋巴组织，外侧的平滑肌逐渐增多，由平滑肌束逐渐变成环状。黏膜下层内的腺体逐渐减少。外膜内软骨由不规则的片状，不断减少。

（2）细支气管。黏膜常见皱襞，上皮为单层柱状线毛上皮，杯状细胞、软骨片和腺体基本消失，但仍有零星分布。平滑肌相对增多，形成较为完整一层。

（3）终末细支气管。黏膜皱襞逐渐消失，上皮为单层柱状线毛上皮。杯状细胞、软骨片和腺体均完全消失，平滑肌形成完整一层。

2.呼吸部　包括呼吸性细支气管、肺泡管、肺泡囊和肺泡。呼吸性细支气管有肺泡开口；肺泡管上有较多的肺泡囊和肺泡开口；肺泡囊是几个肺泡所围成的囊腔；肺泡为半球形或多面体囊泡，表面为单层肺泡上皮，下方为基膜。肺泡上皮由Ⅰ型和Ⅱ型肺泡细胞组成。相邻肺泡壁相贴形成肺泡膈。Ⅰ型肺泡细胞数量比Ⅱ型肺泡细胞少，但覆盖肺泡表面绝大部分，细胞大而扁薄，细胞核扁圆，构成血一气屏障。Ⅱ型肺泡细胞数量多，胞体小，呈立方形或圆形，细胞核圆形，嵌于Ⅰ型肺泡细胞之间，对受损的肺泡上皮进行修复。肺泡膈位于相邻肺泡壁之间的薄层结缔组织，隔内有丰富的毛细血管网、大量弹性纤维和尘细胞。

图26-1为肺子叶横式结构图，图26-2为肺的组织低倍结构。

【思考题】

肺小叶导管部和呼吸部的组成，各种小管如何区分？

【绘图】

小支气管、细支气管、终末细支气管、呼吸性细支气管、肺泡管和肺泡囊。

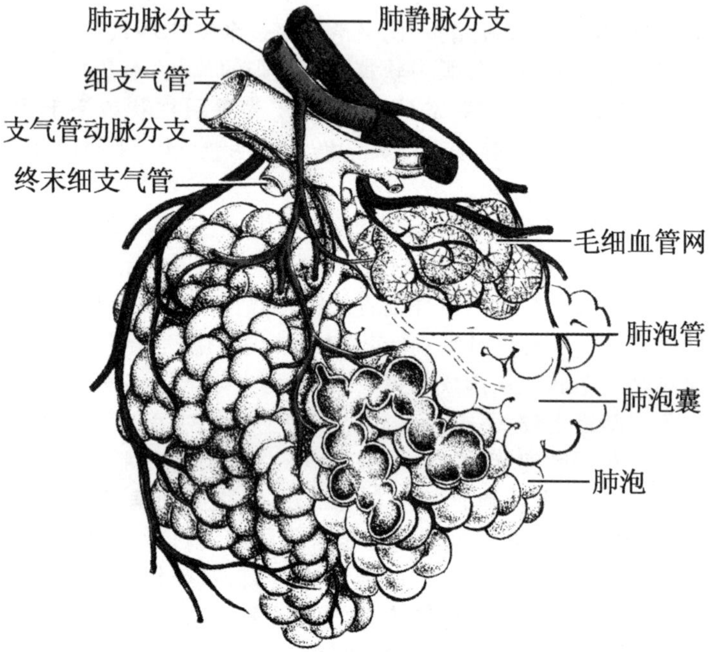

图 26-1　肺小叶结构模式图

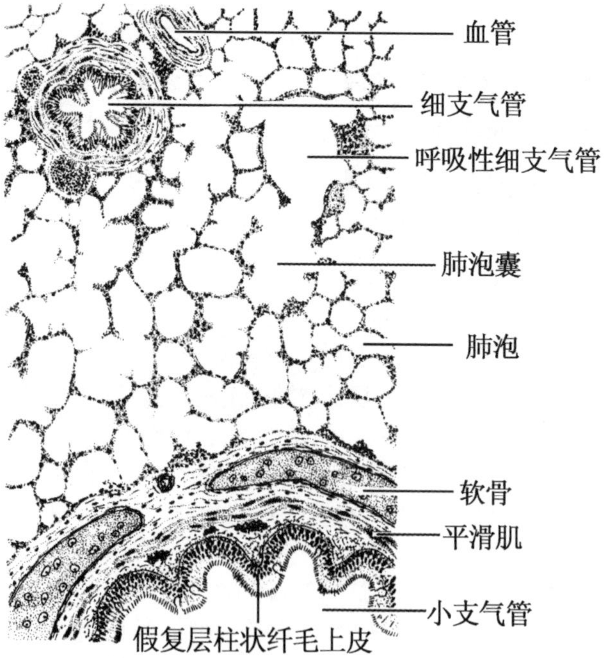

图 26-2　肺的组织结构(低倍)

实验二十七　泌尿器官组织结构

【实验目的和要求】

掌握肾的组织结构。

【实验仪器和材料】

光学显微镜,肾切片。

【实验内容和方法】

(一)肾的组织结构

1.被膜　为一强厚的结缔组织膜。外层为含有胶原纤维和弹性纤维的致密层;内层由疏松结缔组织构成,含有纤细的网状纤维和数量不同的平滑肌纤维。

2.实质　分皮质和髓质。

(1)皮质。由许多肾单位构成。肾单位包括肾小体和肾小管。

①肾小体:呈圆形或椭圆形。由肾小球和肾小囊两部分组成。

肾小球:由一团毛细血管网组成,由入球小动脉,进入肾小囊内,由出球小动脉,离开肾小囊。

肾小囊:是杯状囊。分为壁层和脏层,壁层为单层扁平细胞,脏层由足细胞构成。两层之间的腔隙称为肾小囊腔。

②肾小管:包括近端小管、细段、远端小管。

近端小管:包括曲部和直部。管腔小,管壁由锥形上皮细胞组成,细胞界限不清,胞核大而圆,位于细胞的基部。有刷状缘。

细段:管壁由单层扁平上皮组成。

远端小管:包括直部和曲部。管腔大,管壁为单层立方上皮,细胞比近端小管小,排列紧密。胞核呈圆形,位于细胞的中央。

(2)髓质。由集合小管系构成,集合小管系包括弓形集合小管、直集合小管和乳头管。管壁上皮由单层立方上皮变为单层柱状上皮乃至高柱状,至乳头管开口处移行为变移上皮。

3.肾间质　是肾内的结缔组织,还有间质细胞。

图27-1为肾叶结构横式图,图27-2为肾的组织低倍结构,图27-3为肾皮质部高倍切面。

(二)肾小球旁复合体

是肾内的具有内分泌功能的结构,由球旁细胞、致密斑和球外系膜细胞组成。

1.球旁细胞　在入球小动脉进入肾小囊处,动脉管壁中膜的平滑肌细胞转变为上皮样细胞,称为球旁细胞。细胞呈立方形或多边形,胞核呈球形,胞质内含有许多分泌颗粒,颗粒内含有肾素。

2.致密斑　远段小管起始段,在接近肾小体输入小动脉处的一侧,其上皮由原来的单层立方上皮变成高柱状细胞,排列紧密,形成椭圆形斑,故称致密斑。一般认为致密斑是化学感受器,可感受远曲小管内液体的容量和浓度,并能对肾小球旁细胞分泌肾素起调节作用。

3.球外系膜细胞　位于肾小体血管极的三角区内,与肾小球旁复合体的其他成分相密接,根据其位置又称为极垫细胞。细胞较小,多突而淡染,细胞质内有时可见分泌颗粒。该细胞在球旁复合体的功能活动中可能起传递信息的作用。

图27-4为肾小球和球旁复合体模式图。

【思考题】

肾单位的组织结构?

【绘图】

肾小体、近端小管和远端小管。

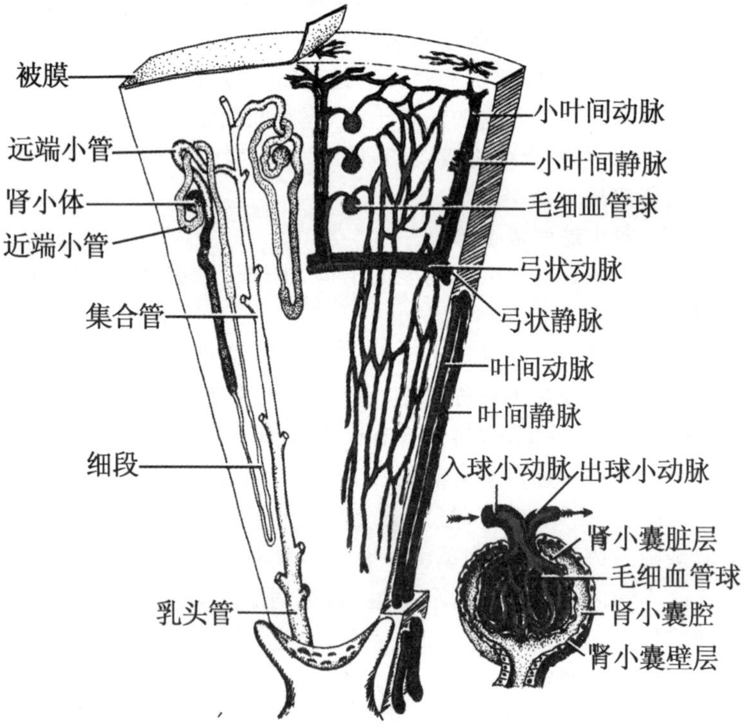

图 27-1 肾叶结构模式图

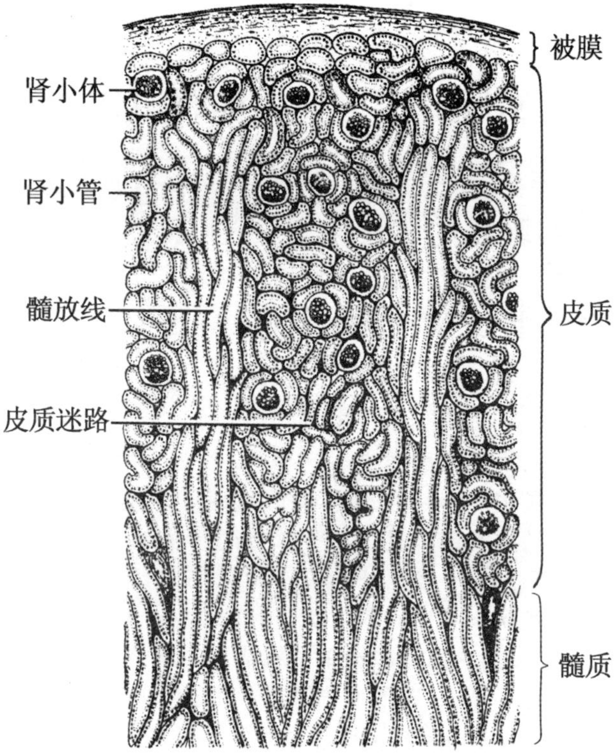

图 27-2 肾的组织结构(低倍)

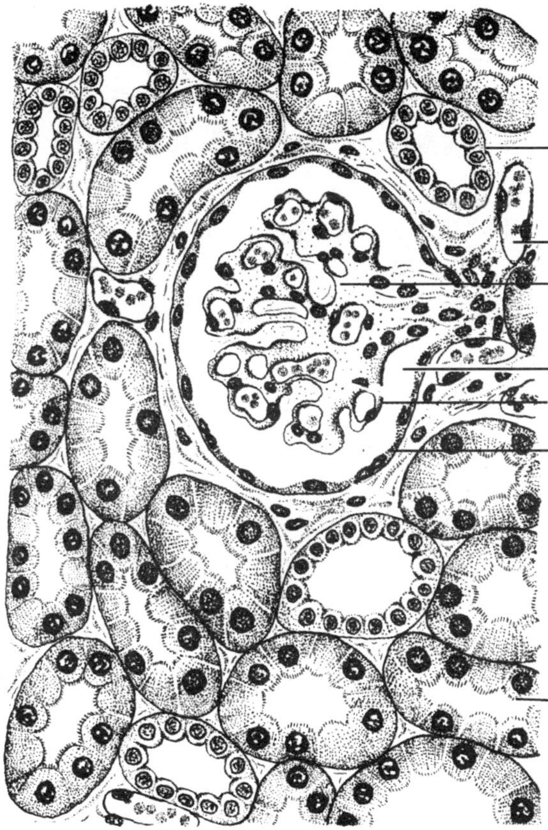

图 27-3 肾皮质部切面(高倍)

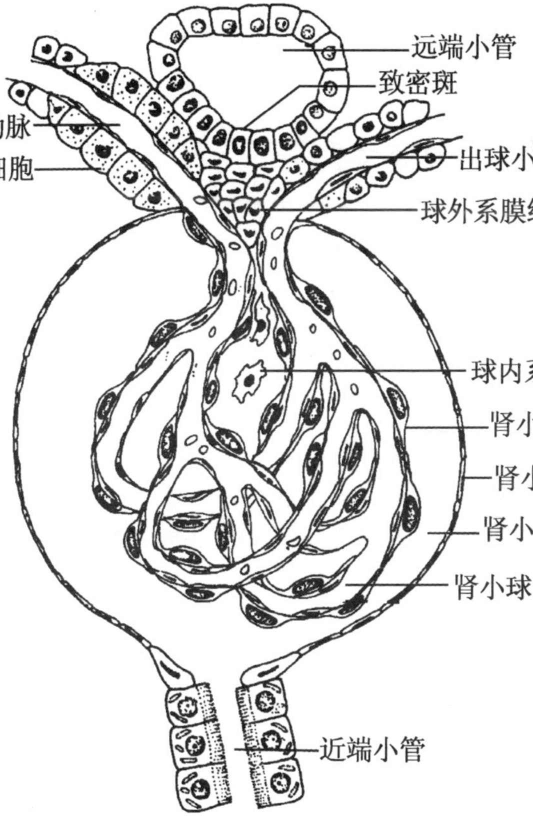

图 27-4 肾小球和球旁复合体模式图

实验二十八　生殖器官组织结构

【实验目的和要求】

掌握睾丸和卵巢的组织结构。

【实验仪器和材料】

光学显微镜，睾丸和卵巢切片。

【实验内容和方法】

(一)睾丸的组织结构

1. 被膜　睾丸表面被覆一层浆膜。浆膜下方是由致密结缔组织形成的白膜，浆膜、白膜构成睾丸的被膜，又称为固有鞘膜。白膜在睾丸头处向睾丸实质伸入，由睾丸头向睾丸尾延伸，形成睾丸纵隔。睾丸纵隔的结缔组织分出呈放射状排列睾丸小隔，将睾丸分成许多睾丸小叶。

2. 实质　睾丸实质由精小管、睾丸网和睾丸间质组成。

(1)精小管。分为曲精小管和直精小管。

①曲精小管：是一种特殊的复层生精上皮，细胞分两类，即生精细胞和支持细胞。上皮外有一薄层基膜，基膜外为一层肌样细胞。

A. 生精细胞：可分为精原细胞、初级精母细胞、次级精母细胞、精子细胞和精子。

精原细胞：多紧贴基膜分布，为圆形，较小。

初级精母细胞：位于精原细胞内侧，有2～3层，是生精细胞中最大的细胞，呈圆形，细胞核大而圆。

次级精母细胞：位于初级精母细胞的内侧。细胞体积较初级精母细胞小，呈圆形，细胞核为圆形，染色质呈细粒状，不见核仁。

精子细胞：精子细胞的体积更小，呈圆形，位置靠近曲精细管的管腔，常排成数层。细胞核小而圆，染色深，有清晰的核仁。

精子：形似蝌蚪。

B. 支持细胞：不规则的高柱状或锥状细胞，细胞底部附着在曲细精管的基膜上。游离端朝向管腔，在相邻支持细胞的侧面之间，镶嵌有许多各级生精细胞，游离端常有多个精子的头部嵌附其上。

②直精小管：短而细，管壁衬以单层立方上皮或扁平上皮。

(2)睾丸网。是位于睾丸纵隔内的网状细管，管周围由睾丸纵隔的结缔组织包裹。睾丸网的管壁上皮是单层立方或扁平上皮。公牛睾丸网的管壁上皮呈两层排列的双层立方上皮。

(3)睾丸间质。睾丸的间质指填充在曲细精管之间的结缔组织。其中含有血管、淋巴管、神经纤维和睾丸间质细胞。睾丸间质细胞多呈卵圆形或多角形，体积较大，常成群分布，或排列在间质内的小血管周围。细胞核大而圆。细胞质呈嗜酸性，含有类脂和脂褐素颗粒。

图28-1为睾丸和附睾结构模式图，图28-2为睾丸的高倍切面，图28-3为支持细胞与生精细胞之间关系模式图，图28-4为附睾的高倍切面。

(二)卵巢的组织结构

卵巢分为被膜和实质，实质由外周的皮质和中央的髓质构成。马属动物皮质和髓质的位置与其他动物相反，即皮质中央，髓质在外周。

1. **被膜**　由生殖上皮和白膜组成。生殖上皮是覆盖在卵巢表面的一层扁平或立方上皮细胞。在年轻动物的生殖上皮为单层立方形或柱状上皮，到老年时趋于扁平。白膜位于生殖上皮深面，由致密结缔组织构成。

2. **皮质**　由基质、卵泡、黄体和闭锁卵泡组成。

(1)基质。由致密结缔组织构成。细胞主要是紧密排列的较幼稚的结缔组织细胞，呈梭形，细胞核长杆状。纤维为大量的网状纤维和少量的胶原纤维。

(2)卵泡。分成原始卵泡、生长卵泡和成熟卵泡。

①原始卵泡：多位于皮质的浅层，其体积小，数量多。原始卵泡由初级卵母细胞和包在其周围的单层扁平的卵泡细胞构成。

②生长卵泡：分为初级卵泡和次级卵泡。

初级卵泡：卵泡细胞为立方、柱状或增生至多层。在初级卵母细胞周围出现透明带。

次级卵泡：这时除卵泡体积增大外，卵泡细胞间分泌作用出现大小不等的腔隙，最终成卵泡腔。卵泡腔中充满卵泡液。卵泡腔的扩大及卵泡液的增多，初级卵母细胞变成次级卵母细胞。次级卵母细胞及其外包的卵泡细胞在卵泡腔的一侧形成卵丘。

③成熟卵泡：成熟卵泡体积显著增大，而且从卵巢表面凸出来。次级卵母细胞变成成熟卵细胞。

(3)黄体。排卵后，残留在卵泡内的颗粒层细胞和卵泡内膜细胞随同血管一起向卵泡腔内塌陷，在垂体促黄体生成素的作用下，增殖分化为富含血管的细胞团索，称黄体。卵泡内膜细胞分化成膜性黄体细胞。退化的黄体被结缔组织代替，形成瘢痕，称为白体。

(4)闭锁卵泡。卵泡在各发育阶段中逐渐退化。原始卵泡和初级卵泡退化时，初级卵母细胞和卵泡细胞最后都解体消失。次级卵泡和成熟卵泡退化时，有时可见萎缩的卵母细胞和皱缩的透明带，此时的卵泡内层细胞增大，呈多角形，形似黄体细胞。

3. **髓质**　由富有弹性纤维的疏松结缔组织构成。含有多量的血管、淋巴管和神经等，而梭形细胞和平滑肌纤维较少。

图 28-5 为牛的卵巢模式图，图 28-6 为马的卵巢模式图。

【思考题】

1. 精原细胞、初级精母细胞、次级精母细胞，精子细胞和精子的区别如何?

2. 原始卵泡、生长卵泡和成熟卵泡的区别如何?

【绘图】

原始卵泡、生长卵泡和成熟卵泡。

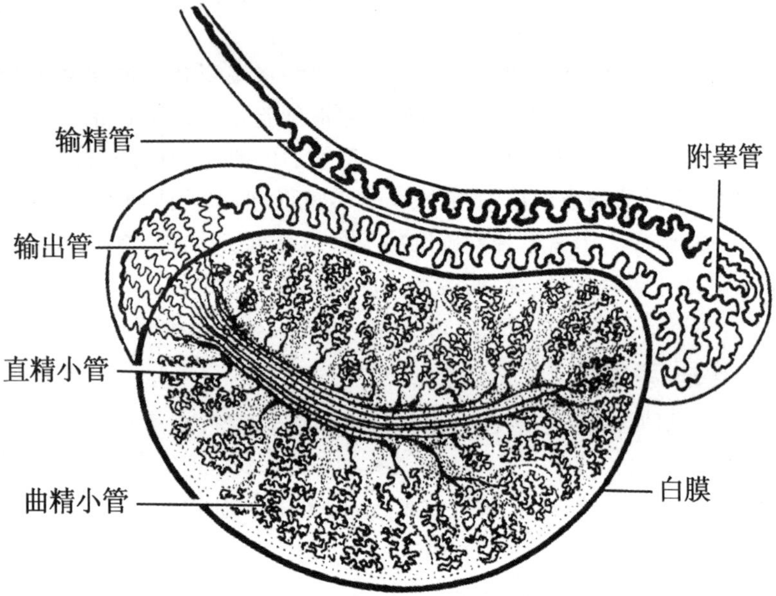

图 28-1 睾丸和附睾结构模式图

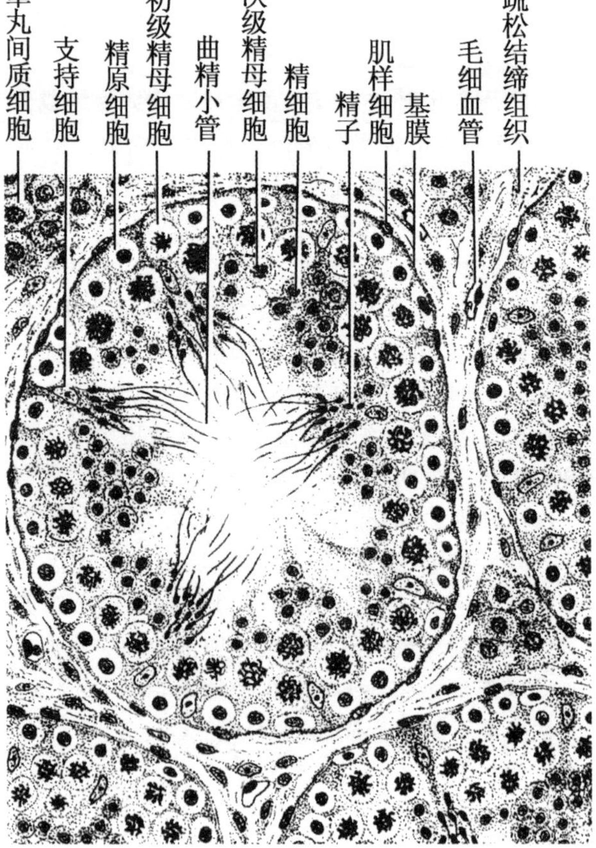

图 28-2 睾丸的切面(高倍)

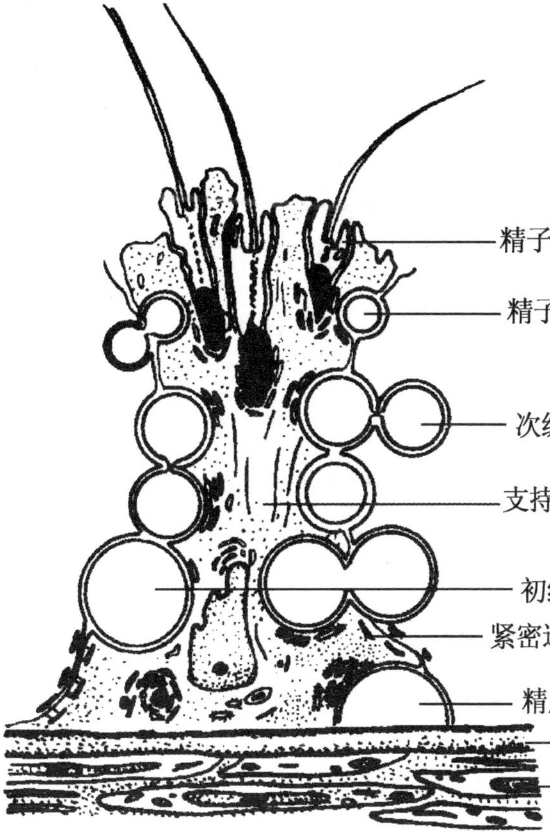

图 28-3　支持细胞与生精细胞之间关系模式图

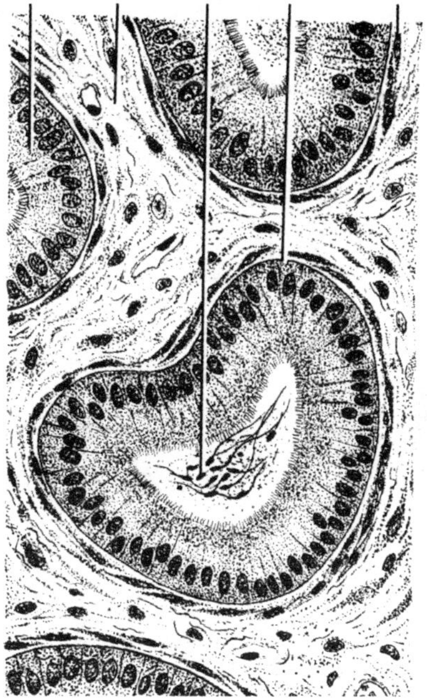

图 28-4　附睾的切面(高倍)

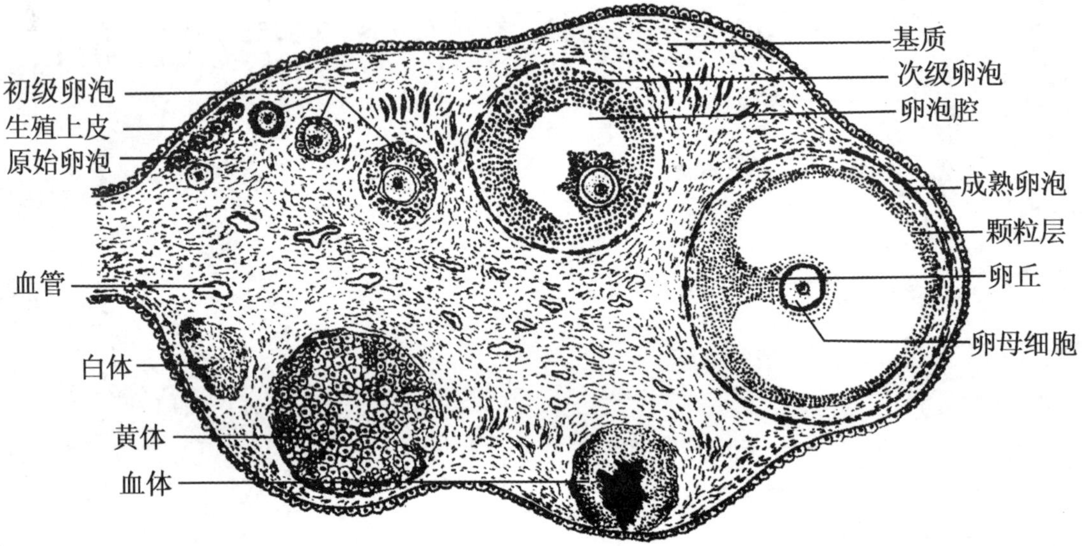

图 28-5　牛的卵巢模式图

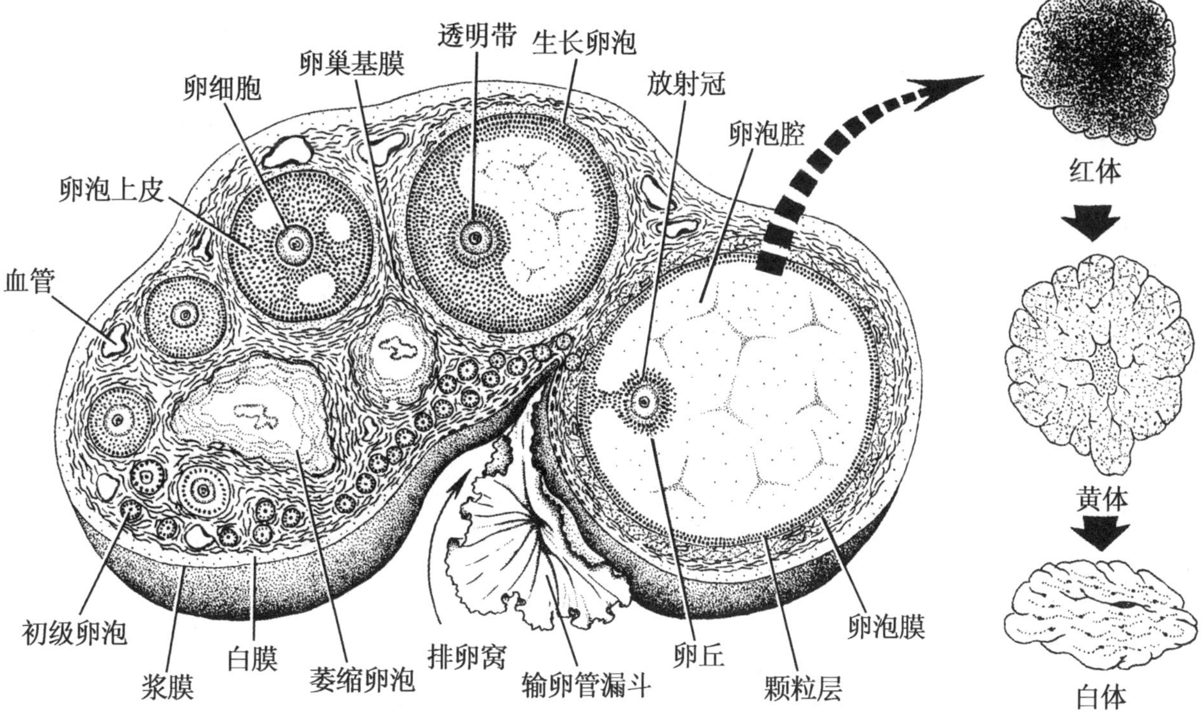

图 28-6　马的卵巢模式图

实验二十九 淋巴器官组织结构

【实验目的和要求】

掌握淋巴结、脾、扁桃体和胸腺的组织结构。

【实验仪器和材料】

光学显微镜,淋巴结、脾、扁桃体和胸腺切片。

【实验内容和方法】

(一)淋巴结的组织结构

淋巴结由被膜和实质构成。被膜是结缔组织薄膜,含有少量的弹性纤维和平滑肌,被膜伸入实质形成许多小梁,构成淋巴结的支架。实质分为外围的皮质和中央的髓质,猪淋巴结的皮质和髓质的位置恰好相反。

1. 皮质 由浅皮质区、深皮质区和皮质淋巴窦构成。

(1)浅皮质区。由淋巴小结和弥散淋巴组织构成。淋巴小结淋巴组织密集呈球形,内有大量的B细胞和少量T细胞和巨噬细胞。淋巴小结中心的B细胞能分裂分化,产生新的B细胞,参与体液免疫反应。

(2)深皮质区。又称副皮质区,为浅皮质区与髓质之间的厚层弥散性淋巴组织,主要是T细胞。

(3)皮质淋巴窦。包括被膜下窦和小梁周窦。被膜下窦位于被膜下、包绕整个淋巴结实质,小梁周窦位于小梁周围,窦壁由内皮细胞构成。窦内有许多网状细胞和巨噬细胞。

2. 髓质 由髓索和髓质淋巴窦组成。

(1)髓索。淋巴组织密集呈索状,相互连接成网。髓索主要含B细胞、浆细胞和巨噬细胞。

(2)髓质淋巴窦。结构与皮质淋巴窦相同,但腔大,含有较多的巨噬细胞。

图29-1为牛、猪淋巴结低倍切面,图29-2为淋巴结皮质切面,图29-3为淋巴结髓质切面,图29-4为淋巴结皮质淋巴窦结构模式图,图29-5为淋巴结结构模式图。

(二)脾的组织结构

1. 被膜 一层浆膜。被膜的结缔组织向实质内伸入,形成小梁,构成脾的支架。被膜和小梁内均含有平滑肌。

2. 实质 分为白髓、边缘区和红髓。

(1)白髓。由中央动脉、动脉周围淋巴鞘和脾小体构成。

动脉周围淋巴鞘:为围绕在中央动脉周围的厚层弥散淋巴组织,主要由T细胞组成。

脾小体:淋巴组织密集呈球形,主要由B细胞组成,也由生发中心。当受到抗原刺激,引起体液免疫应答时,脾小体体积增大,数量增多。

(2)边缘区。位于白髓和红髓之间,该区的淋巴细胞比白髓的稀疏,但比红髓密集,内含B和T淋巴细胞,以B细胞为多,还含有巨噬细胞和浆细胞。

(3)红髓。分布在白髓和小梁之间,分为脾索和脾窦。

脾索:由富含血细胞的淋巴索,相互连接成网。内含有B细胞、T细胞、浆细胞、巨噬细胞和其他血细胞。

脾窦:位于脾索之间,相互吻合成网。窦壁为长杆状的内皮细胞,窦腔内有血细胞。

图 29-6、图 29-7 为脾高倍和低倍切面，图 29-8 为脾红髓高倍切面。

（三）扁桃体的组织结构

扁桃体表面覆有复层扁平上皮，上皮向固有层内凹陷形成许多分支的隐窝。上皮深面及隐窝周围的固有层内有大量的弥散淋巴组织和淋巴小结，淋巴小结常见生发中心。隐窝深部的上皮内也含有大量淋巴细胞、浆细胞和少量巨噬细胞等，使淋巴组织与上皮组织界限不清。

图 29-9 为扁桃体低倍切面。

（四）胸腺的组织结构

1. 被膜　由结缔组织构成的薄膜，结缔组织伸入其内部形成小叶间隔，将实质分成许多大小不等的胸腺小叶，每个小叶都由皮质和髓质组成。

2. 实质

（1）皮质。以上皮细胞为支架，间隙含有大量胸腺细胞和少量巨噬细胞。

胸腺皮质内有两种上皮细胞：①扁平上皮细胞，又称被膜下上皮细胞，位于被膜下和小叶间旁，与结缔组织相邻的一侧呈扁平状，另一侧有一些突起。有的扁平上皮细胞的胞质内含有一些内吞的胸腺细胞，这种上皮细胞称为哺育细胞。扁平上皮细胞分泌胸腺素和胸腺生成素。②星形上皮细胞，即上皮性网状细胞，细胞多分支状突起。该细胞诱导胸腺细胞发育。

胸腺细胞：是 T 细胞的前身，密集于皮质内，占皮质细胞的 85%～90%。淋巴干细胞进入胸腺后，从皮质浅层向深层迁移并逐渐分化，95%左右的胸腺细胞在分化过程中将凋亡，然后被巨噬细胞吞噬清除。只有少量成熟为处女型 T 细胞进入髓质，或经皮质与髓质交界处的毛细血管后微静脉迁至周围淋巴器官或淋巴组织中。

（2）髓质。含有大量上皮细胞和一些 T 细胞、巨噬细胞、交错突细胞和肌样细胞；也含少量肥大细胞、有粒白细胞、B 细胞、浆细胞、成纤维细胞和脂肪细胞等。

胸腺髓质内也有两种上皮细胞：①髓质上皮细胞，呈球形或多边形，胞体较大，间隙内有少量 T 细胞。该细胞是分泌胸腺激素的主要细胞。②胸腺小体上皮细胞，呈扁平状，构成胸腺小体。其周边的上皮样细胞幼稚，胞核明显；内侧的上皮样细胞较成熟，胞核逐渐退化；中心的上皮样细胞则完全角质化，中心还常见巨噬细胞和嗜碱性粒细胞。肌样细胞呈圆形，胞核圆形位于中央。

图 29-10 为胸腺切面，图 29-11 为胸腺内细胞分布模式图。

【思考题】

如何区分淋巴结和脾的组织结构？

【绘图】

1. 淋巴结的组织结构（低倍）。
2. 脾的组织结构（低倍）。

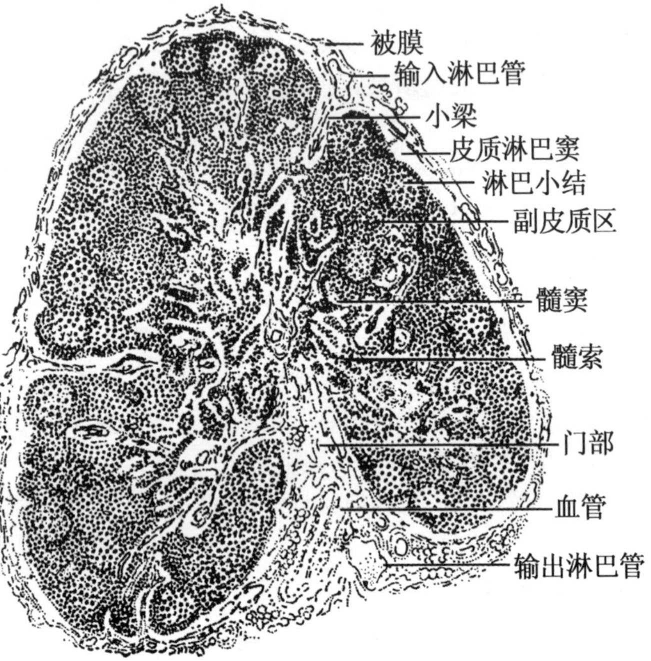

牛淋巴结

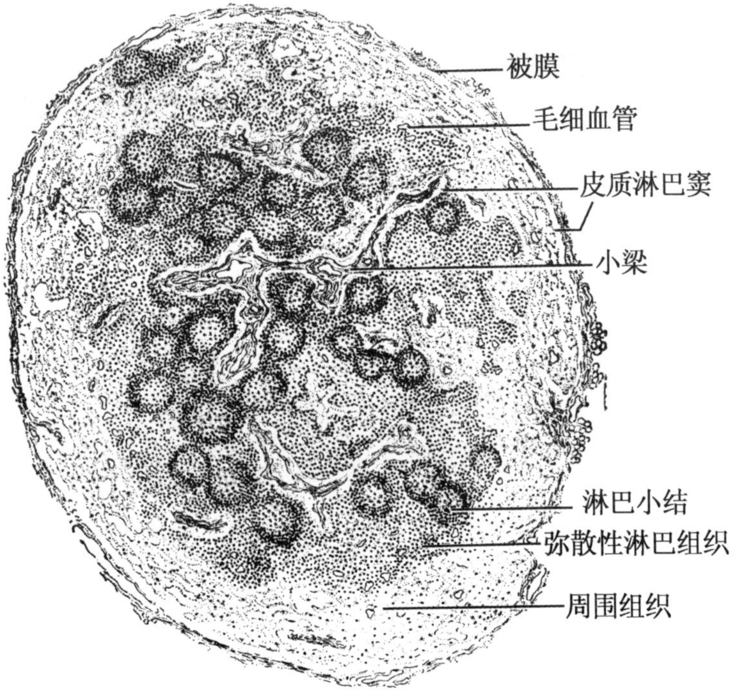

猪淋巴结

图 29-1　淋巴结切面(低倍)

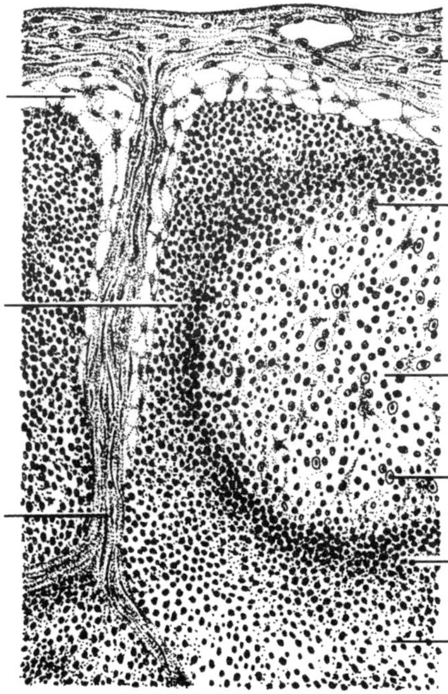

（低倍）

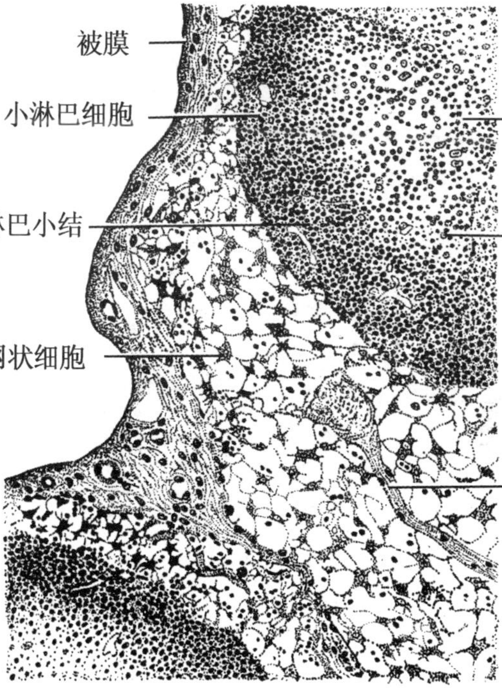

（高倍）

图 29-2　淋巴结皮质切面

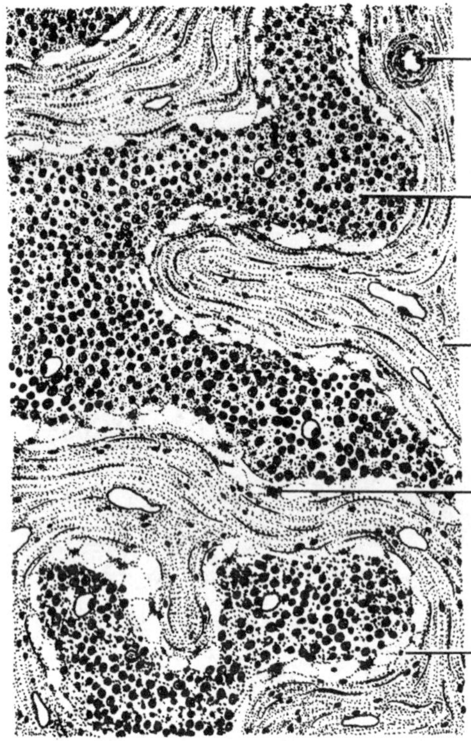

（低倍）

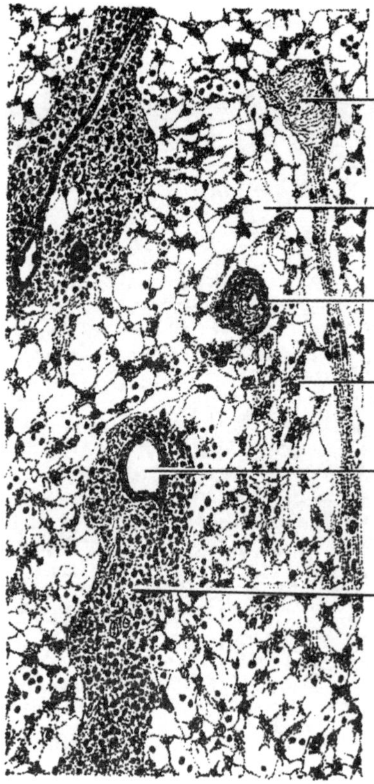

（高倍）

图 29-3　淋巴结髓质切面

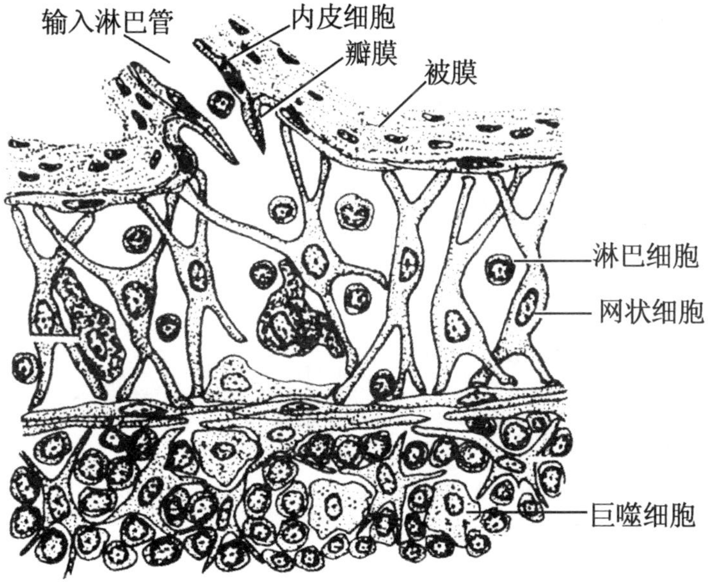

图 29-4　淋巴结皮质淋巴窦结构模式图

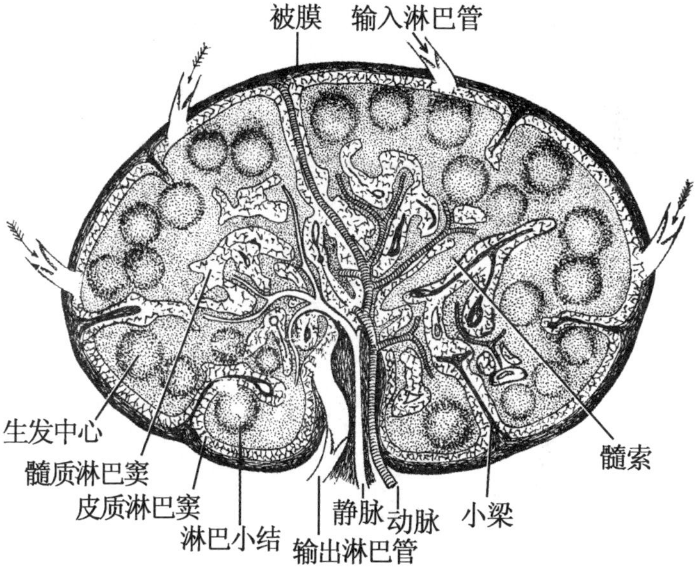

图 29-5　淋巴结结构模式图

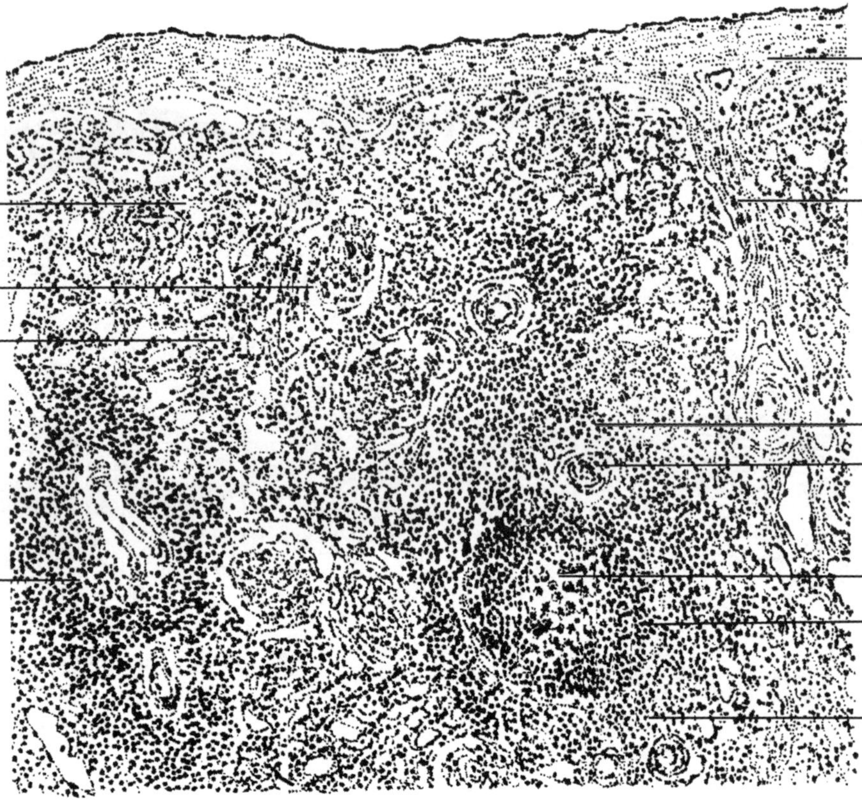

图 29-6　脾切面(低倍)

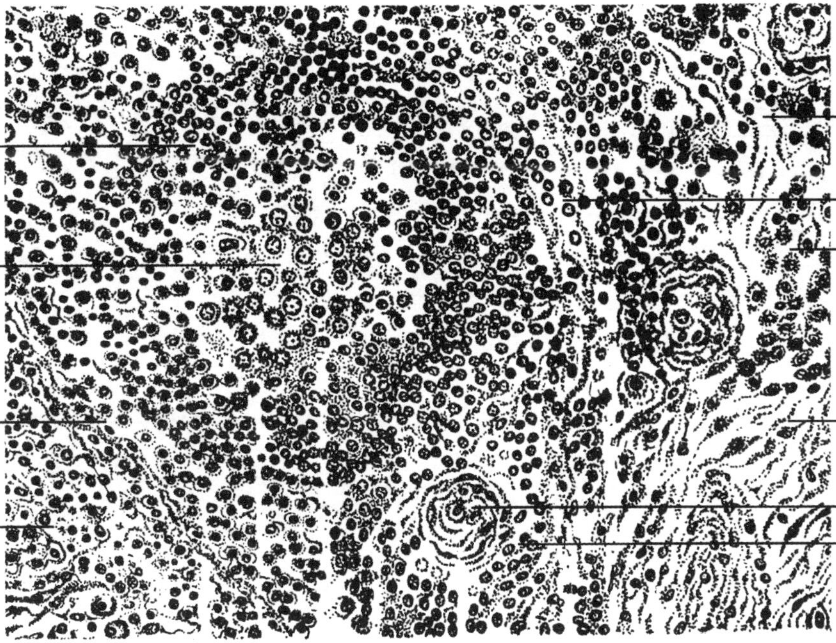

图 29-7 脾切面(高倍)

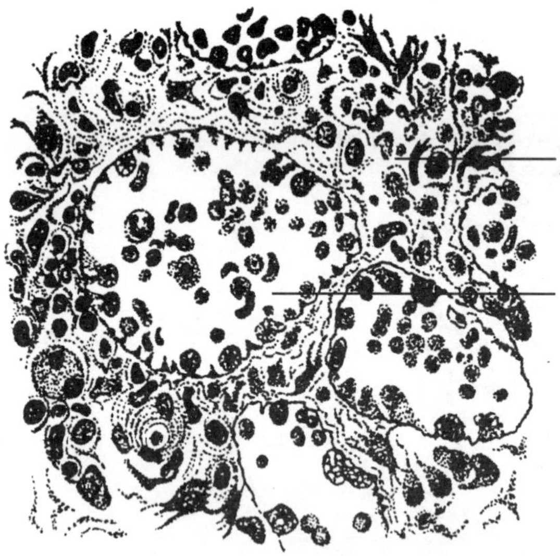

图 29-8 脾红髓的切面(高倍)

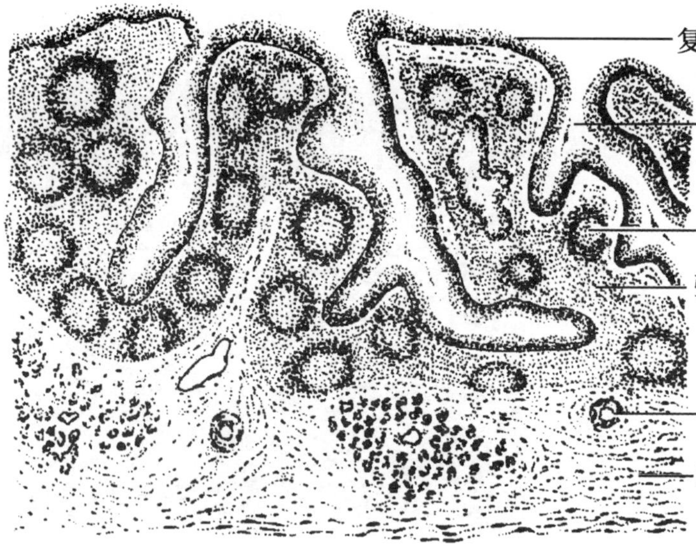

图 29-9 扁桃体的切面(低倍)

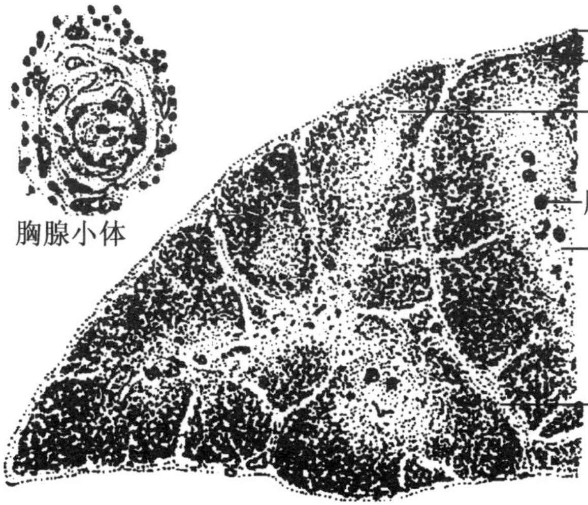

图 29-10　胸腺切面(低倍)

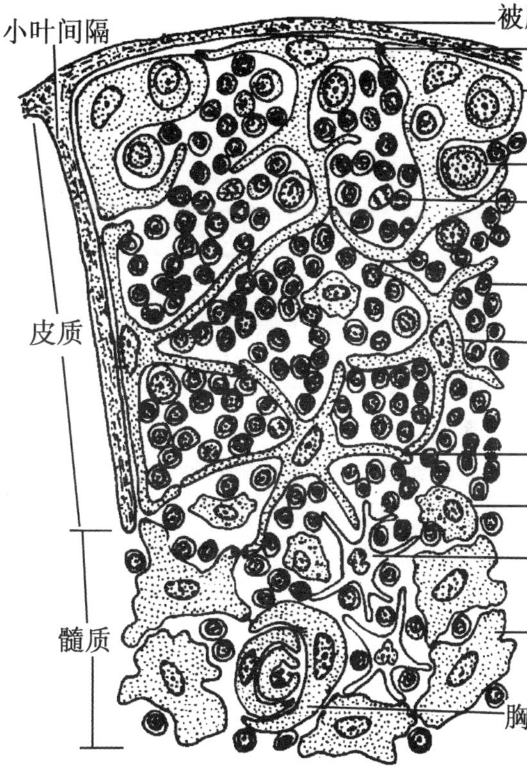

图 29-11　胸腺内细胞分布模式图

实验三十　内分泌器官组织结构

【实验目的和要求】

掌握甲状腺、甲状旁腺、肾上腺和垂体的组织结构。

【实验仪器和材料】

光学显微镜，甲状腺、甲状旁腺、肾上腺和垂体切片。

【实验内容和方法】

(一)甲状腺的组织结构

甲状腺外覆薄层结缔组织被膜，内伸的小梁把实质分为许多小叶。牛和猪的小叶明显。小叶内充满大量的圆形滤泡，滤泡间的结缔组织内含有散在的滤泡旁细胞。

1.滤泡　由单层立方上皮细胞构成，腔内充满嗜碱性胶体，内含甲状腺球蛋白。功能活跃时，上皮细胞变高呈柱状，胶质减少；反之，细胞变矮，呈低立方形甚至扁平形，胶体增多。滤泡上皮细胞合成和分泌甲状腺素。

2.滤泡旁细胞　常单个嵌在滤泡壁上或成群散在于滤泡间的结缔组织中，分泌降钙素。

(二)甲状旁腺的组织结构

甲状旁腺被膜很薄，实质的腺细胞一般排列成团块或索状。由主细胞和嗜酸性细胞构成。间质有丰富的毛细血管伸入实质细胞团中，还含有随年龄增多的脂肪细胞，牛和猪的间质量最多。

1.主细胞　构成腺实质的主体，呈圆形或多边形，排列成团索状。胞质浅染呈弱嗜酸性。主细胞能合成和分泌甲状旁腺素(PTH)。

2.嗜酸性细胞　比主细胞大，数量少，可随年龄而增加，单个或成群的分散于主细胞之间。

图 30-1 为甲状腺高倍切面，图 30-2 为甲状旁腺高倍切面。

(三)肾上腺的组织结构

1.皮质的组织结构　从外向内可分为多形带、束状带和网状带。

(1)多形带：位于被膜下，占皮质的 15%。实质细胞的排列因动物种类不同而异，反刍兽细胞成则的团状分布，又称球状带；马和肉食兽的细胞呈高柱状，排成弓形；猪为不规则排列。多形带细胞分泌盐皮质激素(醛固酮)。

(2)束状带：是多形带的延续，此层最厚，占皮质的 75%～80%。细胞核较大，呈条束状平行排列，束间毛细血管丰富，细胞呈多角形，界限清楚，核圆，位于中央。细胞质含有许多脂滴，呈泡沫状。束状区细胞分泌糖皮质激素(可的松和皮质醇)。

(3)网状带：位于皮质深层与髓质相毗连，此层最薄，仅占皮质 5%～7%。由细胞排成索状且互相吻合成网，细胞小，细胞核深染，细胞质弱嗜酸性。网状带细胞分泌雄性激素和少许雌性激素。

2.髓质的组织结构　位于皮质中央，与皮质呈相互交错状分界。髓质中央有 1 条中央静脉，汇合皮质和髓质的血液，经肾上腺静脉离开肾上腺。髓质细胞呈团索状排列，腺细胞呈卵圆形或多角形，在含铬酸盐的固定液所制备的标本上，细胞的颗粒呈暗棕色，因此称嗜铬细胞。分泌颗粒内含有儿茶酚胺类物质。嗜铬细胞分两种：一种为肾上腺素细胞，颗粒内含肾上腺素，此种细胞数量多；另一种为去甲肾上腺素细胞，颗粒内含去甲肾上腺素。

图 30-3 为肾上腺组织结构。

(四)垂体的组织结构

1.腺垂体的组织结构

(1)远侧部:细胞排列成团状或索状,互相连接成网,网孔内是血窦。远侧部细胞可分为嗜色细胞和嫌色细胞。嗜色细胞分为嗜酸性和嗜碱性细胞。嗜酸性细胞分为催乳激素细胞和生长激素细胞;嗜碱性细胞分为促甲状腺激素细胞、促性腺激素细胞和促肾上腺皮质激素细胞。

(2)结节部:细胞呈套管状包在垂体柄的外部,主要含嫌色细胞,还有少量嗜色细胞。

(3)中间部:紧贴神经部,主要由嫌色细胞及少量弱碱性细胞组成,常可见到充满胶体的滤泡。

2.神经垂体的组织结构　主要有无髓神经纤维和神经胶质细胞和丰富毛细血管。无髓神经纤维系丘脑下部视上核和室旁核内神经分泌细胞的轴突所构成,经漏斗进入神经部。

图 30-4 为垂体高倍切面。

【思考题】

1. 甲状腺和甲状旁腺有哪些分泌细胞,分泌哪些激素?
2. 垂体有哪些分泌细胞,分泌哪些激素?

【绘图】

1. 甲状腺的组织结构(高倍)。
2. 甲状旁腺的组织结构(高倍)。

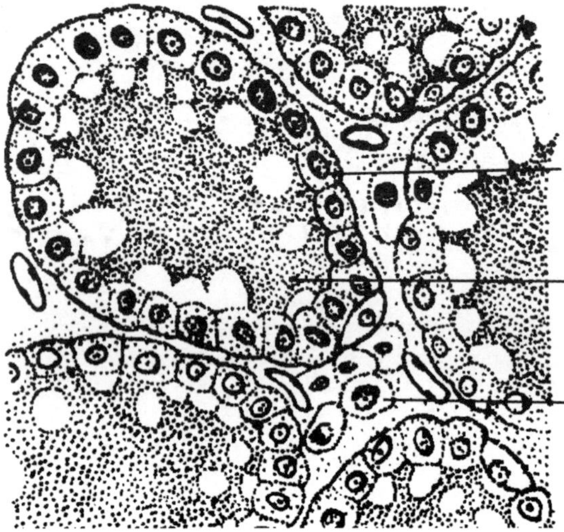

图 30-1 甲状腺切面(高倍)

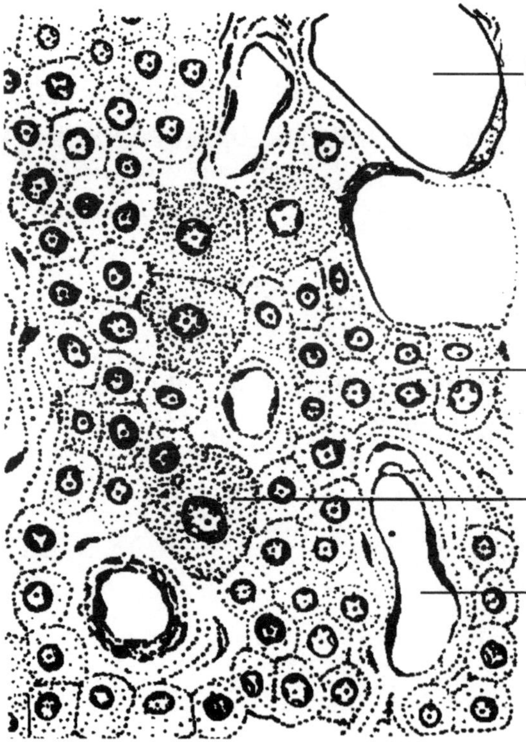

图 30-2 甲状旁腺切面(高倍)

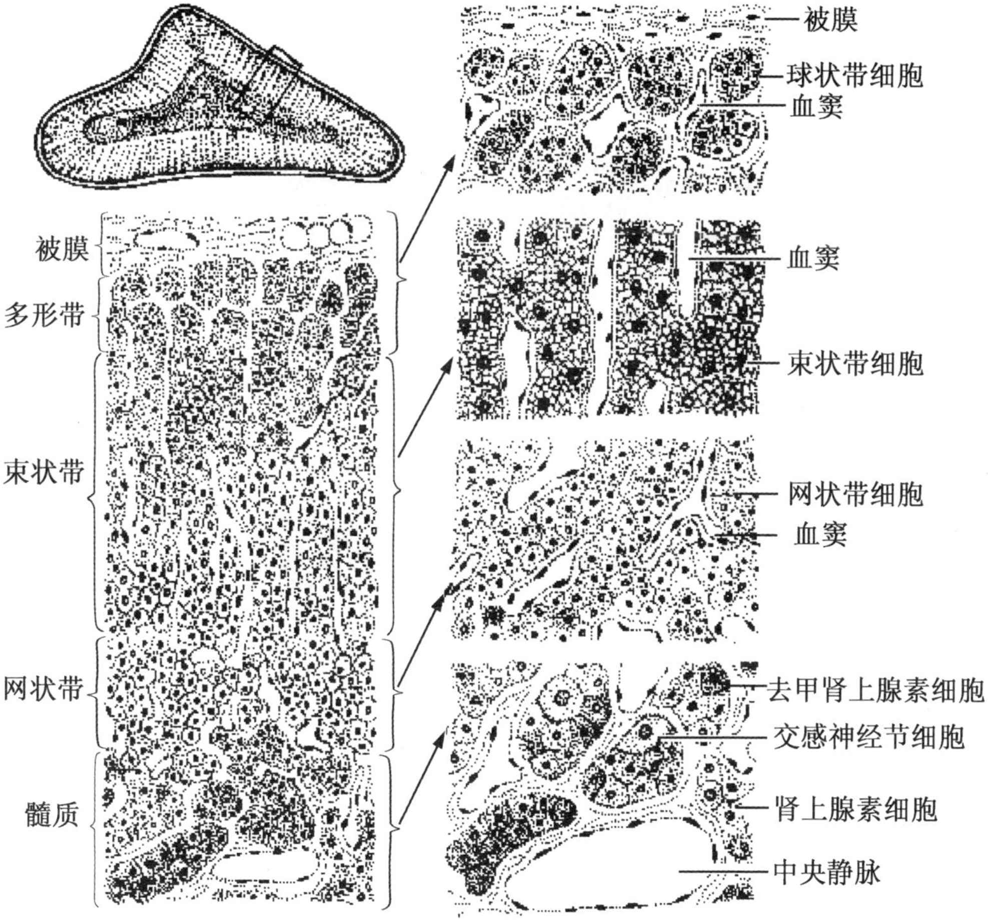

图 30-3　肾上腺组织结构

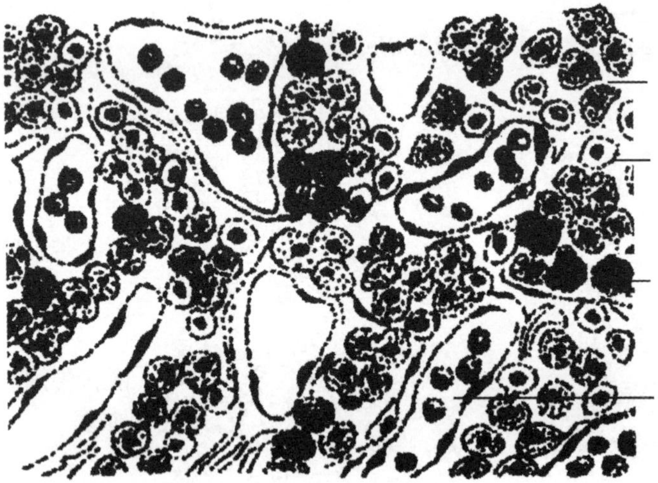

图 30-4　垂体的切面(高倍)

参考文献

[1] 西北农学院，甘肃农业大学，山西农学院．家畜解剖图谱．陕西：陕西人民出版社，1973.

[2] 安徽农学院．家畜解剖图谱．上海：上海人民出版社，1977.

[3] 周其虎．畜禽解剖生理．北京：中国农业出版社，2006.

[4] 程会昌．畜禽解剖生理学．2版．郑州：河南科学技术出版社，2008.

[5] 程会昌，李敬双．畜禽解剖与组织胚胎学．2版．郑州：河南科学技术出版社，2008.

[6] 范作良．家畜解剖．北京：中国农业出版社，2001.

[7] 程会昌．畜禽解剖学与组织胚胎学．北京：中国农业大学出版社，2007.

[8] 马仲华．家畜解剖学及组织胚胎学．3版．北京：中国农业出版社，2001.

[9] 沈霞芬．家畜组织学与胚胎学．3版．北京：中国农业出版社，2002.

[10] 董常生．家畜解剖学．3版．北京：中国农业出版社，2007.

[11] 杨维泰，安铁洙，王玉忠．家畜解剖学．北京：中国科学技术出版社，2004.

[12] 陈耀星．家畜解剖学．北京：中国农业大学出版社，2000.

[13] 谭文雅．家畜组织学与胚胎学实验指导．北京：中国农业出版社，2006.

[14] 雷治海．动物解剖学实验教程．北京：中国农业大学出版社，2006.